Automobiltechnische Bibliothek. Band X.

Die Kühlung leichter Verbrennungsmotoren

von

K. R. H. Praetorius,
Ingenieur

Mit 216 Figuren im Text

Berlin W.
Verlag von M. Krayn
1920

Automobiltechnische Bibliothek Bd. X.

Praetorius, Die Kühlung leichter Verbrennungsmotoren.

Automobiltechnische Bibliothek

Die Automobiltechnik in Einzeldarstellungen

Berlin W.

Verlag von M. Krayn

Die Kühlung leichter Verbrennungsmotoren

von

K. R. H. Praetorius,
Ingenieur

Mit 246 Figuren im Text.

Berlin W.
Verlag von M. Krayn
1920

VORWORT.

Die verschiedenartigen Beanspruchungen, denen leichte Verbrennungsmotoren und namentlich Flugmotoren bei verschiedenen Temperaturverhältnissen unterworfen sind, erfordern eine sorgfältige Ausführung ihrer Kühlung. Insbesondere bei Flugmotoren hat es sich gezeigt, daß die Durchbildung der Kühlung von Einfluß auf den Wirkungsgrad des Motors und auf die Wirtschaftlichkeit des Betriebes ist.

Bei Kraftwagenmotoren hat man bisher der Kühlung noch weniger Sorgfalt zugewendet, als bei den erstgenannten. Der Mangel an Brennstoffen, welcher voraussichtlich nicht so bald nachlassen wird, macht es erforderlich, daß auch bei diesen die Wirtschaftlichkeit durch eine zweckmäßige Durchbildung der Kühlung erhöht und die Möglichkeit gegeben wird mit schwereren Brennstoffen zu arbeiten, als bisher.

Der Verfasser hat es sich zur Aufgabe gemacht, die grundlegenden Gesichtspunkte für eine zweckentsprechende Kühlung leichter schnellaufender Motoren zusammenzufassen und in ihren Einzelheiten zu beleuchten. Es sollen hiermit zusammenhängend die zur Kühlung gehörigen und von dieser konstruktiv beeinflußten Bauteile betrachtet werden. Ferner soll ein Bild der verschiedenen auf die konstruktive Durchbildung des Motors einwirkenden Temperaturverhältnisse gegeben werden unter Erläuterung einer Reihe von Beispielen aus der Praxis.

Praetorius.

INHALT.

Sach-Verzeichnis

I. Allgemeines.

A. Zweck und Wesen der Kühlung.

Der Zweck der Kühlung von Verbrennungsmotoren ist der, denjenigen Teil der bei der Verbrennung frei werdenden Wärme abzuführen, welcher schädlich auf den thermischen Wirkungsgrad des Motors und auf konstruktive Einzelteile einwirken würde. Es liegt die Gefahr nahe, daß sich an einzelnen Stellen Glühherde bilden, welche Spannungen im Guß und infolgedessen die Bildung von Rissen nach sich ziehen. Dies kann zum Beispiel bei Gußanhäufungen am Ansatz der Gaskanäle des Zylinders vorkommen. Derartige Stellen müssen daher zur Ableitung der schädlichen Wärme gut gekühlt werden.

Eine andere Gefahr, welche in der ersten Zeit besonders bei leichten Verbrennungsmotoren von verhältnismäßig großer Bohrung viel Schwierigkeiten verursachte, ist die, daß sich bei einer ungenügenden Kühlung der Gleitbahn in der Mitte des Kolbenbodens ein Glühherd bildet. Ganz abgesehen von den dadurch entstehenden Selbstentzündungen, welche den Betrieb stören, liegt die Möglichkeit nahe, den Kolben bis an seine Gleitfläche zu stark zu erhitzen, so daß im Kolbenboden meist in radikaler Richtung Risse auftreten, deren Bildung von den Explosionen unterstützt wird. Gleichzeitig wird die Schmierung der Gleitbahn durch die zu starke Erwärmung illusorisch, was noch durch ein Festsetzen der Kolbenringe und ein damit verbundenes Durchschlagen von Verbrennungsgasen unterstützt wird. Es findet somit ein Fressen bezw. Sichfestsetzen des Kolbens statt. Über die Kühlung dieser Einzelteile soll später ausführlich gesprochen werden.

Die vom Zylinder abgeführte Wärme bedeutet einen Verlust an Energie, sie muß daher so weit als angängig eingeschränkt werden. Um einen hohen thermischen Wirkungsgrad zu erzielen, muß die dem Verdichtungsdruck zwischen P_1 und P_0 entsprechende Temperatur (siehe Fig. 1) eine möglichst hohe sein. (Über das Verhältnis der Stufen des Verdichtungsgrades zum thermischen Wirkungsgrade, vgl. Lacoin, Construction et Réglage des Moteurs, S. 39.) Dem steht gegenüber, daß die Temperatur während des Saughubes, mit welcher das Gasgemisch in den Zylinder einströmt, eine möglichst niedrige sein muß, um eine gute Füllung zu erzielen, da bei Zuführung einer kälteren Füllung ein der niedrigeren Temperatur entsprechendes größeres Gewicht des Gases zur Wirkung kommt als bei Zuführung desselben Volumens unter demselben Druck bei einer höheren Temperatur desselben.

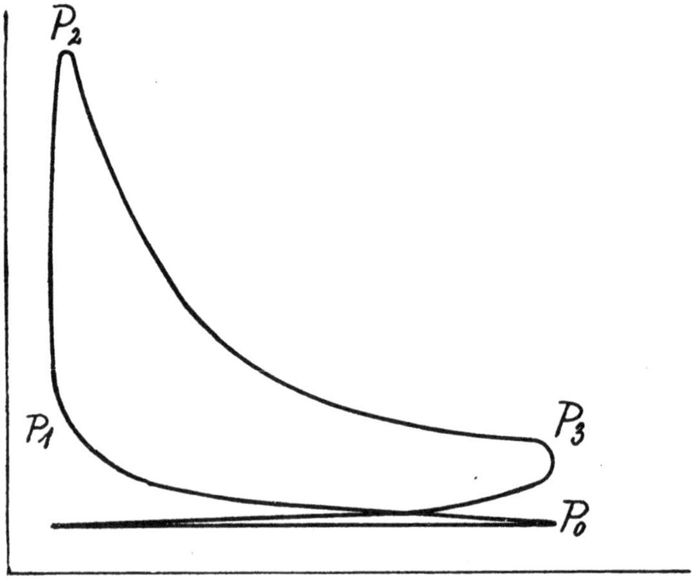

Fig. 1.

Aus diesem Grunde ist es von Vorteil, daß bei Motoren für leichte Brennstoffe (Benzin u. Benzol) nur eine geringe Vorwärmung nötig ist.

Um die Wärmeabführung vom Verbrennungsraum in möglichst niedrigen Grenzen zu halten, d. h. um die Leistungsfähigkeit des Motors unter sparsamem Brennstoffverbrauch zu erhöhen, werden nach einem Patent von Woodworth die mit den heißen Betriebsgasen in Berührung kommenden Flächen mit einer spiegelnden Schicht überzogen (Fig. 2). Es wird hierbei von folgender Überlegung ausgegangen:

Bei der chemischen Vereinigung von Wasserstoff und Kohlenstoff mit Sauerstoff wird intensive Wärme frei. Die vibrierenden Gasteilchen erzeugen im umgebenden Äther Wärmewellen. Diese Wellenenergie ist der vierten Potenz der absoluten Temperatur des Gases proportional und hat das Bestreben, in allen Richtungen von den Gasteilchen auszustrahlen. Sie wird dann von den Zylinderwandungen aufgenommen. Diese Wellenenergie soll nun durch spiegelnde Auskleidungen zurückgestrahlt und wieder von den Gasen im Verbrennungsraum aufgenommen werden, denen dadurch ihre Energie wiedergegeben wird. Da gasförmige Verbrennungsprodukte, welche Wärme ausstrahlen, durch Rückstrahlung dieser Wärme wieder erhitzt werden können, so soll also mittels der

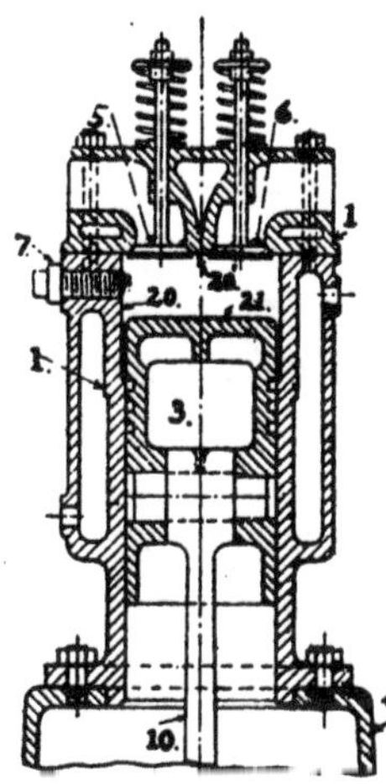

Fig. 2.

Spiegelflächen die adiabatische Volumenänderung der Treibgase ermöglicht und dadurch die vollkommene Umsetzung der Wärme in Arbeit begünstigt werden. In der Darstellung Fig. 2 sind die Wände 20 und 20' und der Kolbenboden 21 mit einem galvanoplastischen Überzug bedeckt. Derselbe erstreckt sich soweit über den Verbrennungsraum, als der Kolbenhub reicht, d. h. bis zur untersten Totlage des Kolbens. Bis dahin ist die Gleitbahn etwas erweitert, damit der Überzug nicht mit dem Kolben in unmittelbare Berührung kommt.

Durch eine derartig geringe Wärmeabführung, wie sie bei dieser Einrichtung beabsichtigt ist, würde bei Schnelläufern eine zu hohe Erhitzung der Ventile des Kolbens und somit auch der Gleitbahn verursacht werden. Mit letzterer würde eine schlechte Schmierung des Kolbens zusammenhängen. Außerdem ist infolge dieser zu starken Erwärmung ein schlechter volumetrischer Wirkungsgrad zu befürchten.

Dem Vorschlag von Woodworth gegenüber stehen die Flugmotoren moderner Bauart, bei denen verhältnismäßig dünne Zylinderwände und eine dementsprechende Wärmeableitung (die Austrittstemperaturen des Kühlwassers aus dem Zylinder betragen etwa nur 70—80° C) vorkommen.

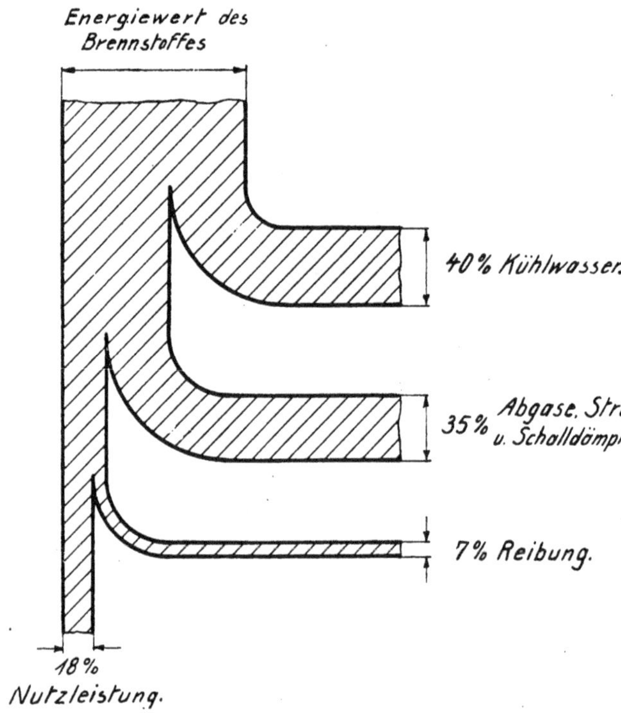

Fig 3.

Betrachten wir die Energieverluste bei einem Automobilmotor an Hand des Energiediagramms Fig. 3, so sehen wir, daß ungefähr 35—40 % Energieverluste auf die Kühlung entfallen.

Nimmt man einen durchschnittlichen Benzinverbrauch von 0,330 kg/PS/St. (Benzin von etwa 0,680—0,700) an, so ergibt sich folgende Überlegung:

1 kg Benzin enthält 10500 WE (unter einer Wärmeeinheit ist

bekanntlich diejenige Wassermenge zu verstehen, welche zur Erwärmung von 1 kg Wasser von 0° C auf 1° C notwendig ist.)

Da nun ein WE = 427 kgm ist, so sind in 0,330 kg

$$0{,}330 \cdot 427 \cdot 10500 \text{ kgm}$$

enthalten. Dies stellt die Brennstoffenergie dar, welche während einer Stunde entsprechend 1 PS im Verbrennungsraum entwickelt wird.

In Wirklichkeit beträgt die Leistung während einer Stunde entsprechend einer Pferdestärke jedoch nur

$$3600 \cdot 75 \text{ kgm}.$$

Dies entspricht einem Wirkungsgrad von

$$\frac{3600 \cdot 75}{0{,}330 \cdot 427 \cdot 10500} \backsim 18\,\%.$$

Es gehen also etwa 82 % der Brennstoffenergie verloren.

Der thermische Wirkungsgrad steht daher in Abhängigkeit vom Brennstoffverbrauch und schwankt naturgemäß entsprechend diesem erheblich. So hat z. B. der 160 pferdige Siemens-Umlaufmotor Sh 3 einen Brennstoffverbrauch von nur 0,220 kg/PS/Std. Bei diesem Motor errechnet sich der Wirkungsgrad zu:

$$\frac{3600 \cdot 75}{0{,}220 \cdot 427 \cdot 10500} \backsim 27\,\%.$$

Einzelne Standmotoren weisen einen Brennstoffverbrauch von nur 0,180 kg/PS/Std. auf.

Unter den Verlusten fallen ins Gewicht die Reibungsverluste (etwa 6—7 %), Wärme, welche durch die Abgase und durch Strahlung verloren geht, und verlorene Kraft, welche durch Drosselung der Abgase durch die Dämpfung des Auspuffgeräusches verbraucht wird.

Lacoin errechnet die Auslaßwärme vor dem Auslaßventil auf etwa 1000°. Bei einem Gemisch von 20 kg Luft und 1 kg Brennstoff ergeben sich

$$\frac{21 \cdot 1000}{4} = 5250 \text{ WE}$$

für die herausgeschobenen Gase, wobei die spezifische Wärme mit $^1/_4$ eingesetzt ist. Dieser Wert beträgt 50 % von dem Heizwert eines kg Benzin. Lacoin entnimmt allerdings die grundlegenden Werte einem idealen Diagramm. In Wirklichkeit betragen diese Verluste etwa 30—40 %.

Die größten Verluste werden durch die Kühlung verursacht, und zwar betragen dieselben etwa 35—40 %. Da bei Kraftfahrzeugen der Motor unter wechselnder Belastung arbeitet, so wird infolgedessen ein verhältnismäßig ungünstiger thermischer Wirkungsgrad erreicht. Beim Flugmotor liegen die Verhältnisse vorteilhafter, da derselbe fast dauernd unter Vollast arbeitet.

Betrachten wir die abzuleitende Wärmemenge Qw, so ergibt sich ungünstig gerechnet

$$Qw = 0{,}40 \cdot 0{,}330 \cdot 10\,500 \cdot Ne \quad WE/Std.$$

$$Qw \approx 1400 \cdot Ne \quad WE/Std.$$

Es ist hierin der Brennstoffverbrauch für eine PS/Std. = 0,330 kg und der Verlust = 40% gesetzt. Ne bedeutet die Anzahl der PSe des Motors und 10500 ist der Heizwert eines kg Benzins in WE.

Wie bereits erwähnt, sind hierbei ungünstige Verhältnisse angenommen. Nach Güldner ist Qw ≈ 1000 Ne zu setzen. Man wird jedoch gut tun, ungefähr mit 1200 Ne zu rechnen, wie auch das Beispiel auf Seite 19 zeigt.

Die Abführung der Wärme geschieht auf verschiedene Weise. Bei ortsfesten Anlagen und Bootsmotoren ist die Kühlung verhältnismäßig einfach, da man zu diesem Zwecke Frischwasser um die Zylinder strömen lassen kann. Die günstigste Menge, d. h. diejenige Menge des vorbeifließenden Frischwassers, welche die beste Leistung des Motors ergibt, kann durch einen Hahn geregelt werden.

Bei beweglichen Motoren, also bei Fahrzeug- und Flugzeugmotoren (außer bei Booten) und bei ortsfesten Anlagen, bei denen keine Wasserleitung zur Verfügung steht, muß stets eine Rückkühlanlage oder Luftkühlung Verwendung finden. Die Rückkühlung ist im Grunde genommen auch nur, allerdings mittelbare, Luftkühlung, bei der man durch die Kühlflüssigkeit die Wärme von den Zylindern abführt, um sie in einem geeigneten Kühlgefäß an die Luft abzugeben.

Die Ausdrücke „Luftkühlung" für die unmittelbare Kühlung der Zylinder durch Luft und „Wasserkühlung" für die mittelbare Luftkühlung haben sich in der Praxis derart eingebürgert, daß sie in Nachfolgendem beibehalten werden sollen. Eine gewisse Berechtigung für den Ausdruck Wasserkühlung bei einer Rückkühlanlage besteht übrigens insofern, daß die unmittelbare Abfuhr der Wärme von den Zylindern durch Wasser geschieht.

Bei verschiedenen Motoren, so z. B. bei Glühkopfmotören von ungefähr 15 PS an aufwärts, findet man verschiedentlich eine zusätzliche innere Kühlung, welche durch Einspritzen von Wasser in den Verbrennungsraum bewirkt wird. Es wird hierbei durch das verdampfende Wasser ein Teil der Wärme im Verbrennungsraum gebunden.

Die Verwendung von Öl als Kühlmittel erwies sich namentlich bei Kolben weniger wirksam als Wasserkühlung. (Vgl. Löffler-Riedler „Ölmaschinen".) Die Ursache liegt in der geringeren spezifischen Wärme des Öles. Es waren größere Ölmengen erforderlich, und dieselben mußten mit erheblichem Überdruck durch die Kühlräume gefördert werden, was schon dadurch bedingt wurde, daß ein Anhaften des Öles und Verkrusten an den heißen Wandungen verhütet werden sollte.

B. Kühlsysteme.

a) Luftkühlung.

Unmittelbare Luftkühlung kommt in der Regel nur für Motoren in Betracht, bei denen der Betrieb während einer raschen Vorwärtsbewegung geschieht, welche einen intensiven Luftstrom erzeugt. Diese Bedingung ist bei Fahrrad- und Flugzeugmotoren erfüllt. Man findet jedoch auch kleine luftgekühlte Motoren, bei denen es auf ein äußerst geringes Gewicht ankommt, bei kleinen tragbaren Stationen, wie sie für Kriegszwecke Verwendung fanden.

Als typische Beispiele hierfür sei der später noch näher beschriebene Baermotor und das Bosch-Aggregat von 60 mm Bohrung und 60 mm Hub erwähnt. Letzteres wurde besonders als Betriebsmaschine für Scheinwerfer-Beleuchtung im Schützengraben benutzt. Der Vorteil der Luftkühlung tritt hierbei besonders hervor, da der vollständige betriebsfertige Maschinensatz nur 70 kg wiegt und an Tragrohren, welche gleichzeitig als Auspuffleiter dienen, bequem von 2 Mann getragen werden kann. Die Zylinder liegen einander wagerecht gegenüber. Die Kühlrippen an den Zylindern sind ebenfalls wagerecht angeordnet. Ein zwischen Motor und Dynamo liegendes Gebläse sorgt für eine ausreichende Belüftung der Zylinder. Bei 15—1600 Umdrehungen in der Minute erreicht der Maschinensatz eine Leistung von etwa 0,8 KW.

In der Regel findet man bei luftgekühlten Motoren eine geringe Literleistung, da durch die heißen Zylinder und Kanäle der Ladevorgang ungünstig beeinflußt wird. Es gibt hierbei jedoch auch Ausnahmen, so z. B. den 8 Zylinder Renault-Motor von 90 mm Bohrung und 120 mm Hub, welcher in dieser Hinsicht annähernd einem wassergekühlten Motor gleichwertig ist (nähere Daten über diesen Motor siehe Heller, „Motorwagenbau", S. 245).

Der Siemens-Umlaufmotor. Sh 3 von 124 mm Bohrung und 140 mm Hub (11 Zylinder) erreicht eine Literleistung von 12,5 PS bei dem sehr geringen Brennstoffverbrauch von 0,220 kg PS/Std.

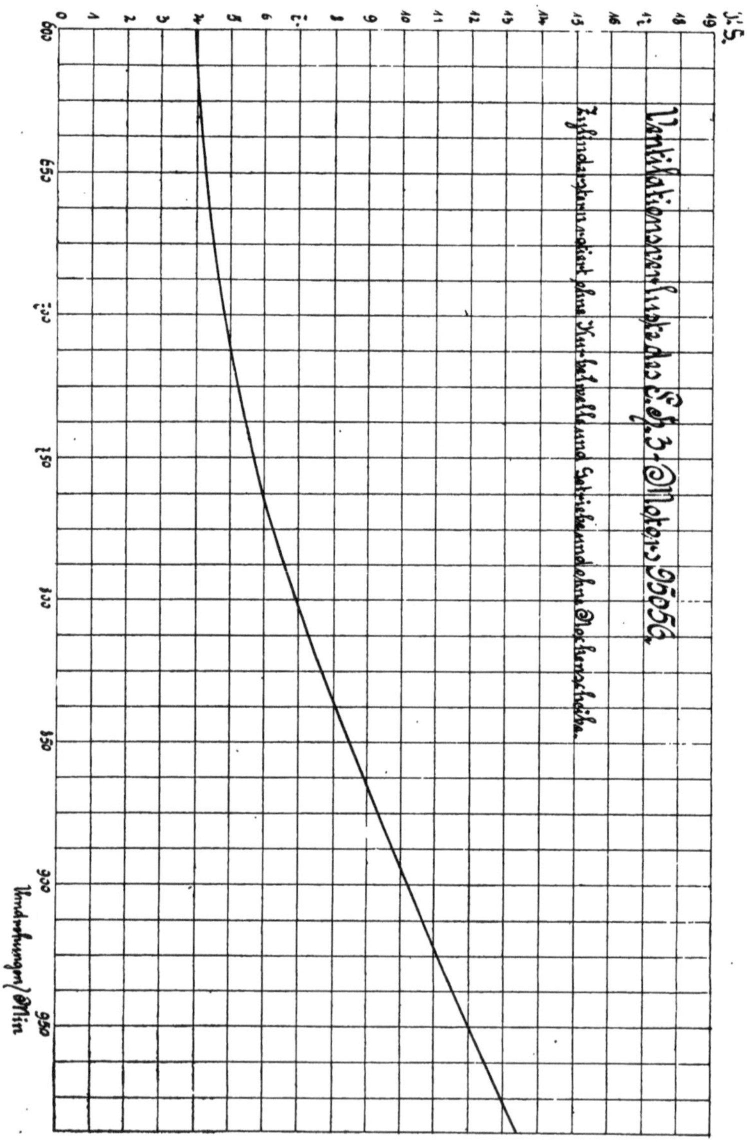

Fig 4.

Diese Literleistung steht der von wassergekühlten Motoren, deren Zylinder- und Kolbenkühlung nach den neuesten Gesichtspunkten durchgearbeitet sind, nicht nach.

Die bei luftgekühlten Flugmotoren vom Ventilator verzehrte Leistung wird verschiedentlich auf 10—12% der Motorleistung angegeben. Bei Umlaufmotoren mit feststehender Kurbelwelle ist der Luftwiderstand (Ventilationswiderstand), welcher zur Kühlung ausgenutzt wird, bei 1200 Umdrehungen ungefähr 12% der Nettoleistung des Motors. Günstiger liegt der Fall bei dem erwähnten Siemens-Umlaufmotor. Die Kurve für die Ventilationsverluste dieses Motors ist in Fig. 4 dargestellt, und zeigt, wie außerordentlich gering die Verluste bei diesem Motor sind. Dieselben betragen in

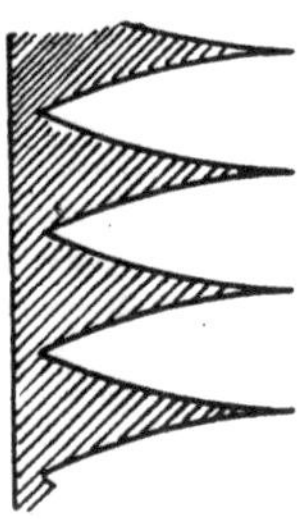

Fig. 5a.

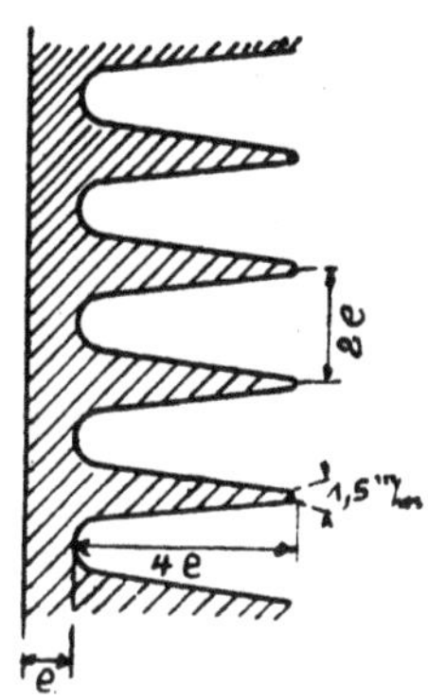

Fig. 5b.

Mittel 4,5—6% der Nettoleistung. Dies rührt in der Hauptsache von der durch die Gegenläufigkeit von Zylindern und Kurbelwelle ermöglichten niedrigen Drehzahl des Zylindersterns her.

Über die Berechnung der Kühlflächen von luftgekühlten Motoren liegen noch keine grundlegenden Werte fest.

Lacoin errechnet als günstigste theoretische Form für die Kühlrippen die in Fig. 5a dargestellte Ausführung. Als praktische Ausführung schlägt er die Form Fig. 5b vor, in der

$$e \geqq \frac{d \cdot pm}{1600} + 4 \text{ m/m}$$

gesetzt ist.

Entgegen diesem Vorschlage findet man bei den neueren Ausführungen erheblich geringere Wand- und Rippenstärken, wie z. B.

bei dem Zylinder des Baermotors, Fig. 25, und den in Fig. 6 und 7 dargestellten Zylinderschnitten.

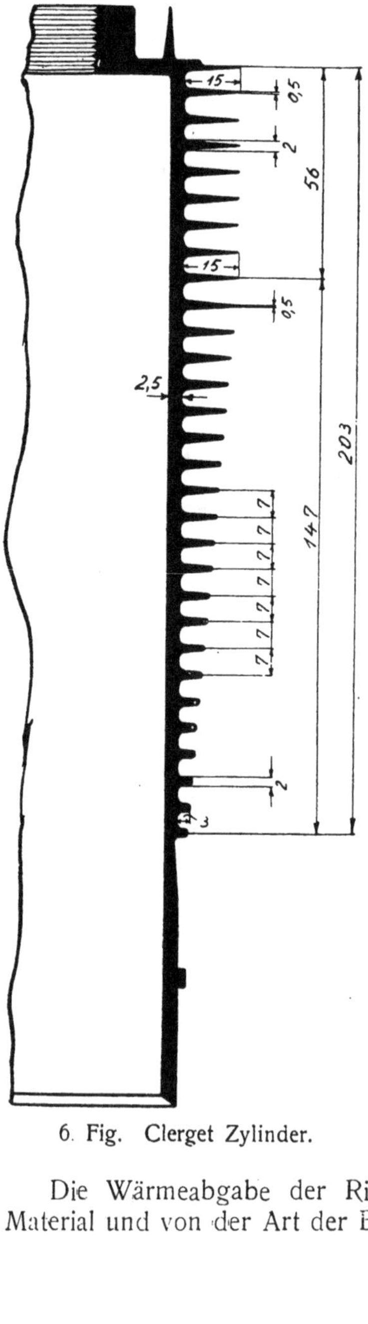

6. Fig. Clerget Zylinder.

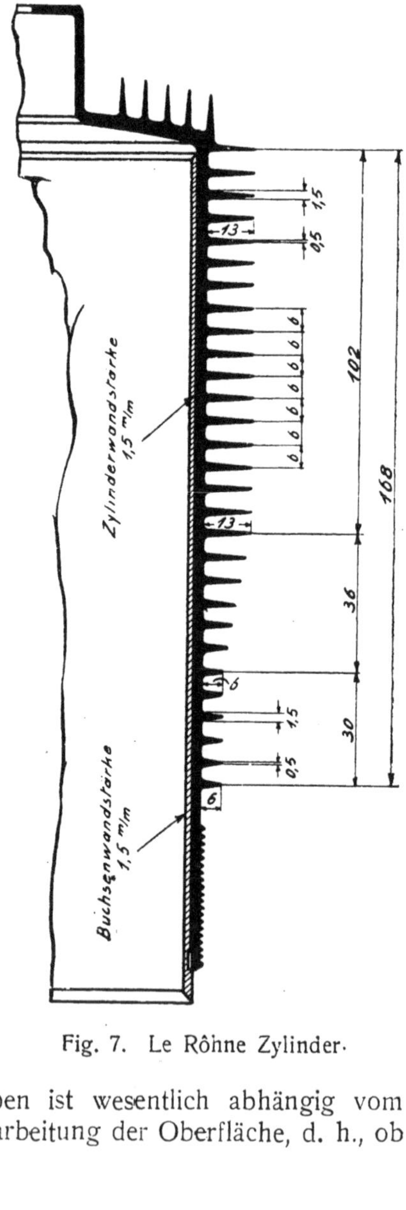

Fig. 7. Le Rôhne Zylinder.

Die Wärmeabgabe der Rippen ist wesentlich abhängig vom Material und von der Art der Bearbeitung der Oberfläche, d. h., ob dieselbe rauh oder glatt ist. Wenn eine Benetzung des Zylinders mit Öl stattfindet, was namentlich bei Umlaufmotoren häufig vorkommt, so ändert sich ebenfalls das Bild. Man ist also bei der Ausbildung der luftgekühlten Zylinder auf eine Anlehnung an bereits bewährte Konstruktionen und auf Versuche angewiesen.

In Fig. 6 ist ein Schnitt durch die Kühlrippen des Clerget-Motors von 110 PS (9 Zylinder, 120 mm Bohrung, 160 mm Hub) zu sehen und in Fig. 7 ein solcher durch die Kühlrippen der Zylinder des 80 PS Le Rhône-Motors (9 Zylinder, 105 mm Bohrung und 140 mm Hub).

b) Frischwasserkühlung.

Bei ortsfesten Anlagen wird, soweit eine Kühlwasserleitung zur Verfügung steht, die überschüssige Wärme durch abfließendes Wasser abgeleitet. Bei Bootsmotoren ergibt sich aus der Art des Betriebes die Benutzung von ständig frischem Wasser zur Kühlung. Da bei letzteren namentlich im Winter die Eintrittstemperatur des Kühlwassers eine sehr niedrige ist, so wird dasselbe oftmals vor seinem Eintritt durch Vorschaltbehälter, durch welche die Abgasleitung geführt ist, geleitet, umspült dann das wassergekühlte Abgasrohr, um hierauf erst in den Kühlwassermantel des Zylinders einzutreten.

Das Wasser wird auf diese Weise auf etwa 35° C vorgewärmt. In der Saugleitung muß ein Rückschlagventil angebracht sein, um ein Zurückströmen des Wassers bei einer Betriebspause zu vermeiden. Es ist angebracht, um die Bildung von Luft-, bezw. Dampfsäcken zu vermeiden, entsprechend der jeweiligen Bauart an der höchsten Stelle des Vorschaltbehälters und der Zylinderköpfe Entlüftungsrohre anzubringen. Zur Regelung der Austrittstemperatur ist ein Drosselhahn vorgesehen. Der Durchfluß des Wassers wird durch eine Pumpe bewirkt. Vor der Saugleitung muß ein Seiher angebracht werden, um Unreinigkeiten aus dem Fahrwasser zurückzuhalten.

Sowohl bei Frischwasserkühlung als auch bei der später beschriebenen Kreislaufkühlung muß dafür Sorge getragen werden, daß durch entsprechend angebrachte Hähne die Möglichkeit vorliegt, alles Kühlwasser ablassen zu können, da bei einer längeren Betriebspause das einfrierende Kühlwasser die Wandungen der von ihm durchflossenen Räume sprengt.

Zur Erläuterung nachfolgender Berechnung der abgeführten Wärme Qw diene Fig. 8.

Nach der „Hütte" ist:

$$Qw = k \cdot F\ (t_1 - t_2) \cdot Z,\ WE.$$

Es sind:

k = Wärmeübergangszahl, WE/m^2 Std.
F = wärmeabgebende Fläche m^2,
t_1 = mittlere Wärme der Verbrennungsgase an der Zylinderwand,
t_2 = mittlere Wärme des Kühlwassers an der Zylinderwand,
Z = Zeitdauer des Wärmeüberganges in Std.

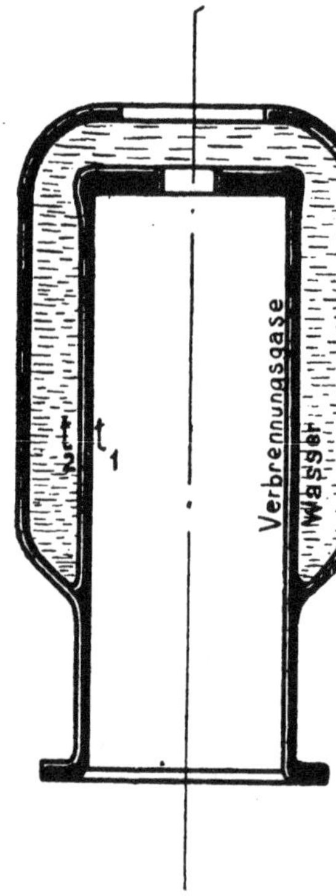

Fig 8.

Die Wärme des Zylinderinhalts unterliegt je nach den einzelnen Hüben beträchtlichen Veränderungen. Dagegen finden bei gleichbleibender Drehzahl des Motors nur sehr geringe Temperaturveränderungen in der Zylinderwand statt, welche völlig vernachlässigt werden können. Der Grund hierzu liegt in den Massen, durch welche sich der Wärmeübergang vollzieht.

Nach der „Hütte" berechnet sich die Wärmeübergangszahl aus der Gleichung:

$$k = \frac{1}{\frac{1}{\alpha_1} + \frac{1}{\alpha_2} + \frac{\delta}{\lambda}}$$

Es sind hierin:

α_1 = Wärmeübergangszahl vom Verbrennungsraum zur Zylinderwand,

α_2 = Wärmeüberganszahl vom Kühlwasser zur Zylinderwand,

δ = Dicke der Wand in m,

λ = Wärmeleitungskoëffizient der Wand,

α errechnet sich nach der Hütte für Flüssigkeiten aus:

$$300 + 1800 \sqrt{v}$$

und für Gase aus:

$$2 + 10 \cdot \sqrt{v}$$

v stellt die Strömungsgeschwindigkeit dar.

Setzt man $k = \sim \alpha_1$ (vgl. Löffler-Riedler „Ölmaschinen", S. 58), so ergibt sich:

$$Qw = k \cdot F \cdot (t_3 - t_2) \text{ WE/Std.}$$

worin t_3 die mittlere Temperatur der Zylinderwandung darstellt (nach Heller annähernd 350°).

Bei Frischwasserkühlung kann man mit einer Eintrittstemperatur von 15° rechnen, wenn keine besondere Vorwärmung des Wassers vorgesehen ist. Im Winter würde diese Temperatur naturgemäß eine tiefere sein. Als günstigste Austrittstemperatur findet man verschiedentlich 75°. Hieraus ergibt sich $t_2 = 45°$.

$$k = \frac{Qw}{F \cdot (t_3 - t_2)} = 300 + 1800 \sqrt{v}$$

$$1800 \sqrt{v} = \frac{Qw}{F \cdot (t_3 - t_2)} - 300$$

Der Kühlwasserbedarf ist:

$$Q_k = \frac{1200 \text{ Ne}}{T_2 - T_1} = \sim 18 \text{ Ne in l/Std.}$$

T_1 stellt die Eintrittstemperatur und T_2 die Austrittstemperatur dar.

Berechnet man z. B. die Wassergeschwindigkeit für einen Motor von 30 PSe, bei welchem F = 2800 cm² sei, so ergibt sich:

$$Q_k \quad \frac{1200 \cdot 30}{75 - 15} = 600 \text{ l/Std.}$$

$$1800 \sqrt{v} = \frac{1200 \cdot 30}{0{,}2800 \cdot 305} - 300$$

$$v \sim 0{,}004761 \text{ m/Sek.}$$

Hieraus und aus Q_k errechnet man den erforderlichen Durchflußquerschnitt durch den Kühlmantel.

Die vorangegangene Berechnung ist nur eine annähernde, da einige grundlegende Werte bei verschiedenen Bauarten verschieden sind, so z. B. die günstigsten Ein- und Austrittstemperaturen, über welche später noch gesprochen werden soll.

Da der Wärmeübergang zwischen der Zylinderwand und dem gasförmigen Inhalt nicht so stark ist, wie zwischen Wand und Wasser, so ist gewöhnlich ein Temperatursprung zwischen der Wandendtemperatur und der entsprechenden Temperatur der Zylinlinderinhaltes vorhanden. Näheres hierüber siehe Löffler-Riedler.

Der in das Kühlwasser übergehende Prozentsatz der Wärmemenge nimmt nach den Ermittelungen von Kutzbach mit zunehmender Motorgröße ab (vgl. Zeitschrift d. Vereines Deutscher Ingenieure 1907, S. 1650). Es heißt hier unter anderem:

Es ist eine starke Zunahme des absoluten Wärmeüberganges an das Kühlwasser mit größerer Füllung der Maschine festgestellt, das heißt, der Wärmeübergang ist nicht allein abhängig von der Oberfläche und der Temperatur, welche beide wenig verschieden sind. Kutzbach erklärt diese eigenartige Erscheinung damit, daß, da eine Abhängigkeit des Wärmeüberganges vom Druck weniger wahrscheinlich ist, bei geringem Lieferungsgrad der Maschine die Temperatur des Inhaltes durch die Wärmeabgabe an das Kühlwasser und damit auch die Wärmeabgabe selbst schneller abnimmt als bei größeren angesaugten Gasmengen. Dies ergibt sich auch aus der zunehmenden Auspufftemperatur. Die spezifische Kühlfläche nimmt auch mit der Größe der Motoren ab.

Bezüglich des Einflusses des Gasdruckes auf die übertragene Wärmemenge sei auf Löffler-Riedler, „Ölmaschinen", S. 58 hingewiesen.

Als Grundlagen zu einem Rechnungsbeispiel für die Frischwasserkühlung sollen nachstehende Untersuchungen gelten. Der

Gegenstand der Versuche ist ein Vierzylinder-Motor für Spezialzwecke (ortsfeste Anlagen). Seine Bauart ist die eines Automobilmotors.

Bohrung	=	100 m/m
Hub	=	149 m/m
Kompression	=	4,77 Atm
Wärmeabgebende Fläche F	=	0,3532 m^2

	I. Versuch	II. Versuch	III. Versuch	IV. Versuch
Umdrehungszahl des Motors n =	1580	1480	1125	900
Leistung „ „ N in PSe =	43,8	42	35	28
Durchfließende Kühlwassermenge Q_k in l/Std. =	1125	1056	1125	858
Kühlwasser-Eintrittstemperatur T_1 in ^{0} Cels. =	12	12	12	12
Austrittstemperatur T_2 in ^{0} Cels. =	51	52	42	45
Abgeführte Wärmemenge $Qw = Q_k \cdot (T_2 - T_1)$ in WE/Std. =	43875	42240	33750	28314

Als Funktion der Drehzahl n ergibt die Wärmemenge die ausgezogene Kurve in Fig. 9. Die strichpunktierte Kurve ergibt sich aus der Kurve der Wärmemenge als Arbeitsaequivalent in $PS = \frac{425}{60 \cdot 75} \cdot Qw = 0,0945 \cdot Qw$.

Legt man die Betriebsleistung von 43,8 PSe zu Grunde, so ergibt sich für diesen Motor

$$Qw = \frac{43875}{43,8} \sim 1000 \cdot Ne$$

Es errechnet sich die notwendige Wassergeschwindigkeit aus:

$$\sqrt{v} = \frac{\frac{Qw}{F\,(t_3 - t_2)} - 300}{1800} = \frac{\frac{43875}{0,3532(350 - 31,5)} - 300}{1800} = 0,05$$

$$v \sim 0,0025 \text{ m/Sek.}$$

Da $Q_k = \frac{1125}{1000 \cdot 3600} = \frac{1}{3200}$ m^3/Sek. ist, so ergibt sich der erforderliche Durchflußquerschnitt um den Zylinder zu $\frac{1}{3200 \cdot 0,0025}$ $= 0,125 \text{ m}^2 = 1250 \text{ cm}^2$.

Dieser Querschnitt ist etwa viermal so groß als der Querschnitt, welcher an dem Motor praktisch vorhanden war und etwa 300 cm² betrug. Die Wassergeschwindigkeit betrug daher in Wirklichkeit $v = \frac{1125}{0{,}03 \cdot 3600 \cdot 1000} = 0{,}01$ m/Sek.

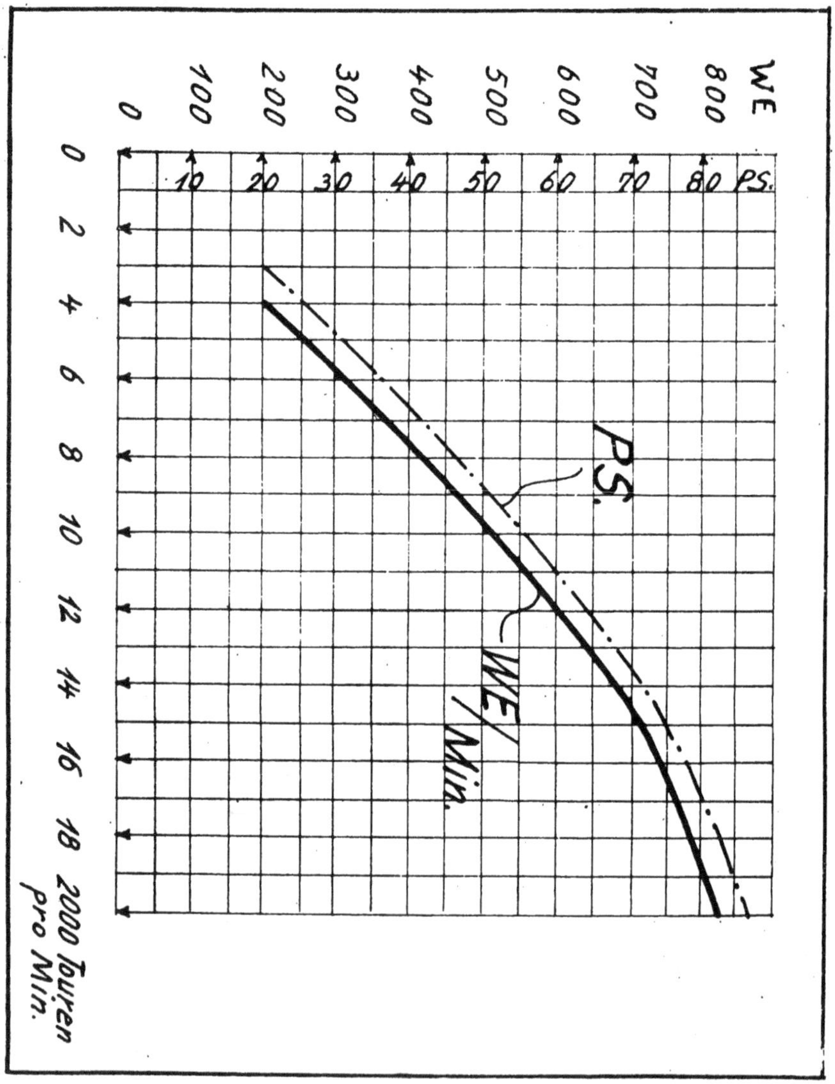

Fig. 9.

Hieraus kann gefolgert werden, daß die zugrunde gelegten Bedingungen für den Wärmeübergang mit der Praxis nicht ganz übereinstimmen, daher empfiehlt es sich, um eine gewisse Sicherheit zu haben, nach dem Vorschlage von Heller mit einem Qw von mindestens 1200 bis 1300 Ne zu rechnen.

c 1) Rückkühlung unter Verwendung einer Wasserpumpe.

Bei Mangel an Frischwasser ist man genötigt, eine Rückkühlanlage, wie Fig. 10 zeigt, vorzusehen. Es wird zu diesem Zwecke in der Nähe des Motors ein Behälter angebracht, in welchem sich

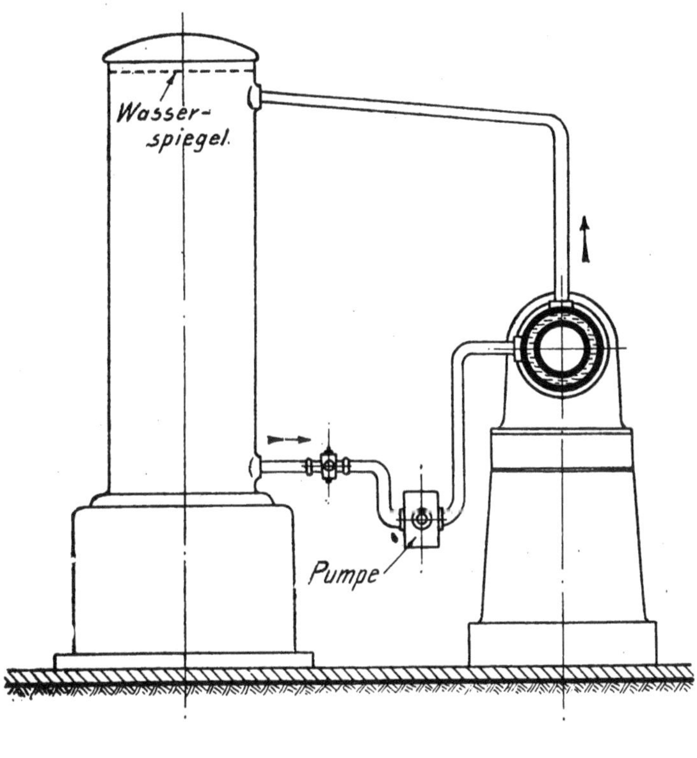

Fig. 10.

das aus dem Kühlmantel des Motors zuströmende Wasser abkühlt. Das warme Wasser wird durch ein Rohr, welches oben am Kühlmantel des Motors angeschlossen ist, zum oberen Teil des Kühlbehälters geführt und, nachdem es sich in diesem abgekühlt hat, vom unteren Teil des Behälters dem Motor wieder zugeführt. Der Kreislauf des Wassers kann entweder durch eine Pumpe hervorgerufen werden, oder die Kühlanlage kann als Thermosyphonkühlung ausgebildet sein. Auf letztere Art der Kühlung soll im nächsten Abschnitt näher eingegangen werden.

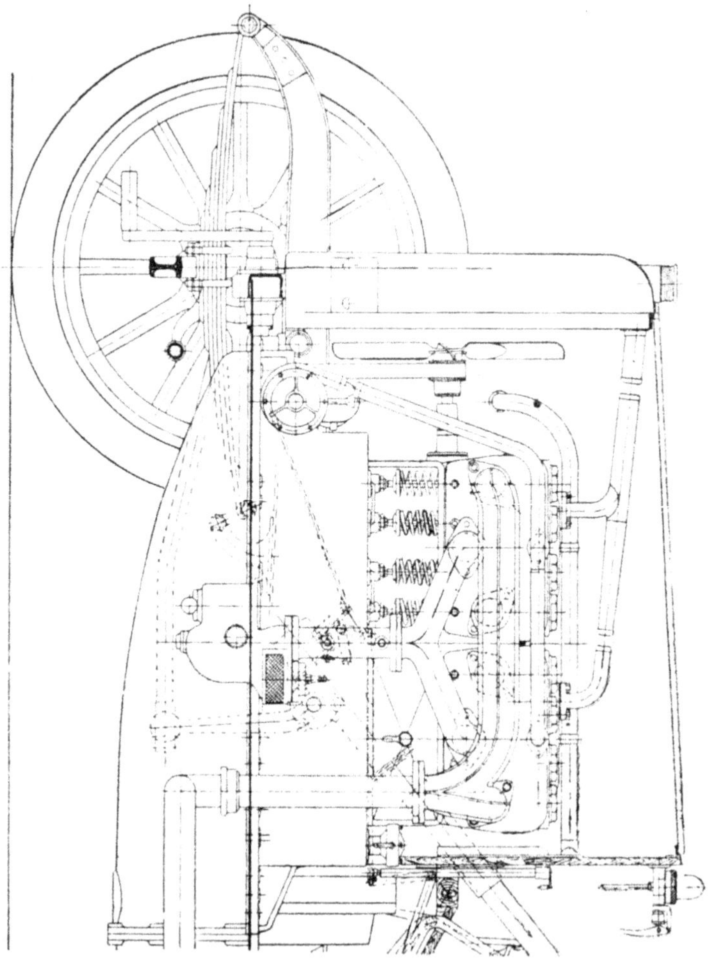

Fig. 11. Kühlanlage am Adler-Motor.

Bei beweglichen Kraftanlagen, z. B. bei Fahrzeug- und Flugzeugmotoren, beweglichen elektrischen Kraktquellen für fahrbare Scheinwerfer und dergl. mehr ergibt es sich von selbst, daß eine Rückkühlung des Wassers vorgesehen wird. Da bei den meisten dieser Anlagen ein möglichst geringes Gewicht notwendige Bedingung ist, so muß das Kühlgefäß bei möglichst kleinen Abmessungen eine möglichst große Kühlfläche haben, um die zur Wärmeabfuhr vom Motor aus benötigte Kühlwassermenge möglichst klein zu halten. Von diesen Gesichtspunkten aus hat sich der Automobilkühler entwickelt. Der Kreislauf des Kühlwassers wird, soweit nicht Thermosyphonkühlung vorgesehen ist, durch eine Kühlwasserpumpe bewirkt, welche in der zum Motor führenden Zuflußleitung liegt.

Als Beispiel für eine derartige Kühlanlage sei die Kühlung des Adler-Motors, Fig. 11, dargestellt. Wie aus der Abbildung ersichtlich ist, wird das Kühlwasser durch eine Zentrifugalpumpe unten aus dem Kühler entnommen und den Zylindern in Höhe der Ventilkammern zugeführt.

Das heiße Wasser wird durch zwei Rohrleitungen, welche sich in eine vereinigen, oben von den Zylinderblöcken zum Kühler abgeleitet.

Der Rechnungsgang bei der Rückkühlung mit Kühlwasserpumpe ist derselbe wie bei Frischwasserkühlung. Allerdings muß hier mit höheren Eintrittstemperaturen gerechnet werden. Die günstigste Austrittstemperatur des Wassers schwankt je nach der Bauart der Motoren. So wird z. B. für einen 100 PS Flugmotor bekannter Herkunft als günstigste Austrittstemperatur 75° C angegeben. Von wesentlichem Einfluß auf die günstigste Austrittstemperatur dürfte die Ausbildung des Kompressionsraumes sein, d. h. ob hängende oder stehende Ventile zur Verwendung gelangen und wie die Ventilkammern ausgebildet sind.

Ferner ist nicht ohne Bedeutung, ob der Verbrennungsraum von den verhältnismäßig dicken gußeisernen Wandungen oder nur von dünnen Stahlwandungen umschlossen ist. Auch sind die Betriebsverhältnisse in Betracht zu ziehen, ob der Motor starken Belastungsschwankungen, wie beim Kraftwagenbetrieb der Fall, oder dauernder Vollast, wie am Flugzeug, unterworfen ist.

Ein Bild für die in der Praxis vorkommenden Eintritts- und Austrittstemperaturen gibt Fig. 12. Der Versuch wurde auf dem Prüffeld der Protos-Automobile G. m. b. H. an einem Lastwagen dieser Firma vorgenommen. Der gesamte Wasserinhalt im Kühler, Zylinder und Leitungen war 25 l. Der Kühler hatte 5,3 m² direkte und 10,4 m² indirekte Kühlfläche. Die Konstruktion desselben ist in Fig. 129 zu sehen.

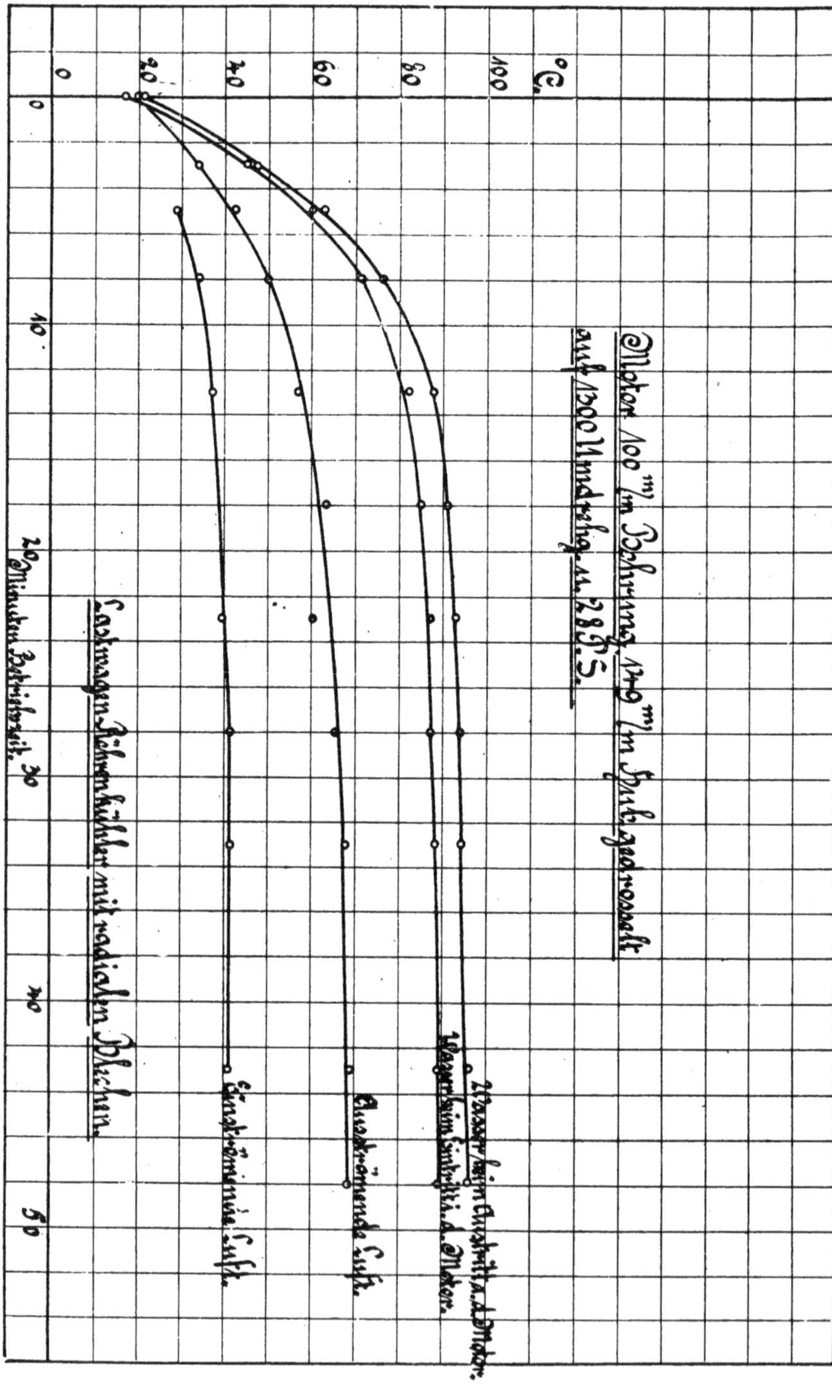

Fig. 12.

Die während der Fahrt auftretenden Temperaturen sind günstigere, jedoch dürfte in Anbetracht der geringen Fahrgeschwindigkeit der Lastwagen bei gleichbleibender Belastung kein wesentlicher Unterschied vorhanden sein.

Bezüglich des Temperaturgefälles bei Verwendung einer Wasserpumpe siehe Seite 26. Bei Thermosyphonkühlung ist ein größerer Unterschied (40°—60°) erforderlich, da derselbe von wesentlichem Einfluß auf den Kreislauf des Kühlwassers ist.

Wie Versuche ergeben haben, hat bei Automobil-Motoren mit gußeisernem Zylinderblock die Austrittstemperatur des Kühlwassers nur einen unwesentlichen Einfluß auf die Leistung, natürlich soweit sie sich unter 100° bewegt. Wie sich das bei Motoren mit Stahlzylindern verhält, ist nach Wissen des Verfassers noch nicht eingehend untersucht worden.

c2) Thermosyphonkühlung.

Das Bestreben, die Kühlwasserpumpe auszuschalten und dadurch sowohl Kosten- als Gewichtsersparnis zu erzielen und ein Konstruktionsteil weniger zu haben, welches Anlaß zu Störungen geben könnte, hat die Thermosyphonkühlung gezeitigt.

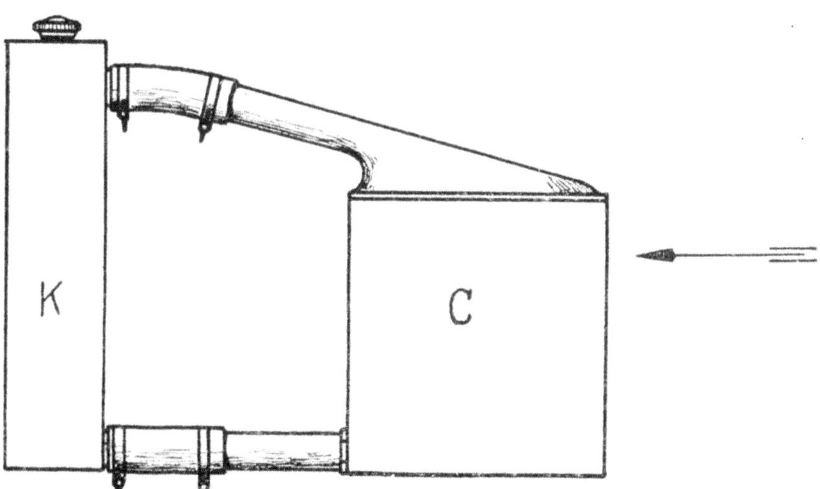

Fig. 13.

Das Prinzip derselben erklärt man sich am besten dadurch, daß man den Kühler und den Kühlwassermantel des Zylinders als zwei kommunizierende Röhren betrachtet. In Fig. 13 ist ein derartiges Schema dargestellt, in welchem c den Zylinder und k den Kühler bedeutet. Wird der Zylinder c in Höhe des Pfeils (also im Verbrennungsraum) erhitzt, so dehnt sich die Kühlflüssigkeit aus und hat das Bestreben, auf der Seite von c höher zu steigen als auf der Seite von k, da bei c das spezifische Gewicht der Flüssigkeit ein geringeres ist. Da nun c und k nicht nur unten, sondern auch oben miteinander verbunden sind, so tritt die Flüssigkeitssäule von c nach k über, wodurch das Gleichgewicht der Säulen in den kommunizierenden Röhren gestört wird. Die nach k übergetretene Flüssigkeit erlangt infolge der jetzt eintretenden Kühlung wieder ein

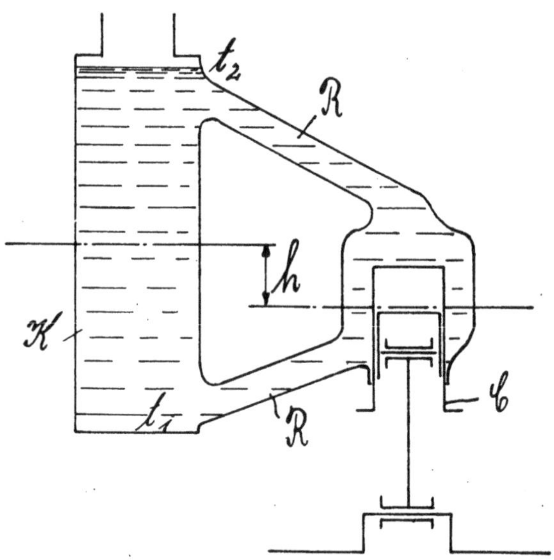

Fig. 14.

größeres spezifisches Gewicht, und es bleibt bei dem nun stetig eintretenden Kreislauf infolge der Wärmeableitung von k aus an den verschiedenen Stellen eine stetige Temperatur (natürlich nur während gleicher Betriebsverhältnisse wie Belastungen).

Zur näheren Beleuchtung der Verhältnisse diene Fig. 14.

Für die Berechnung wendet man die nachstehenden Gleichungen, welche für die Niederdruck-Warmwasserheizungen gelten, an. (Vgl. Siebenmann, Allgemeine Automobilzeitung 1907, Nr. 13, Rietschel Gesundheitsing. 1891, Birlo Gesundheitsing. 1891.)

Es bedeuten:

h = Höhenunterschied (siehe Fig. 14) in m,
Qw = stündlich abgeführte Wärmemenge in WE/Std.,
T_1 = Wärme des eintretenden Wassers,
T_2 = Wärme des austretenden Wassers,
γ_1 = Dichte des aus dem Zylinder austretenden Wassers,
γ_2 = Dichte des in den Zylinder eintretenden Wassers,
d = innerer Durchmesser der Rohrleitungen R in m,
g = Fallbeschleunigung = 9,81 m/Sek.,
= Länge der Leitungen R in m,
ϱ = Reibungskoëffizient,
ζ = Widerstandskoëffizient,
v = Kreislaufgeschwindigkeit des Wassers in m/Sek.

$$Q_w = \frac{d^2 \pi}{4} \cdot v \cdot \frac{\gamma_1 + \gamma_2}{2} \cdot (T_2 - T) \cdot 3600 \cdot 1000 \text{ WE/Std.}$$

Die abzuführende Wärmemenge Qw wurde bereits im Anfang des Abschnittes 1 b ermittelt. Es ist nun d zu wählen. Die Kreislaufgeschwindigkeit v wurde in Abschnitt 1 b gefunden und ist nach Möglichkeit inne zu halten.

$$h \cdot (\gamma_2 - \gamma_1) \geqq \frac{v^2}{2g} \cdot \frac{\gamma_1 + \gamma_2}{2} (1 \cdot \frac{\varrho}{d} + \Sigma(\zeta))$$

An Hand dieser Gleichung kann man untersuchen, ob das für ein festliegendes v und d passende h konstruktiv erfüllbar ist.

Der Reibungskoëffizient ϱ rechnet sich nach Weißbach aus der Formel:

$$\varrho = 0{,}01439 + \frac{0{,}0094711}{\sqrt{v}}$$

Die Dichtigkeitsgrade γ des Wassers sind nach dem Chemikerkalender von Dr. Biedermann:

T	Dichte	Volumen
0°	0,999 871	1,000 129
4°	1,000 000	1,000 000
10°	0,999 747	1,000 253
15°	0.999 160	1,000 841
20°	0,998 259	1,001 744
25°	0,997 120	1,002 888
30°	0,995 77	1,004 25
35°	0,994 18	1,005 86
40°	0,992 35	1,007 70

45°	0 990 37	1,009 71
50°	0,988 19	1,011 95
55°	0,985 81	1,014 39
60°	0,983 38	1,016 91
65°	0,980 74	1,019 64
70°	0,977 94	1;022 56
75°	0,974 98	1,025 66
80°	0,971 94	1,028 87
85°	0,968 79	1,032 21
90°	0,965 56	1,035 67
95°	0,962 19	1,039 31
100°	0,958 66	1,043 12.

Die Widerstandskoëffizienten ζ kann man bei einem rechtwinklig gebogenen Knie etwa = 1 und bei schwächeren Krümmungen der Rohrleitung = 0,5 setzen. Bei den plötzlichen Über-

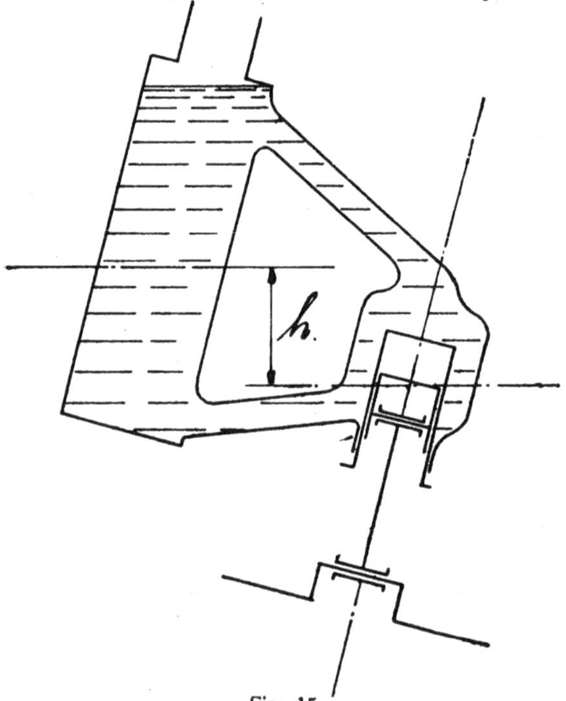

Fig. 15.

gängen von dem kleinen Rohrquerschnitt in den Kühlwasserraum des Zylinders bezw. in den Kühler kann man ζ = 1 bis 1,5 setzen. Der Widerstandskoëffizient der Kühler ist bei fast allen Bauarten infolge des verschiedenartigen Ausbaus des Kühlerblocks verschieden. So findet man z. B. bei einer bekannten Konstruktion eines Lamellenkühlers $\zeta = 0{,}5$ bei normalen Lamellen der Fabrik und $\zeta = 0{,}8$—1 bei kleineren Lamellen. Bei einem Lamellen-Kühler anderer Herkunft findet man dagegen $\zeta = 4{,}9$.

Um die Widerstände so gering als möglich zu halten, muß die Wasserführung in möglichst schlanken Bogen vor sich gehen, d. h. scharfe Knicke sind nach Möglichkeit zu vermeiden und der Querschnitt der Rohrleitungen möglichst groß gewählt werden.

Die Höhe h ist abhängig von der Bauart des Wagens und des Rahmens vom Fahrgestell. Die Anordnung des Kühlers vor dem Motor in Fahrtrichtung gesehen (wie dies in Fig. 13 der Fall ist)

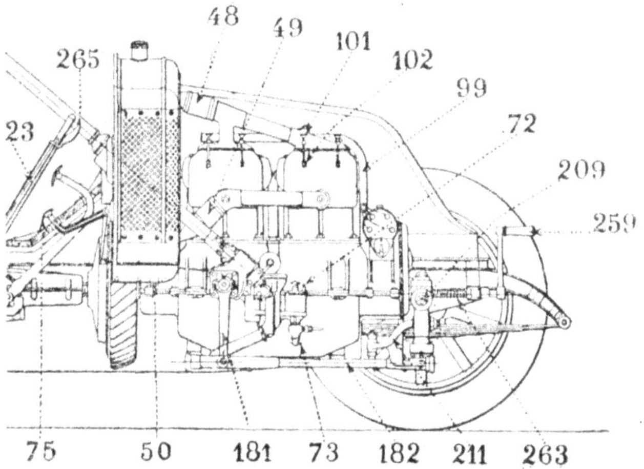

Fig. 16.

hat den großen Vorteil, daß bei größer werdender Belastung des Motors, beim Nehmen von Steigungen der Kreislauf des Wassers intensiver wird, da in diesem Falle, bei Neigung des Wagens nach hinten h größer wird und mit wachsendem h der Kreislaufauftrieb wächst (siehe Fig. 15). Ist der Kühler aus besonderen Gründen hinter dem Motor angeordnet, wie dies bei dem 16 PS Renault-Motor, Fig. 16, der Fall ist, so muß der Kühler unter Berücksichtigung der ungünstigen Verringerung von h beim Nehmen von Steigungen verhältnismäßig hoch gelegt sein.

Da eine erhöhte Wärmeabfuhr bei steigender Leistung des Motors wünschenswert ist, so ist es empfehlenswert, den Kühler vor den Motor zu legen. Daß man hiervon bei dem Renault-Motor in Fig. 16 abgegangen ist, dürfte lediglich auf Schönheitsrücksichten zurückzuführen sein.

Wird h = o oder sogar negativ, so findet überhaupt kein Kreislauf in dem gewünschten Sinne statt. Im Gegenteil liegt das Bestreben des Wassers vor, den Kreislauf im umgekehrten Sinne anzutreten, was jedoch durch die hohe Temperatur im Kopf des Wassermantels verhindert wird. Eine derartige Kühlung erreicht dann natürlich ihren Zweck nicht.

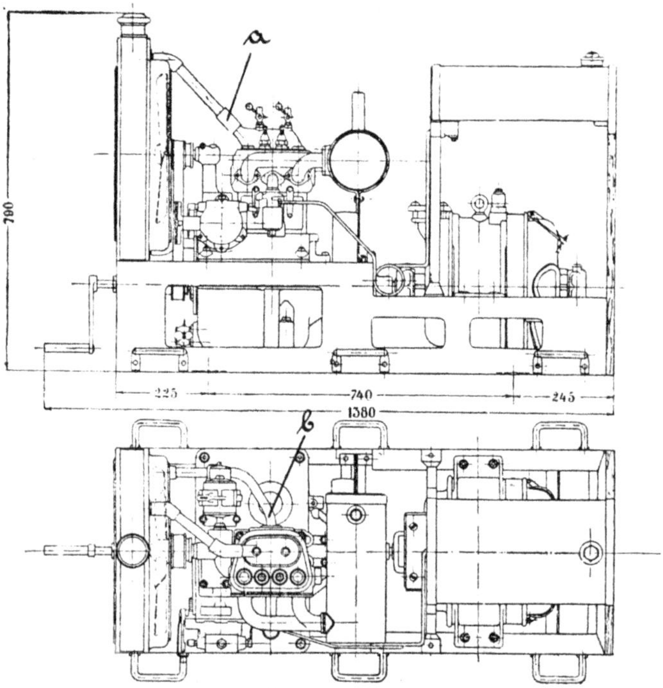

Fig. 17.

Betrachten wir den Vorteil der Thermosyphonkühlung gegenüber der Rückkühlung unter Verwendung einer Pumpe, so sehen wir, daß an Gewicht kaum etwas gewonnen wird. Bei Benutzung der Wasserpumpe wird die mittlere Kühlertemperatur infolge des schnelleren Kreislaufs höher als bei der Thermosyphonkühlung, was eine größere Wärmeabgabe für die Flächeneinheit zur Folge hat. Infolgedessen ist bei Thermosyphonkühlung theoretisch ein größerer Kühler und somit auch ein größerer Wasservorrat erforderlich, als dies bei einem durch eine Pumpe bewirkten Kreislauf notwendig ist. Dadurch wird der Vorteil der Gewichtsersparnis durch Fortfall der Pumpe illusorisch. Als Vorteil kann man also nur noch die durch den Wegfall der Pumpe und durch einfachere Rohrleitungen entstehende Kostenersparnis bezeichnen und daß man ein Konstruktionsteil weniger hat, welches zu Störungen Anlaß geben könnte.

Diese Gründe sind derart ausschlaggebend, daß die Thermosyphonkühlung nicht nur bei kleinen Wagen, sondern neuerdings auch bei größeren Wagen und sogar bei Lastwagen mehrfach Verwendung findet.

Als praktisches Beispiel für eine Thermosyphonkühlung sei ein transportabler 2 KW-Maschinensatz der Siemens & Halske A.-G., Blockwerk betrachtet. Es mußte bei dem in Fig. 17 dargestellten Maschinensatz die geringe Auftriebshöhe von etwa 0,05 m gewählt werden, da der Maschinensatz in ein räumlich beschränktes Fahrzeug geschoben werden mußte. Der zur Verwendung gelangende Zweizylinder-Motor hat 60 mm Bohrung und 90 mm Hub. Die Leistung des Motors betrug 4,5 PS bei 1500 Umdrehungen. Bei voller Belastung wurde nach einstündigem Betriebe bei a eine Temperatur T 2 = 92°, und bei b eine solche T 1 = 52° gemessen. Für die erforderliche Wassergeschwindigkeit gilt die Gleichung:

$$v = \left(\frac{\frac{Qw}{F\,(t_3 - t_2)} - 300}{1800} \right)^2$$

Hieraus ergibt sich:

$$v = \left(\frac{\frac{6300}{0{,}0616\,(350-72)} - 300}{1800} \right)^2 = 0{,}0014 \text{ m/Sek.}$$

Es ist Qw = 1400 Ne gesetzt, da der Motor ein ausgesprochener Schnelläufer ist. F ergab sich zu 0,0616 m².

Die Wassergeschwindigkeit an der oben vom Motor zum Kühler führenden Leitung wurde durch ein eingesetztes Glasrohr beobachtet. Trotzdem der Maschinensatz einen äußerst ruhigen Lauf hat, erzeugen die einzelnen Explosionen derartige Stöße in der Wassersäule, daß dieselbe ständig hin und her schwankt, wodurch eine Beobachtung der Geschwindigkeit außerordentlich erschwert wird. Außerdem verhindern die aufwärts eilenden Dampfblasen, deren Auftrieb ein größerer ist, als die Wassergeschwindigkeit, eine einwandfreie Beobachtung der letzteren. So gut als es diese schwierigen Umstände erlauben, konnte festgestellt werden, daß die praktische Geschwindigkeit der errechneten ungefähr entsprach.

Es zeigte sich in dem Glasrohr, daß die obere Wasserschicht, durch welche die aufsteigenden Dampblasen eilten, eine erheblich größere Geschwindigkeit hatte, als die untere. Es ist anzunehmen, daß durch die aufsteigenden Dampfblasen die Wassergeschwindigkeit erhöht wird.

Nach den am Maschinensatz vorgenommenen Messungen errechnet sich die Wassergeschwindigkeit aus der Formel:

$$Qw = \frac{d^2 \pi}{4} \cdot v \cdot \frac{\gamma_1 + \gamma_2}{2} (T - T_1) \cdot 3600 \cdot 1000$$

worin d = 30 m/m ist zu:

$$6300 = 0{,}0007 \cdot v \cdot 0{,}975 \cdot 40 \cdot 3600 \cdot 1000$$

Es ist also v = 0,0641 m/Sek. in der Rohrleitung.

Der freie Querschnitt im Zylinder beträgt rund 100 cm². Es ergibt sich daher für den Zylinder eine Wassergeschwindigkeit v $\sim$ 0,0045 **m/Sek.**

Hieraus ist ersichtlich, daß die Wassergeschwindigkeit in Wirklichkeit günstiger ist, als die notwendige (von v = 0,0014 m/Sek.).

Um zu ermitteln, ob unter diesen Verhältnissen das gewählte Gefälle h ausreicht, setze man die gefundenen Werte in die Formel

$$\frac{\gamma_2 - \gamma}{\frac{\gamma_2 \quad \gamma_1 +}{2}} \cdot h = \frac{v_1^2}{2g}\left(l_1 \frac{\varrho}{d_1} + \Sigma(\zeta)\right) + \frac{v_2^2}{2g}\left(l \frac{\varrho}{d_2} + \Sigma(\zeta)\right) + \frac{v_3^2}{2g}\left(l_3 \frac{\varrho}{d_3} + \Sigma(\zeta)\right)$$

ein. In dieser Formel ist l_1 = Rohrleitungslänge = 0,85 m und d_1 = Rohrleitungsdurchmesser, d_2 = dem Durchmesser des freien Durchtritts-Querschnittes im Zylinder als kreisförmige Fläche betrachtet und l_2 der Durchflußweg des Wassers im Zylinder, d_3 der Durchmesser des Kühler-Querschnittes als kreisförmige Fläche betrachtet und l_3 die Weglänge des Wassers im Kühler.

Die beiden Faktoren, welchen v_2 und v_3 zu Grunde gelegt sind, können praktisch vernachlässigt werden, da sie im Verhältnis zu dem Wert, welcher für die Rohrleitung in Betracht kommt, verschwindend gering sind. Für die Leitung ist $\Sigma(\zeta) \sim 3{,}5$.

Es ergibt sich:

$$0{,}0236 \cdot 0{,}05 \geq 0{,}0002 \left(0{,}85 \frac{0{,}0519}{0{,}03} + 3{,}5\right)$$

$$0{,}00118 \geq 0{,}000994$$

Aus den Resultaten ersieht man, daß das Gefälle h für vorliegenden Fall ausreicht.

Einige interessante Versuche mit Thermosyphonkühlung an Motorwagen veröffentlichte Schwarz im „Motorwagen" vom 20. 12. 1919.

C. Heißkühlung.

Bei der Abfuhr der Wärme von den Zylindern ist die Differenz zwischen der Kühlwassertemperatur und der Temperatur der Zylinderwandungen ausschlaggebend. Wie bereits erwähnt, liegt die günstigste Motorleistung bei der gebräuchlichen Kühlung bei einer ganz bestimmten Temperatur des austretenden Wassers. Wird nun das Minimum dieser Temperaturdifferenz nach unten hin überschritten, so findet keine ausreichende Wärmeabfuhr statt, und ein Leistungsabfall des Motors tritt ein. Wird die Temperaturdifferenz jedoch gewahrt, so kann das Kühlmittel eine bedeutend höhere Temperatur als 100% C aufweisen, ohne daß die Leistung des Motors beeinträchtigt wird. Vorausgesetzt ist hierbei jedoch, daß bei der hohen Temperatur im Motor keine die Wärmeabfuhr beeinträchtigende Dampfblasenbildung auftritt, und daß Stellen des Zylinders, an denen Gußanhäufungen, welche mit heißen Gasen in Berührung sind, ausreichend gekühlt werden. Gerade an diesen Stellen, z. B. am Ansatz der Auspuffkanäle, muß natürlich einem Aufsetzen von Dampfblasen vorgebeugt werden. Die Frage der Heißkühlung tritt jetzt besonders in den Vordergrund, da das Brennstoffproblem zur Zeit viel mehr Kopfzerbrechen macht als vordem. Wir werden voraussichtlich noch lange Zeit mit einem empfindlichen Mangel an Benzin und Benzol zu rechnen haben, worüber sich bereits W. Ostwald in Nr. 51 der Allgemeinen Automobil-Zeitung 1918 ausführlich ausließ. Man ist daher gezwungen, zu schwereren Brennstoffen seine Zuflucht zu nehmen, wie z. B. zu Tieftemperaturteeröl usw. Mit Mischungen derartiger Öle (z. B. 50% Marinetreiböl und 50% Benzol) hat man auch unter normalen Betriebsverhältnissen mit den gebräuchlichen. Automobilvergasern befriedigende Resultate erzielt. Bei der Verwendung von „schweren Ölen", welche nicht mit Benzin oder Benzol gemischt waren, machte sich jedoch eine sogenannte Heißkühlung (über 100%) erforderlich. Bei einem derartigen Versuch wurde Marinetreiböl (dunkel gefärbt, ölig, dünnflüssig) von einem spezifischen Gewicht gleich

0,916 verwendet. Es siedete von 160°—334°. Bis 300° gingen 72 % über. Der Brennstoff war in allen Verhältnissen mit Benzol mischbar. Mit diesem ungemischten Brennstoffe wurden im Heißkühlwagen erträgliche Resultate erzielt. Es liegt daher in der Natur der Sache, daß der Heißkühlung neuerdings besondere Aufmerksamkeit gewidmet wird.

Um nun die erwähnte nachteilige Dampfbildung bei einer Kühlwassertemperatur über 100° C zu vermeiden, kann der gesamte Wasserumlauf unter Druck gesetzt werden, wodurch die Siedetemperatur des Wassers heraufgesetzt wird. Nach einem Patent von Wolf soll die Dampfbildung im Kühlmantel des Zylinders dadurch verhindert werden, daß das Kühlwasser zu-

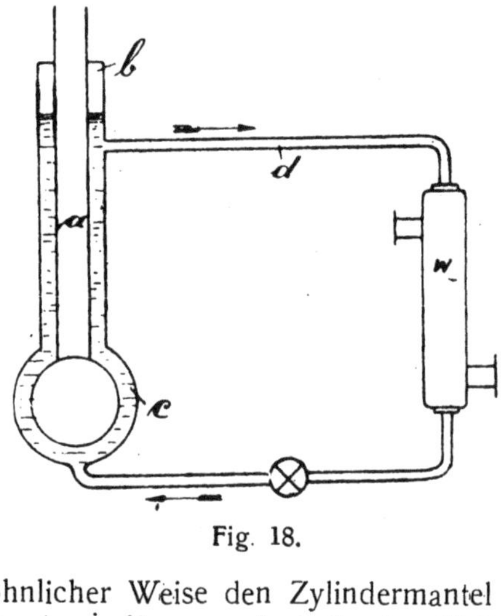

Fig. 18.

nächst in gewöhnlicher Weise den Zylindermantel durchfließt und dann durch die Auspuffgase außerhalb des Zylinders besonders erwärmt wird. Tritt aus irgend welchen Gründen Dampfbildung auf, so erfolgt dies an der heißesten Stelle und nicht im Zylindermantel. Die Anordnung ist in Fig. 18 schematisch dargestellt. Das Wasser nimmt zunächst im Zylindermantel c und hierauf von der Abgasleitung a Wärme auf und gibt sie im Kühler w wieder ab. Beträgt z. B. die Wassereintrittstemperatur am Zylinder 90° C, die Austrittstemperatur aus dem Zylindermantel 120° C und die durch die Auspuffgase erzielte Höchsttemperatur 150° C, so beträgt der Druck dementsprechend im ganzen Kreislaufsystem etwa 5 Atm. Eine Dampfbildung könnte nur an der Stelle der höchsten

Temperatur auftreten und ist im Zylindermantel vermieden. Um eine etwaige Verdampfung an einer bestimmten Stelle herbeizuführen und eine elastische Belastung des Wassers zu erzielen, ist bei b ein Dampfraum vorgesehen. Bei der Anordnung nach Fig. 19 wird die Dampfbildung im wärmeabführenden Wasser völlig vermieden. Es liegt hier im Nebenschluß zur Umlaufleitung d ein Behälter e, welcher teilweise mit Wasser und teilweise mit Dampf gefüllt ist und der von den Auspuffgasen geheizt wird. Durch Regelung des Erwärmungsgrades kann der Druck in der Umlaufleitung beliebig eingestellt werden.

Weitgehende Versuche mit Heißkühlungen sind noch bei der Semmler-Motoren-Gesellschaft m. b. H. in Wiesbaden

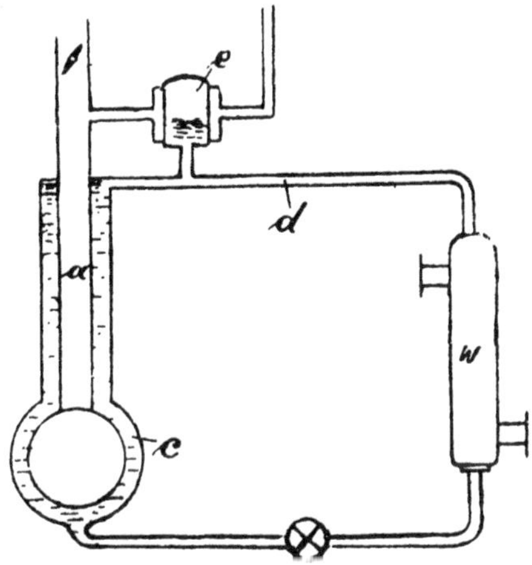

Fig. 19.

im Gange. Diese Firma hat eine Anzahl von Patenten, welche die Heißkühlung betreffen, erworben. Eines derselben hat ebenfalls einen in sich geschlossenen Kühlwasserkreislauf zum Gegenstand. (Fig. 20.) Das Kühlwasser tritt mit 105° bei 1 von der Pumpe P gefördert in den Kühlwassermantel des Motors m ein und mit 130° bei 2 aus. Bei 4 wird es mit 130° in den Kühler gebracht, um aus diesem bei 5 mit 105° auszutreten und den Kreislauf von neuem anzutreten. Zur Vermeidung der Dampfbildung im Motor wird ein Zusatzaggregat E angeschlossen, welches in der Kühlanlage einen Druck von 5. Atm. erzeugt. Dieses Zusatzaggregat kann z. B. eine kleine Preßpumpe p (Fig. 21) sein, welche aus einem Behälter B das geringe zur Druckherstellung notwendige

Wasserquantum entnimmt. Eine andere Möglichkeit bietet ein Federbelasteter Kolben K (Fig. 22), welcher das Druckwasser des Zylinders C in das Rohrsystem preßt. Eine derartige Kühlungseinrichtung, bei der das ganze Kühlsystem dauernd unter dem nicht unerheblichen Druck von 5 Atmosphären steht, dürfte in

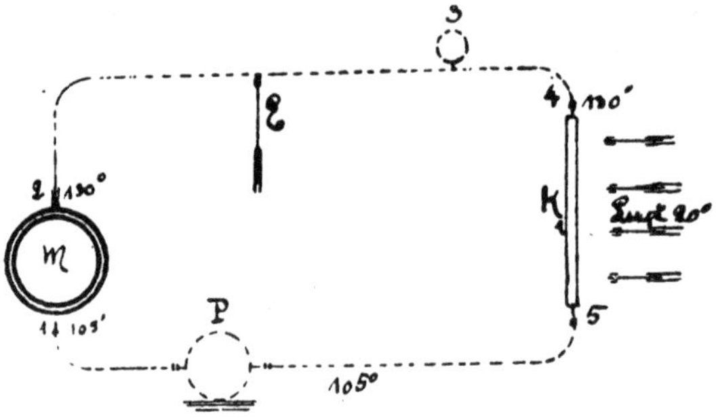

Fig. 20.

der Praxis wesentliche Schwierigkeiten bereiten, da das gesamte System gut abgedichtet gehalten werden muß. Hauptsächlich der aus einer sehr großen Anzahl von Lötstellen bestehende Kühler dürfte ständig Anlaß zu Betriebsstörungen geben.

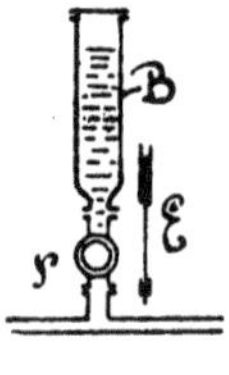

Fig. 21.

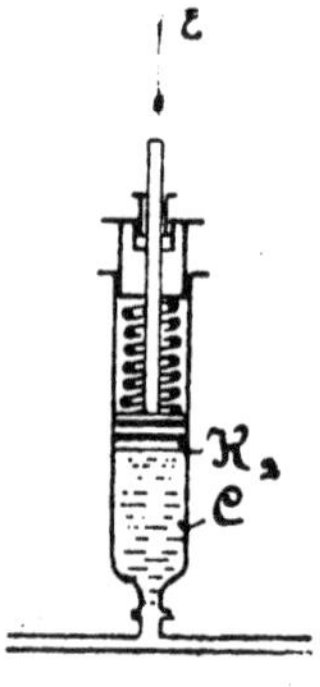

Fig. 22.

Um nun die Bildung von Dampfblasen in der Nähe der Ventilsitze zu verhindern, wird von Semmler folgende Einrichtung getroffen (vgl. Jaenichen, Allgemeine Automobil-Zeitung, 22. Februar 1919).

Das Kühlwasser wird durch eine Art Düsen in scharfem Strahl

gegen diese Stellen gespritzt, wodurch ein Fortspülen sich etwa bildender Dampfblasen erreicht wird. Das Wasser wird in der üblichen Weise durch eine Pumpe in diese Düsen gedrückt. Die Kühlwasserleitung ist vor dem Kühler durch ein Verbindungsrohr, welches die vom Motor herkommende Warmwasserleitung mit dem Zuflußrohr zur Pumpe verbindet, kurz geschlossen. Hinter diesem Rohr ist der Kühler angebracht, welcher im Grunde genommen nur als Kondensator wirkt. An dem Warmwasserrohr ist ein Überdruckventil an der Stelle angebracht, wo das zum Pumpenzulaut führende Verbindungsrohr mündet.

Nimmt nun die Dampfbildung übermäßig stark zu, so wird durch die dabei entstehende Spannung mit Hilfe einer Membran dieses Ventil geschlossen, d. h. es wird die kurzschließende Leitung ganz oder nur zum Teil ausgeschaltet, so daß ein Teil des warmen Wassers durch den Kühler strömt. Durch die hierbei erzeugte größere Kühlwirkung wird die gesamte Temperatur im Kreislauf herabgesetzt, und es findet dadurch eine ständige Regelung statt, welche die Temperatur des Kühlwassers annähernd auf 100° hält. Da nun bei der Kühlung durch siedendes Wasser der Wärmeübergang an das Wasser ein bedeutend besserer ist als an nichtsiedendes Wasser, so dürfte die Zylinderwand bei siedendem Kühlwasser auch nicht heißer werden als bei nichtsiedendem Kühlwasser von der üblichen Kühlwassertemperatur. Durch die Drosselung an den Düsen wird die umlaufende Menge des Kühlwassers vermindert, was zulässig ist, da bei normaler Kühlung 1 Liter Kühlwasser etwa 30 Kalorien aufnimmt, während dieselbe Wassermenge bei Siedekühlung über 500 Kalorien abführen kann. (Vgl. Versuchsbericht der K. P. K. in der Auto-Technik vom 8. 11. 1919.)

Aus den bereits vorher erwähnten Gründen ist ein eingehendes Studium der Frage der Heißkühlung erforderlich, insbesondere, da nach den bereits vorliegenden Versuchsergebnissen neben der Erleichterung der Brennstoffbeschaffung auch die Frage der Wirtschaftlichkeit des Betriebes ein günstigeres Aussehen bekommt, als dies in der letzten Zeit der Fall war.

II. Konstruktiver Ausbau der Kühlung.

A. Zylinder.

Als wesentlichstes Bauteil des Motors, für welches eine Kühlung in Betracht kommt, ist der Zylinder anzusprechen. Es sollen in folgendem einige Zylinderkonstruktionen und deren spezielle Ausbildung für eine zweckmäßige Kühlung betrachtet werden.

a) Luftgekühlte Zylinder.

Wie bereits weiter oben erwähnt, kommt der Zylinder mit unmittelbarer Luftkühlung fast ausschließlich für Fahrrad- und

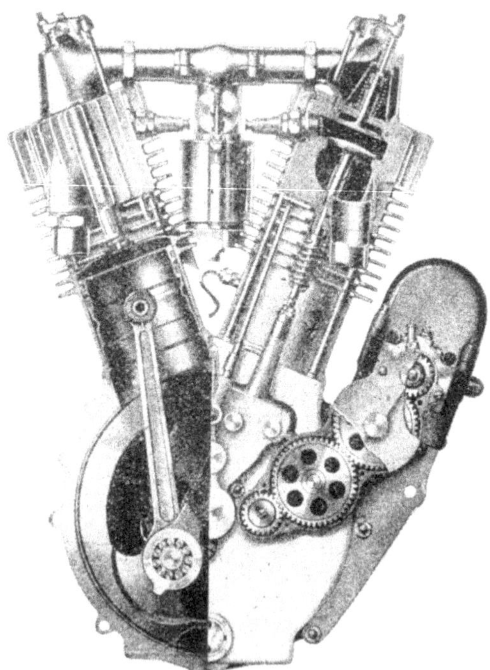

Fig. 23. Indian-Motor.

Flugzeugmotoren in Betracht. Als typisches Beispiel hierfür sei in Fig. 23 der Motor des Indian-Fahrrades dargestellt. An den

Zylindern sind radiale Kühlrippen und an den Ventilkammern achsiale Kühlrippen vorgesehen. Zweckmäßiger sowohl in Anordnung der Zylinder als auch in Ausbildung der Kühlrippen ist der NSU Fahrradmotor eingerichtet (Fig. 24). Der hintere Zylinder ist derart geneigt, daß der heißeste Teil der den vorderen Zylinder umspülenden Luft über ihn hinwegstreicht. Die Kühlrippen des hinteren Zylinders sind nicht radial, sondern wagerecht, d. h. in Fahrtrichtung angegossen, was ein zweckmäßiges Durchströmen der Luft begünstigt.

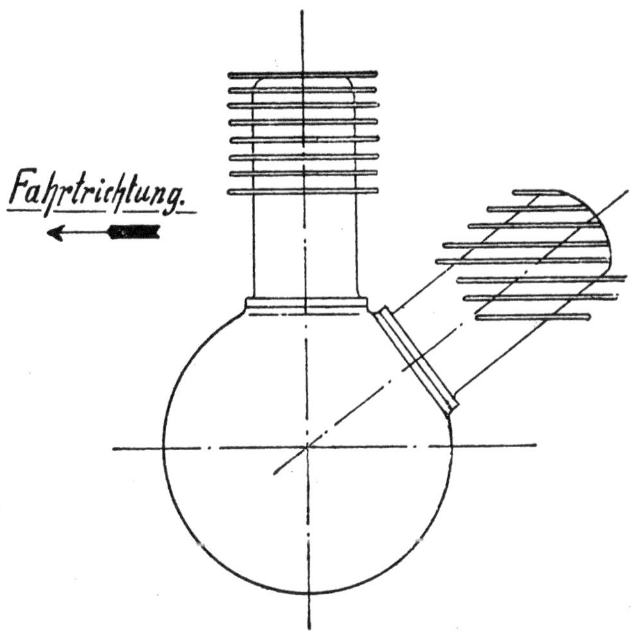

Fig. 24. NSU Fahrradmotor.

Ein gut durchkonstruierter luftgekühlter Zweizylindermotor von 60 mm Bohrung und 80 mm Hub der Motorenfabrik Paul Baer ist in Fig. 25 zu sehen. Der Motor wurde in der Hauptsache für kleine bewegliche Kraftstationen ausgeführt, bei denen nebst großer Betriebssicherheit äußerst geringes Gewicht Bedingung war. Die Kühlrippen der Zylinder sind auf der Innenseite abgeflacht und stoßen nicht zusammen, um einem Wärmeübergang von einem Zylinder auf den anderen vorzubeugen.

Auf den Zylinderböden sind der Richtung des Luftstromes ent-

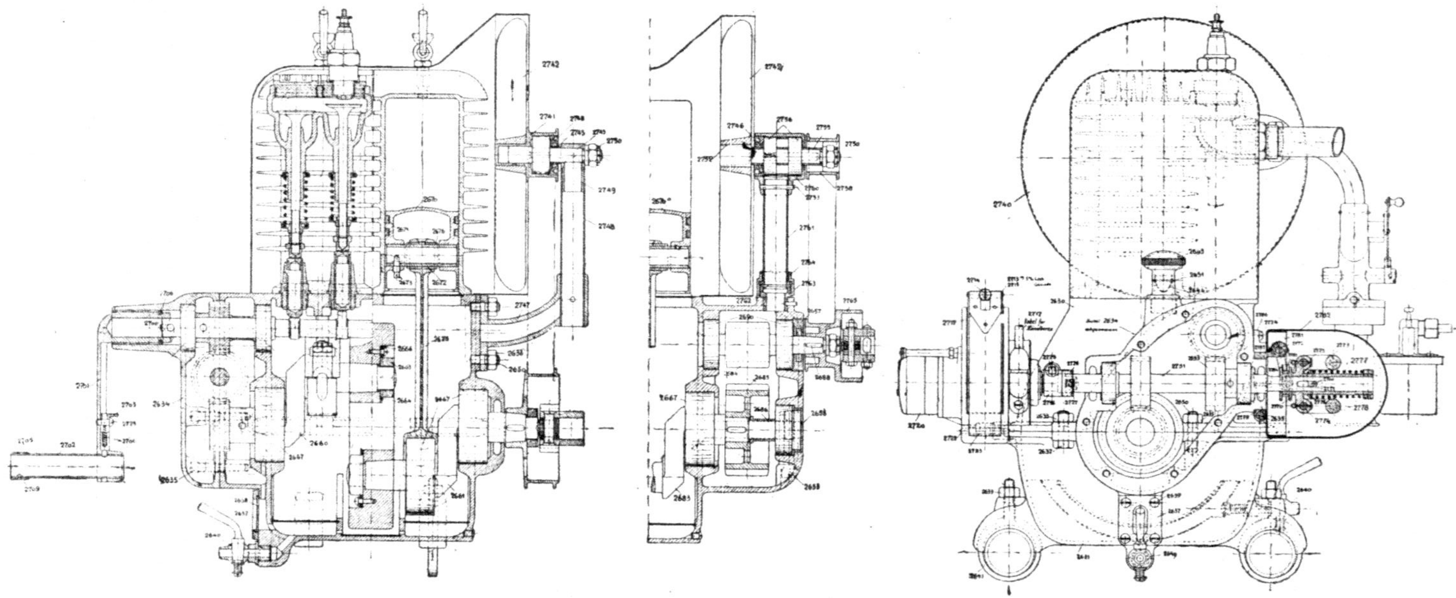

Fig. 25. Baer-Motor.

sprechende Kühlrippen angeordnet. Beide Zylinderblöcke sind mit einer Verschalung aus Aluminiumblech verkleidet, welche auf der Seite der Andrehkurbel einen viereckigen Ausschnitt besitzt, von welchem aus die Luft durch einen Ventilator durch die Verkleidung hindurchgesaugt wird. Näheres über die konstruktive Ausbildung des Zylinders ist aus Fig. 26 zu ersehen. Sehr zweckmäßig für eine

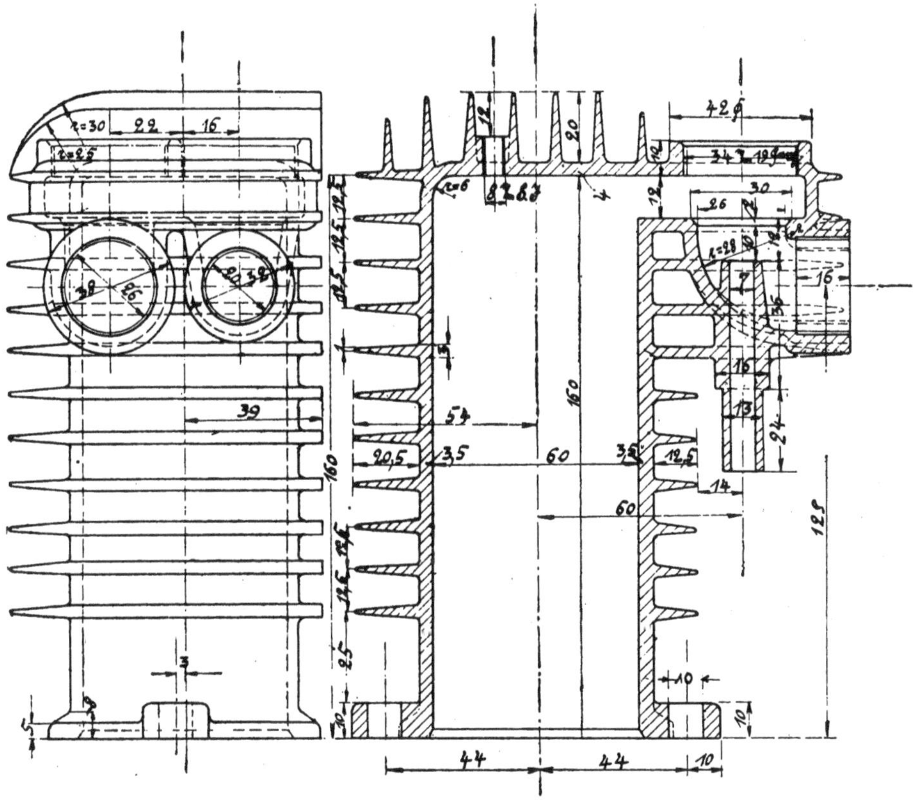

Fig. 26 a. Zylinder des Baer-Motors.

gute Kühlung der Auslaßventile ist bei dieser Konstruktion die von der Zylinderwand etwas entfernt angelegte Anordnung des Auslaßkanals. Die Luft kann hier zwischen Auslaßkanal und Zylinderwand unbehindert hindurchstreichen, worauf es zurückzuführen ist, daß die Auslaßventile, welche bei vielen luftgekühlten Bauarten ein wunder Punkt sind, keinerlei Anlaß zu Betriebsstörungen gegeben haben.

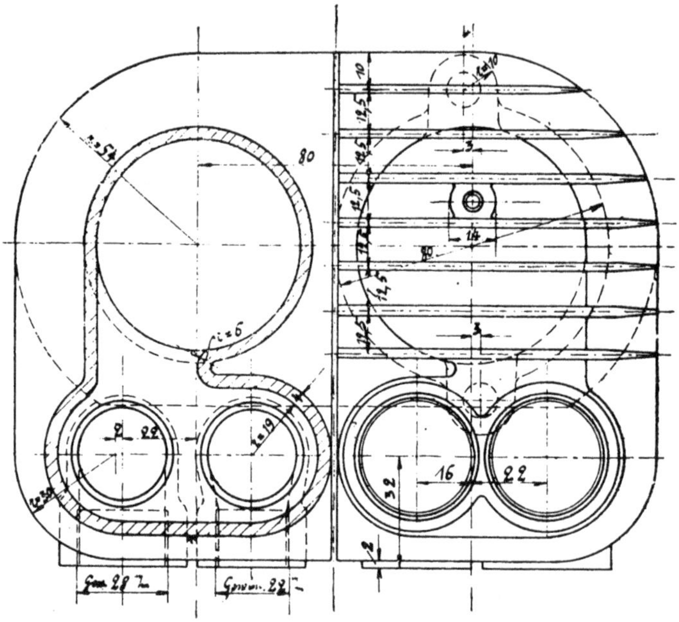

Fig. 26 b.

Fig. 27. Motor der Société Neuchâteloise d'Automobiles

Unter Automobilmotoren ist der 20—30 PS Motor der Société Neuchâteloise d'Automobiles Fig. 27 be-

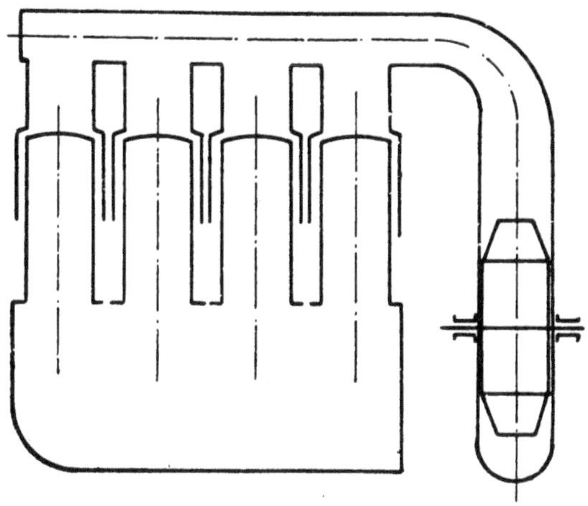

Fig. 28.

merkenswert. Die Luft wird durch zwei kräftige Ventilatoren seitlich abgesaugt.

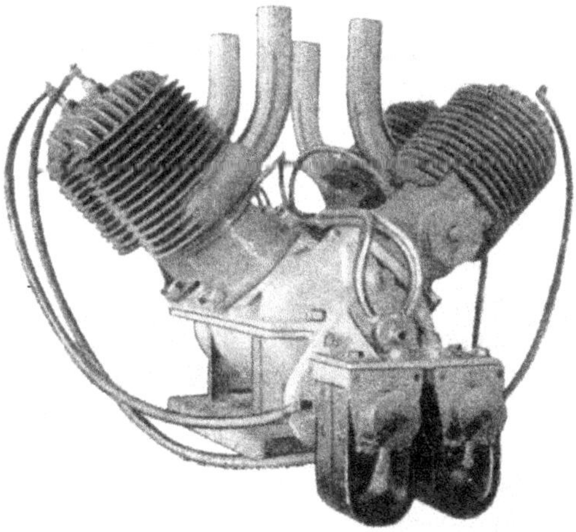

Fig 29. 4 Zyl. Grade-Zweitaktmotor.

Bei dem 24 PS Frayer-Miller Motor Fig. 28 wird die Luft auf die Zylinder von oben aufgeblasen. Irgendwelche Organe zur Wärmeabfuhr wie Kühlrippen und dergl. sind nicht vorgesehen. Ein Gebläse drückt die Luft durch einen weiten Kanal in Hülsen, welche konzentrisch über die Zylinderköpfe geschoben sind. Die Luft wird also hier zuerst den heißesten Stellen des Zylinders zugeführt. Nicht so zweckmäßig ist eine andere Bauart ausgebildet, bei der bei ähnlicher konstruktiver Durchbildung die Luft hindurchgesaugt und nicht hindurchgedrückt wird. Hierbei ist die Luft, wenn sie die heißesten Stellen des Zylinders erreicht, bereits vorgewärmt.

In Fig. 29 ist ein Vierzylinder Grade-Zweitakt-Flugmotor zu sehen. Die Zylinder sind V förmig je zwei zu zwei hintereinander angeordnet..

Typisch für einen Sternmotor mit luftgekühlten Zylindern ist der Sechszylinder 70—80 PS Anzani-Motor Fig. 30. (Siehe Spiegel

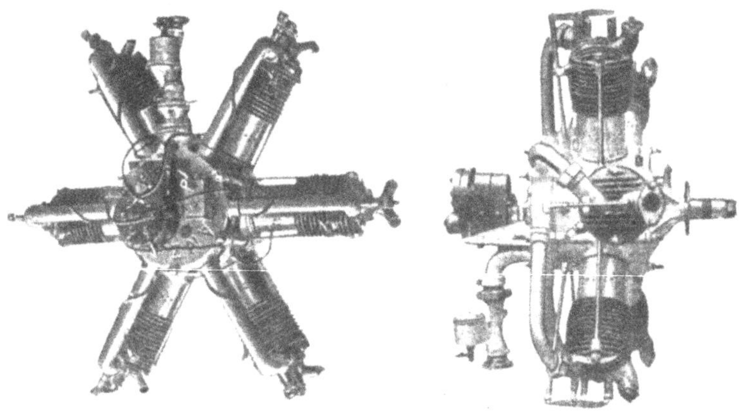

Fig. 30. 6 Zyl. 70/80 PS Anzani-Motor.

Motorwagen 15. Jahrgang Heft 29.) Bei den letztgenannten beiden Motoren kann man sehen, daß die Rippen auf den Zylinderböden in Flugrichtung liegen. Bei Umlaufmotoren ist dies anders, wie der in Fig. 31 (siehe Spiegel Motorwagen 16. Jahrgang, Heft 23) dargestellte 160 PS 18 Zylinder Le Rhône-Motor zeigt. Die Kühlrippen sind hier radikal zur Kurbelachse angebracht, was den Zweck hat, auf dem Bremsstand eine gute Kühlwirkung zu erzielen.

Unter Berücksichtigung der Windgeschwindigkeit im Flugzeug müßten die Kühlrippen auf den Zylinderböden der Umlaufmotoren in Richtung der Resultierenden aus den beiden Componenten Fluggeschwindigkeit und Umfangsgeschwindigkeit liegen (Fig. 32). Man sieht jedoch in Rücksicht auf den Lauf auf dem Bremsstande davon ab.

Bei einer neueren Konstruktion findet man schraubenförmig um den Zylinder laufende Kühlrippen.

Eine neue Bauart des Clerget-Umlaufmotors weist Zylinder

Fig 31. Le Rhône-Motor.

aus Aluminium auf. Der Konstrukteur ist von dem Gedanken ausgegangen, neben einer Gewichtsersparnis durch die Anwendung des

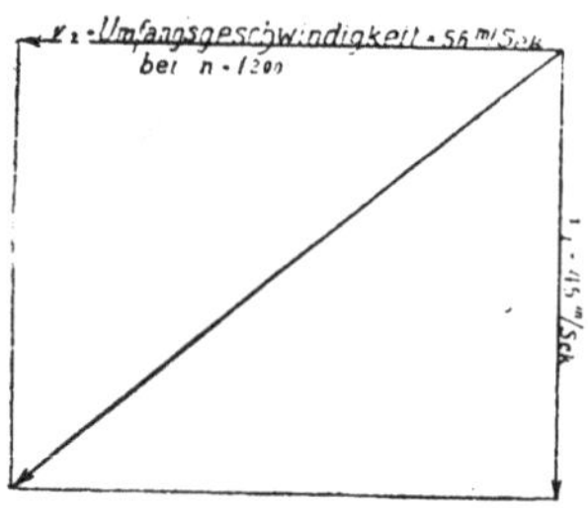

Fig 32.

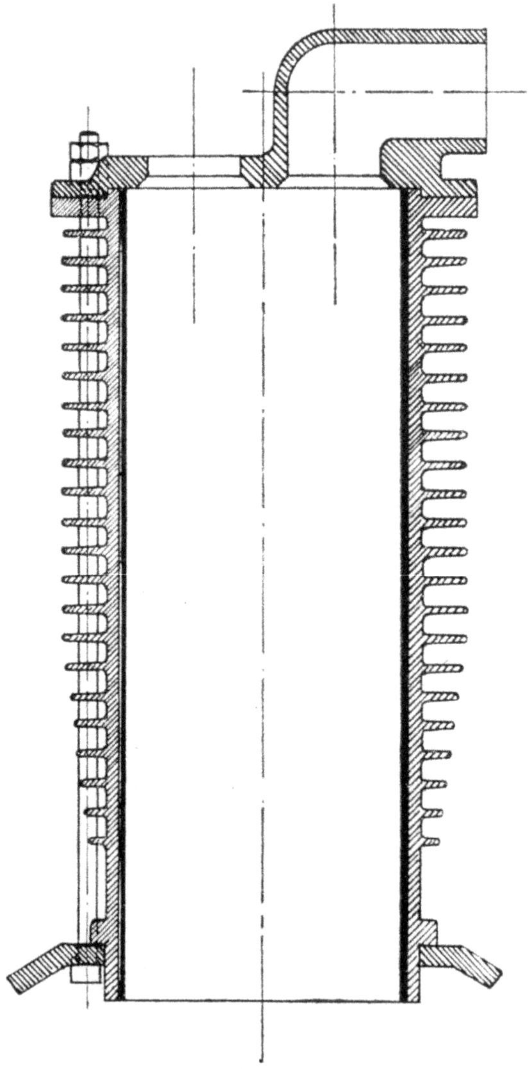

Fig. 33.

Aluminiums eine gute Wärmeabfuhr zu erzielen. (Fig. 33.) In den Aluminiumzylinder ist als Gleitbahn eine Graugußbuchse eingeschrumpft. Der Zylinderboden, welcher die Ventile trägt, ist aus Chromnickelstahl hergestellt. Das Ganze ist durch vier Schraubenbolzen zusammen gehalten, deren Köpfe im Kurbelgehäuse hängen.

Bei einigen Konstruktionen namentlich amerikanischer Bauart findet man an Stelle der Kühlrippen eingeschraubte Kupferstifte. Es wird Kupfer verwendet, weil dasselbe ein besserer Wärmeleiter als Eisen oder Stahl ist. Fig. 34 zeigt einen Zylinder des 35 PS-Motors der Knox Automobil-Comp. Es sind in 16 Reihen etwa 800 Stifte angeordnet, welche etwa 3 mm tief in die Zylinderwandung eingeschraubt sind. Die Stifte haben einen Durchmesser von 6,5 mm und eine Länge von 46 mm.

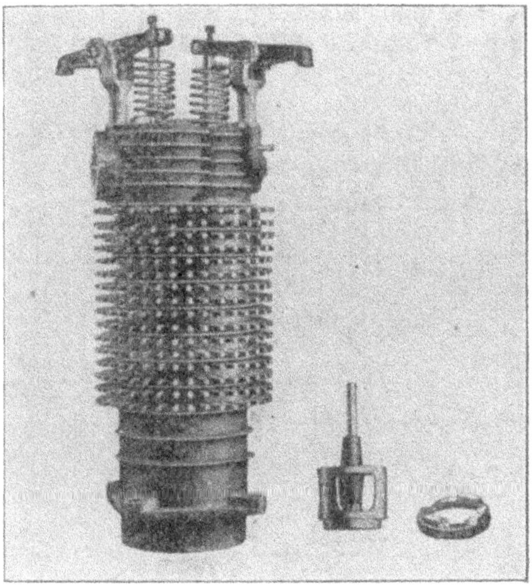

Fig. 34. Zylinder des 35 PS Knox-Motors.

Nach einem Patent von Cohen wird, um eine wirkungsvolle Kühlung zu erzielen, expandierende Preßluft verwendet. Die Einrichtung, welche an Hand von Fig. 35 erläutert sei, ist derart getroffen, daß die Luft in stufenweiser Expansion zur Wirkung kommt, wodurch ihr Wärmebindungsvermögen völlig ausgenutzt werden soll. Dies wird dadurch ermöglicht, daß man die Zylinder mit Mänteln umgibt und die Preßluft in den Raum zwischen Zylinder und Mantel treten läßt, dabei jedoch die Zu- und Ableitungen, bezw. die Verbindungen zwischen den Mänteln derart eng wählt, daß die Preßluft beim Übergang aus dem einen in den anderen Raum einen starken Spannungsabfall erleidet, daß also die Spannung der in den ersten Raum eintretenden Preßluft dort nicht gleich auf die Spannung der atmosphärischen Luft sinken kann. Die Preßluft soll durch die von der Kurbelwelle b betätigte Pumpe c erzeugt werden. Die Scheidewände der Zylinder haben abwechselnd je oben und unten eine Eintritts- und Austrittsöffnung, so daß die Luft gezwungen ist, die Räume völlig zu durchstreichen. Die Verbrennungsgase treten in das Rohr h ein, welches die expandierte Luft schließlich ableitet. Die trichterartigen Rohre f sollen atmosphärische Luft unmittelbar zu besonders gut zu kühlenden Stellen führen. Um eine wirklich ausreichende Kühlung auf diesem Wege zu erzielen, dürfte wohl eine erhebliche Menge von der Leistung des Motors durch die Pumpe verbraucht werden.

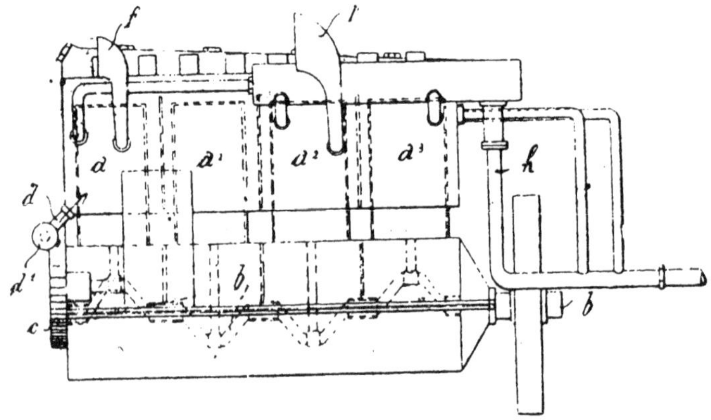

Fig. 35.

Eine andere patentierte Einrichtung (der Société Anonyme Montbarbon) sei in Fig. 36 veranschaulicht. Die gesamte in den hinteren Teil der Motorhaube eintretende Luft wird auf ihrem Wege durch dieselbe durch besondere Führungen gezwungen, in gleichen Mengen jeden einzelnen Zylinder zu umströmen, um dann aus dem dicht abgeschlossenen unteren Teil der Motorhaube durch den Zylindern gegenüber gelagerte ejektorartig wirkende Öffnungen abgesaugt zu werden. Die eintretende Luft wird durch einen Luftfang b nach der Vorderseite der Haube geführt. Der Luftfang ist durch einen Rost b^1, welcher den Staub zurückhalten soll, verschlossen und andererseits mit Öffnungen b^2 versehen, um das durch den Rost eingedrungene Wasser oder den Staub vor dem Durchgang durch das Innere der Haube a abzuführen. Im unteren Teil der gut abgedichteten Haube befindet sich die bei Fahrt ejektorartig wirkende Öffnung e. Um jeden der Zylinder ist ein Rohr f so angebracht, daß die in die Haube einströmende Luft als einzigen Weg zu der Öffnung e bezw. zu anderen ejektorartig wirkenden Öffnungen e° diese die Zylinder umgebenden Rohre f hat.

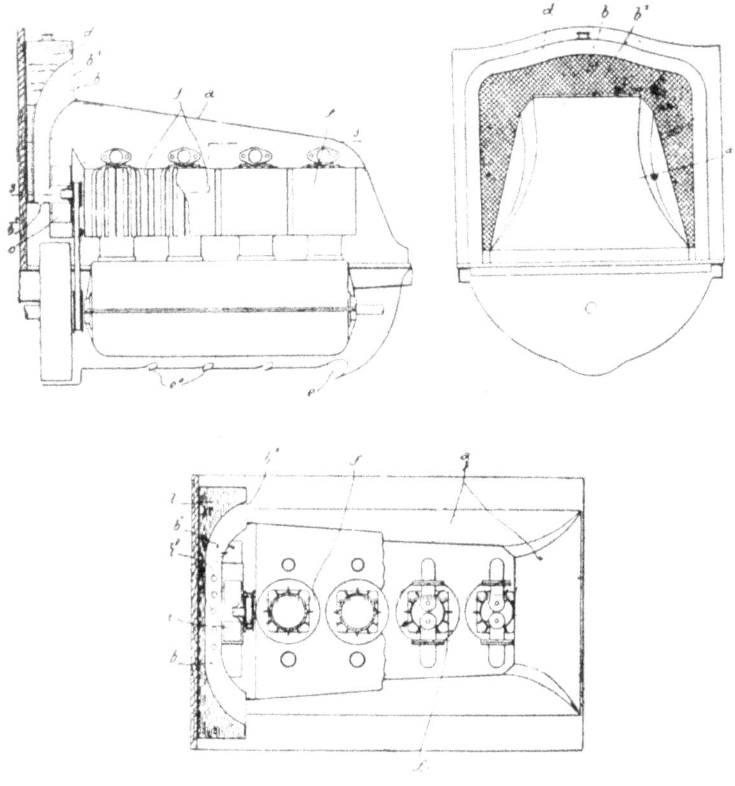

Fig 36.

Bei dieser Einrichtung ist zu befürchten, daß durch die umständliche Führung der Luft Stauungen entstehen.

Hugo Lentz ließ sich den in Fig. 37 dargestellten Schiebermotor patentieren, welcher derart eingerichtet ist, daß die Luftkühlung durch eine von der Energie der Abgase betriebene Saugvorrichtung bewirkt wird. Eine Wand f umgibt den oberen Teil der einzelnen Zylinder in der Weise, daß der Kühlraum g entsteht, welcher den Arbeitszylinder und das Drehschiebergehäuse h umschließt. Das Zylindergehäuse ist seitlich derart erweitert und so ausgebildet, daß sich unmittelbar an den Auslaßkanal m die Druck-

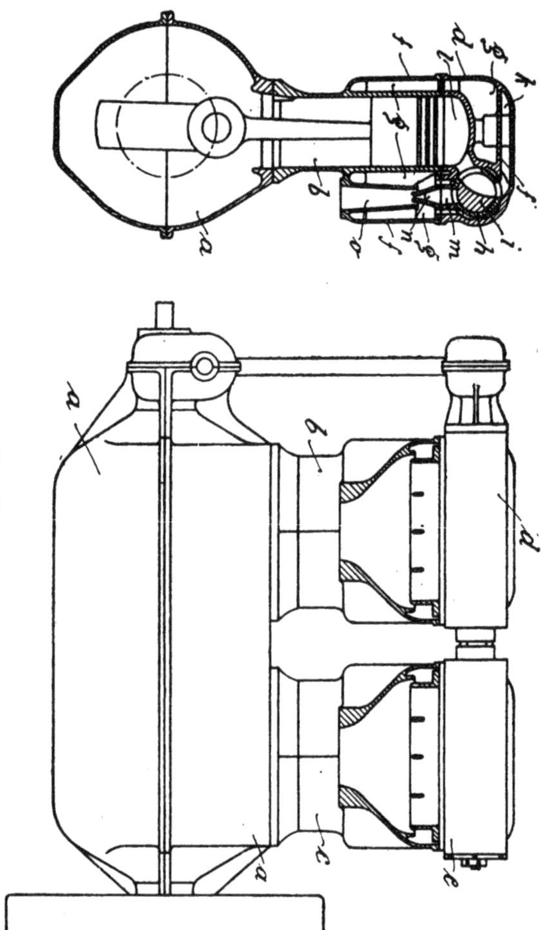

Fig. 37.

düse n anschließt. Letzterer liegt eine Saugdüse o gegenüber, welche durch Schlitze mit dem Kühlraum g in Verbindung steht. Die Abgase können hier unmittelbar aus den Verbrennungsräumen durch die Düsen n und o auspuffen. Aus diesem Grunde besitzen sie noch eine hohe Anfangstemperatur und auch einen hohen Druck. so daß die ihnen innewohnende Energie in günstiger Weise ausgenützt werden kann, namentlich da der Kühlraum g auch die Saug- und Druckdüse umschließt.

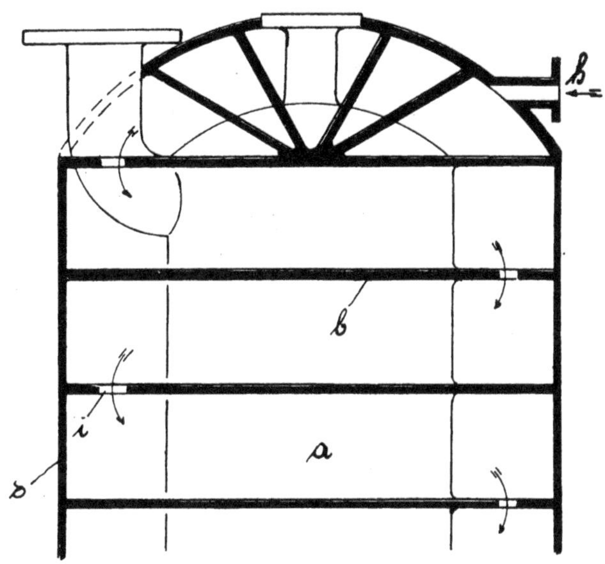

Fig. 38.

Cohen sucht den Zylinder durch expandierende Preßluft auf die in Fig. 38 dargestellte Weise zu kühlen. Der Arbeitszylinder ist von einem Mantel d umgeben und mit diesem durch die Rippen b verbunden, so daß eine Anzahl von Hohlräumen entsteht. Diese sind durch die Öffnungen i untereinander verbunden. Die Preßluft tritt bei h ein und wird durch die gegeneinander versetzten Öffnungen i gezwungen, eine große Fläche der Außenwand des Zylinders zu bestreichen.

b) Wassergekühlte Zylinder.

Um eine gleichmäßige Wärmeabfuhr zu ermöglichen und Gußspannungen weitgehendst zu vermeiden, ist es ratsam, die Zylinderwände, durch welche der Wärmedurchgang stattfindet, gleichmäßig stark zu machen. Dieselben werden außerdem, um Gewicht zu sparen und um eine intensive Kühlung zu erzielen, möglichst dünn ausgeführt. Bei dem später besprochenen Stahlzylinder läßt sich dies leichter durchführen als bei Zylinderblöcken, welche aus Grauguß angefertigt sind.

Das frühere Bestreben, den Zylinder so einzurichten, daß alle Teile von der Luft gut bestrichen werden können, ist bei wassergekühlten Zylindern nicht mehr ausschlaggebend, da man bekanntlich bei den modernen Bauarten die Ventile einkapselt, und zwar tut man dies aus drei Gründen, nämlich einerseits um den Staub von Ventilen und Stößeln fern zu halten, andrerseits um die Ventilgeräusche zu dämpfen, und drittens um dem Motor dadurch

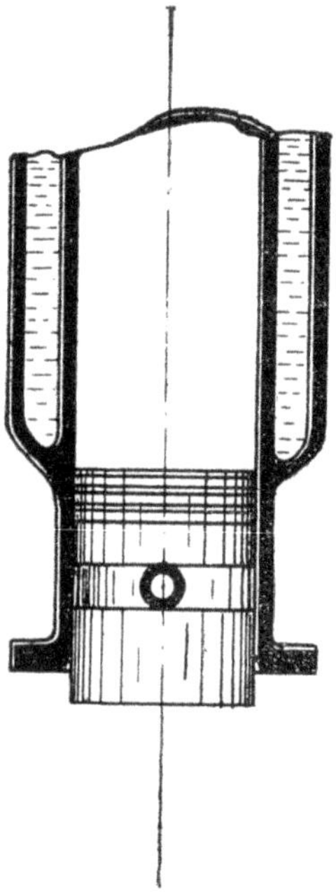

Fig. 39.

ein möglichst ruhiges Aussehen zu geben. Der Kühlwassermantel wird soweit heruntergezogen, daß er annähernd bis zur tiefsten Lage des Kolbenbodens herabreicht (Fig. 39).

Von der Einzelordnung der Zylinder, bei welcher eine gute gleichmäßige Kühlung am leichtesten durchführbar ist, geht man bei den modernen Konstruktionen fast durchgängig ab (mit Ausnahme einiger Flugmotoren), da die Vereinigung von mehreren Zylindern in einem Block eine Verbilligung bedeutet, die Bauart des Motors in nicht geringem Maße vereinfacht und die Baulänge verkürzt. Man baut die Zylinder auf einer gemeinsamen Grundplatte auf, umgibt sie mit einem gemeinsamen Wassermantel und zieht nach Möglichkeit Kanäle zusammen. Anfänglich setzte man die Zylinder so weit auseinander (Fig. 40), daß zwischen ihnen das Kühlwasser zirkulieren konnte. Um die Baulänge zu verringern und Gewicht zu sparen, findet man jetzt vielfach die Zylinder so nahe zusammengelegt (Fig. 41), daß sich ihre Wandungen berühren und kein Wasser zwischen ihnen hindurchfließen kann, ohne daß dadurch praktische Nachteile entstehen.

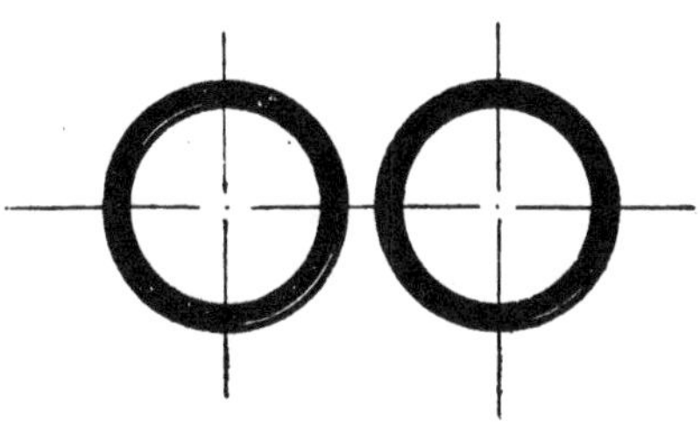

Fig. 40.

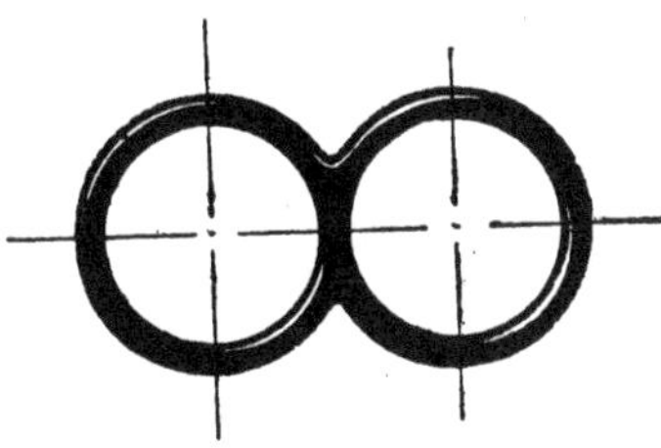

Fig. 41.

Von Wichtigkeit ist es, das eintretende Kühlwasser so zu leiten, daß alle Zylinder gleichmäßig gekühlt werden. Bei einzeln angeordneten Zylindern läßt sich dies durch eine entsprechend angebrachte Rohrleitung sehr einfach erreichen. Bei Vereinigung mehrerer Zylinder in einem Block jedoch muß man es durch eine besondere Führung des Kühlwassers zu erreichen suchen. Bewährt hat sich eine derartige Wasserführung, wie sie z. B. bei den Motoren der Siemens und Halske A.-G. zur Ausführung gelangt. Fig. 42 zeigt eine prinzipielle Darstellung dieser Kühlwasserverteilung. Das Kühlwasser tritt unten in den Kühlmantel ein und wird zunächst durch einen eingegossenen Kanal bis annähernd in die Mitte des Kühlwasserraumes geleitet. Von hier aus erst verteilt es sich, um die Zylinderwände zu umspülen und durch einen schräg nach aufwärts gerichteten Zylinderdeckel abgeführt zu werden.

Die Ausführung des Zylinderblocks mit einem Zylinderdeckel, wie Fig 42 zeigt, hat nicht nur den Vorteil, den Formsand gut entfernen und die Zylinderwände bequem kontrollieren zu können, sondern der Kühlwasserraum kann bei dieser Konstruktion auch leicht vom Kesselsteinansatz und etwaigen anderen Unreinigkeiten gereinigt werden.

Bei der Konstruktion eines derartigen Zylinderblocks ist darauf zu achten, daß die Zu- und Ableitung des Wassers auf möglichst schlankem Wege geschieht. Auch soll das Wasser nicht senkrecht gegen die Zylinderwand prallen, sondern dieselbe tangential umströmen. Tote Räume, in denen Stauungen entstehen können und in denen sich Dampf ansammeln kann, müssen vermieden werden.

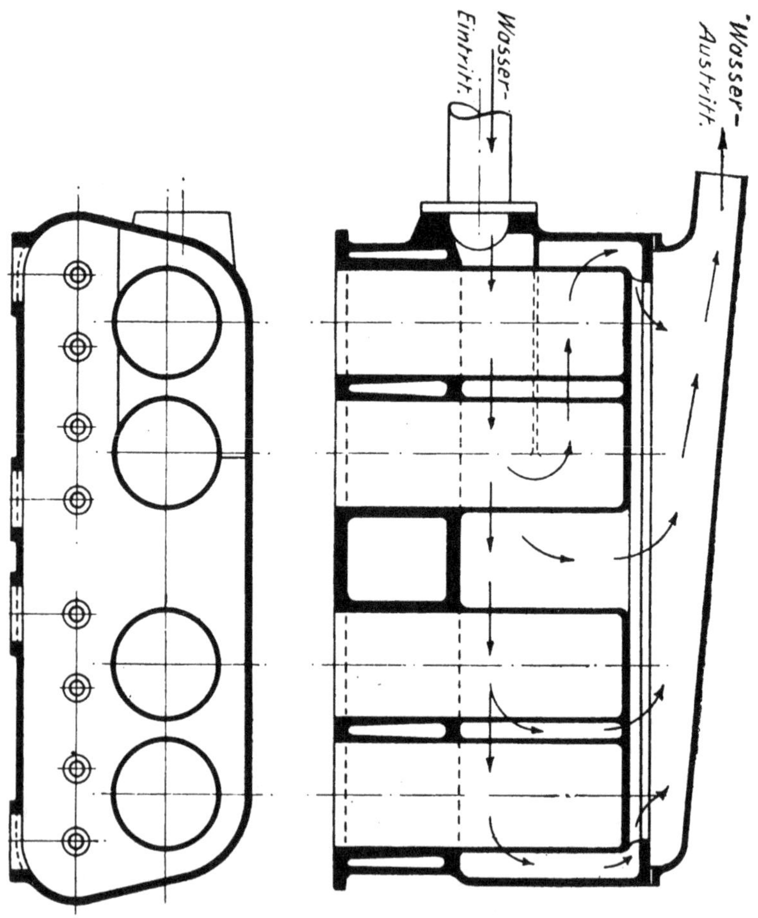

Fig. 42. Kühlung des 10/30 PS Siemens u. Halske Motors.

Eine besondere Ausführung des Zylinderdeckels ist in Fig. 43 zu sehen (Gebrauchsmuster der Gas-Motoren-Fabrik D e u t z). Es ist hier von einem nach der Mitte führenden Kanal abgesehen und nur durch den besonders ausgeführten Deckel bewirkt, daß das Kühlwasser nach derselben Seite hin, von der es zugeführt wird, abgeleitet werden kann, nachdem es sämtliche Zylinder bestrichen hat.

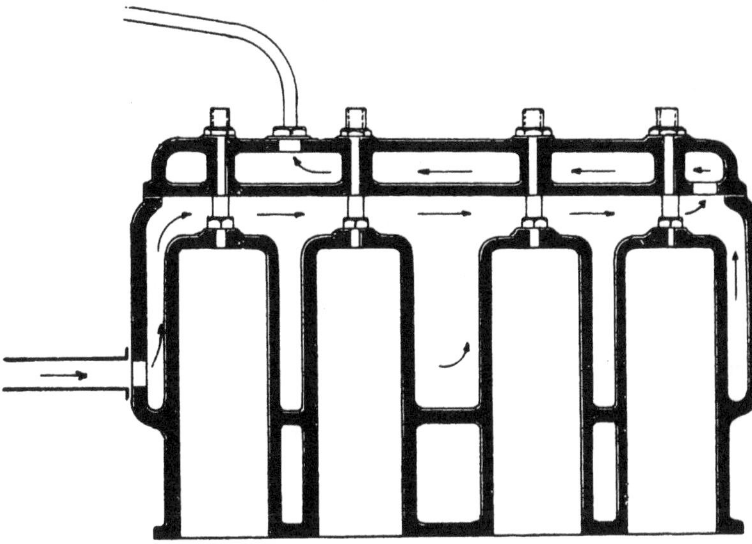

Fig. 43

Um eine gleichmäßige Verteilung des Kühlwassers auf dem ganzen Umfang des Zylinders zu erreichen, wird nach einem Ge-

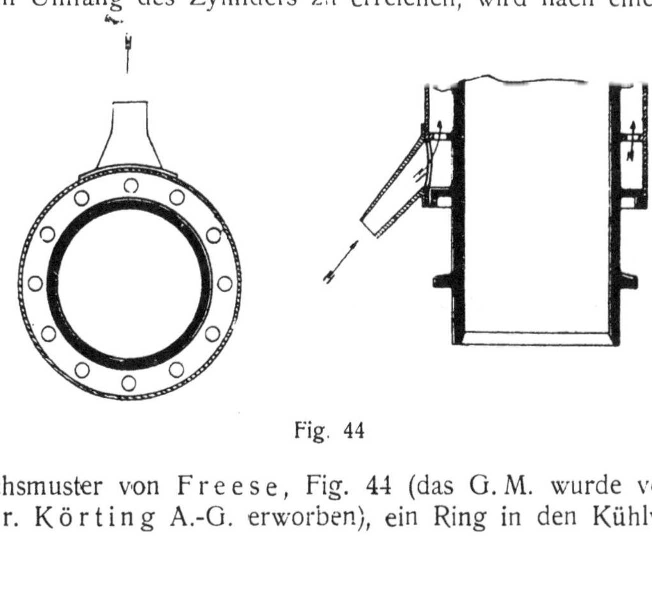

Fig. 44

brauchsmuster von Freese, Fig. 44 (das G. M. wurde von der Gebr. Körting A.-G. erworben), ein Ring in den Kühlwasserraum dicht über der Zuflußöffnung eingesetzt. Dieser Ring trägt eine Anzahl von Bohrungen, durch welche das zuströmende Wasser gleichmäßig verteilt wird. Dies wird ebenfalls erreicht bei dem Argus-Flug-Motor, Fig. 45. Der Trennungsring liegt hier dicht unterhalb des Kompressionsraumes, so daß das eintretende Wasser vor dem Durchtritt durch die Bohrungen des Ringes genügend Zeit hat, sich zu beruhigen, um dann gleichmäßig verteilt nach oben hindurchzutreten.

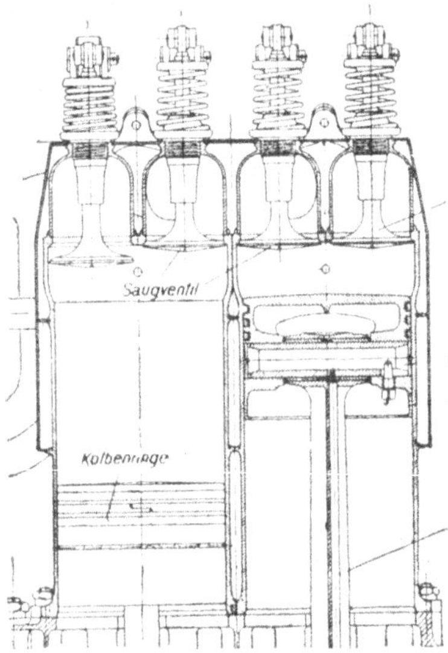

Fig. 45.

Bei der in Fig. 46 dargestellten Konstruktion von Dr. Praetorius wird ein gebogenes Rohr nach Art des Pitot-Darcyschen Röhrchens mit dem kurzen Schenkel entgegen der Strömung in den Kühlwasserraum gebracht. Das obere Ende dieses Rohres a hat eine derartige Richtung, daß das oben austretende Wasser nach der besonders gut zu kühlenden Stelle hinströmt. Da das aus-Rohr a austretende Wasser noch keine heißen Wände bestrichen hat, so kommt es an die Verbrauchsstelle in kälterem Zustande als das durch dieselbe Mündung, jedoch nach außen um das Rohr herum in den Kühlwasserraum eintretende Wasser.

Die in Fig. 47 dargestellte Konstruktion von Heinrich Hermann hat den Zweck, die Kühlwirkung dadurch intensiver zu gestalten, daß im Nebenschluß am Zylinder eine Umlaufpumpe angebracht wird, welche die Strömungsgeschwindigkeit wesentlich erhöht. Das frische Wasser wird in Pfeilrichtung zugeführt, strömt durch k in den Kühlmantel m, welcher außen von dem eingesetzten Zylinder l begrenzt wird, aufwärts in den Raum, welcher außerhalb dieses Mantels liegt. Von hier wird es durch die Leitung c abgeführt. Vorher wird jedoch ein Teil des Kühlwassers bei h von der Pumpe g abgesaugt und dem Zylinder bei i nach k hin wieder zugeführt.

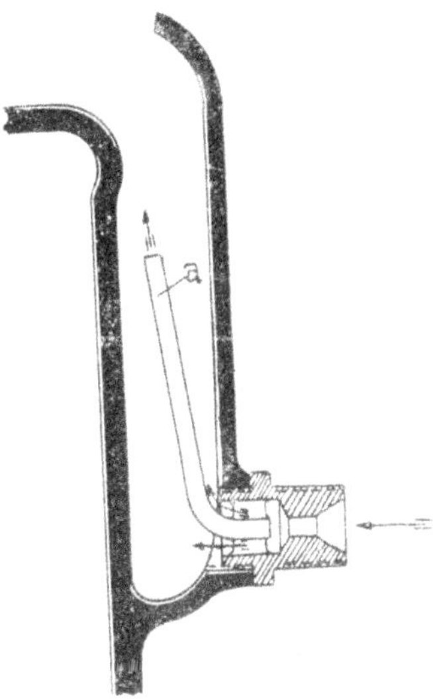

Fig. 46.

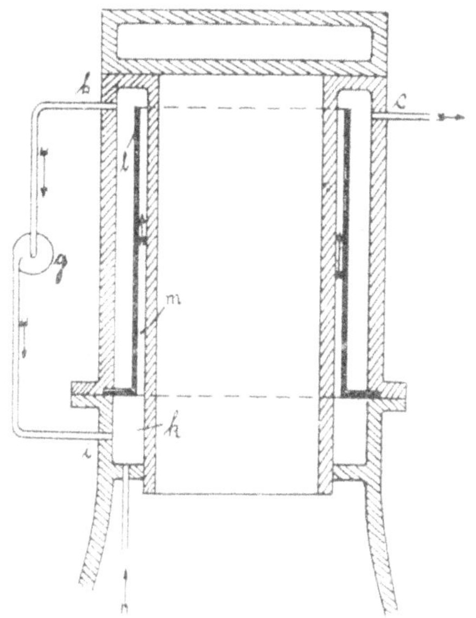

Fig. 47.

Eine Vergrößerung der Kühlfläche sucht Wyß dadurch zu erzielen, daß er (Fig. 48) die Außenwand des Zylinders zwecks Erhöhung der Wärmeabgabe im Kühlwasserraum mit Rippen versieht. Bei einer derartigen Konstruktion wäre zu befürchten, daß zwischen den Rippen Stauungen auftreten.

Eine bekannte Erscheinung ist es, daß im Winter die meisten Ersatzteilbestellungen an Zylindern stattfinden. Das ist darauf zurückzuführen, daß häufig vergessen wird, bei eintretendem Frost vor einer längeren Außerbetriebsetzung des Motors das Kühlwasser abzulassen. Letzteres friert in diesem Falle ein und sprengt meistens die Außenwandung des Kühlmantels. Um dem abzuhelfen, ließ sich die Stock-Motorpflug G.m.b.H. die in Fig. 49 dargestellte Konstruktion schützen. Es sind bei dieser Bauart im Zylinderblock große Öffnungen vorgesehen, welche durch membran-

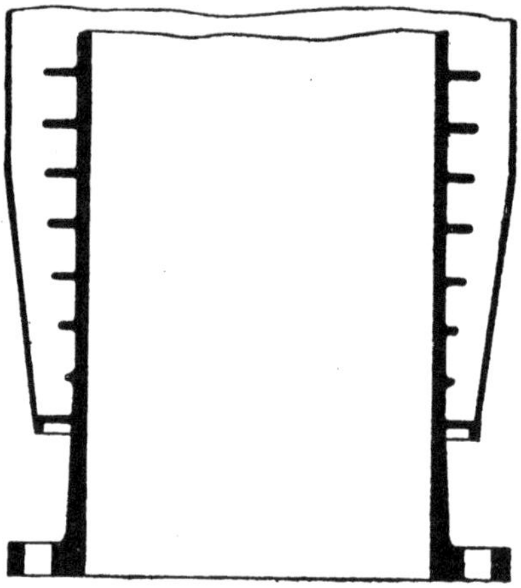

Fig. 48

artig wirkende Platten verschlossen werden, die eine Ausdehnungsmöglichkeit beim Einfrieren schaffen.

Außerdem dienen diese Öffnungen als Reinigungslöcher.

Der Wunsch, den Zylinderblock so leicht als möglich zu gestalten, hat bereits vor längeren Jahren zu Versuchen geführt, den

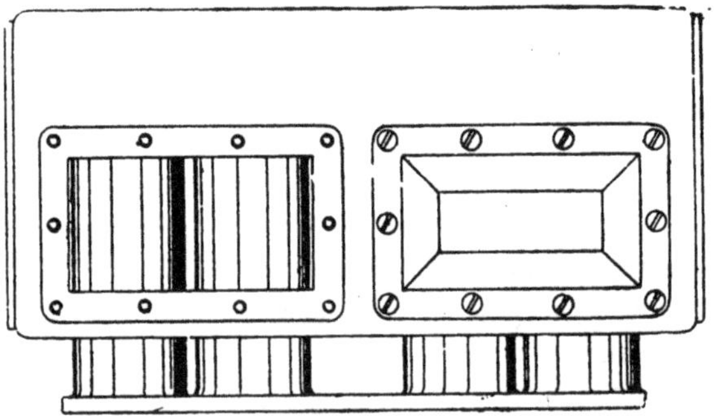

Fig. 49.

Kühlwassermantel aus dünnem Blech herzustellen. Lange jedoch hat man mit Rücksicht auf die Kostenfrage davon abgesehen, derartige Konstruktionen in größerem Maßstabe auszuführen, bis nunmehr in neuerer Zeit im Flugmotorenbau dieser Gedanke praktisch weiter durchgearbeitet worden ist. Jedoch nicht nur eine Ge-

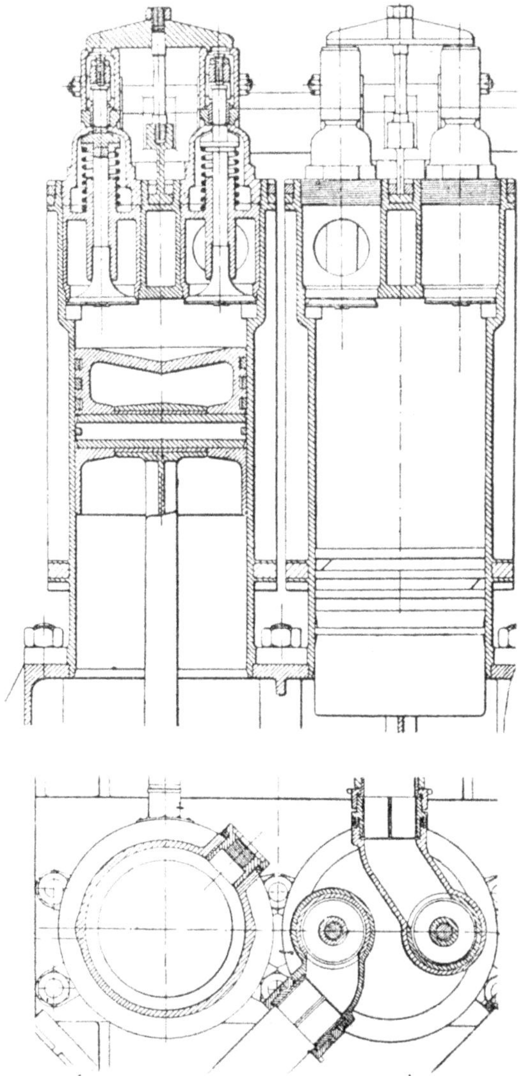

Fig. 50 Zylinder des Green-Motors.

wichtsverminderung wird durch einen derartig dünnen und leichten Kühlmantel erzielt, sondern auch eine erhöhte Wärmeabgabe, unmittelbar an die atmosphärische Luft am Zylinderblock selbst.

Bei Einzelanordnung der Zylinder wird z. B. der Wassermantel als Blechzylinder über das mit zwei Bunden versehene Gußstück gesteckt und oben und unten über den Bunden mit Schrumpfringen festgezogen und gedichtet. Bei dem Green-Motor besteht der Wassermantel aus einem Blechzylinder, welcher oben einen Boden hat, in dem Löcher für die Ventile vorgesehen sind. Die Gewinderinge, welche zum Festhalten des Ventilgehäuses dienen, halten gleichzeitig diesen Blechmantel nach unten und drücken ihn über den an seinem unteren Ende zwischen zwei Flanschen am Zylinder gehaltenen Gummiring (Fig. 50).

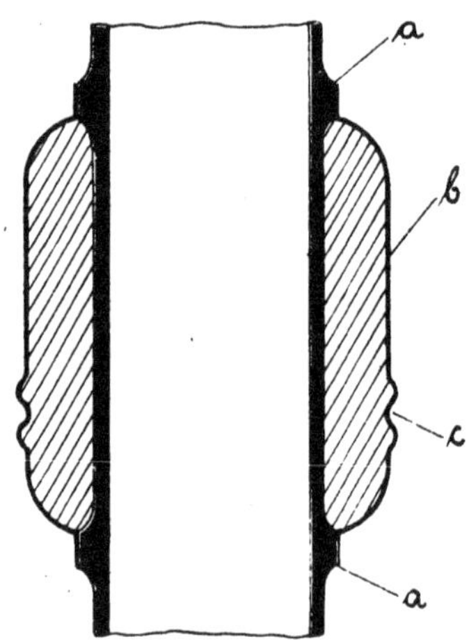

Fig. 51

Eine andere Ausführung des Blechmantels, welche man vor einigen Jahren am Antoinette-Motor fand, ist im Prinzip in Fig. 51 dargestellt. Am Zylinder sind die beiden Bunde a vorgesehen. Über diese wird eine der gewünschten Form des Wassermantels entsprechende Hülse geschoben, welche mit einem leicht schmelzbaren Metall ausgegossen und wieder entfernt wird. Die in der Zeichnung schraffierte Masse des leicht schmelzenden Metalls nimmt nun denselben Raum ein, welcher später für das Kühlwasser bestimmt ist. Die Außenfläche dieses Metalls und der Bunde a wird dann galvanisch stark verkupfert, während die übrigen Teile, welche mit in das Bad gehängt werden, mit einer nicht leitenden Schicht überzogen werden. Nach erfolgter Verkupferung wird das Metall herausgeschmolzen und der Kupfermantel b bleibt bestehen. Wegen der verschiedenen großen Ausdehnungskoëffizienten von Kupfer und Gußeisen ist es empfehlenswert, im Mantel einige Wellen c anzubringen.

Wesentlich sind die Befestigungsstellen der auf den Zylindern aufgebrachten Blechmäntel. Außer der bereits erwähnten Befestigung durch Schrumpfringe findet man auch Befestigungen, bei denen die Enden des Blechmantels am Zylinder unter Spannung angelötet sind. Eine sehr gute Abdichtung läßt sich nach einem Patent von Windhoff (Fig. 52) erzielen. Dieselbe ist besonders für Umlaufmotoren gedacht, da hier infolge der wirkenden Zentrifugalkräfte die Befestigung eine sehr sorgfältige sein muß.

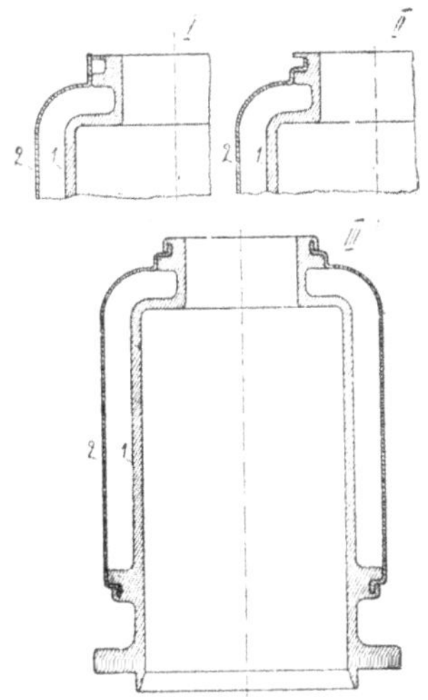

Fig. 52.

Der Kupfermantel wird zunächst, wie I zeigt, über den Stahlzylinder geschoben, nachdem beide gut verzinnt sind. Hierauf wird der Rand des Kupfermantels 2 in die Nut des Zylinders 1 gezogen (II), worauf der vorspringende Rand (III) auf den Kupfermantel niedergedrückt wird. Hiernach wird alles gut verlötet.

Wenn man mehrere Zylinder mit einem gemeinsamen Wassermantel umgeben will, so ist es schwierig, den Blechmantel an die Stellen anzuschweißen, wo die Zylinderwandungen dicht nebeneinander liegen. Es muß hier neben Beibehaltung der Größe der Kühlräume auch der Ausdehnung des Metalls Rechnung getragen werden. Dies soll nach einem Patent von Maffei, Turin (Fig. 53) dadurch erreicht werden, daß man der Rippe des Zylinders, auf die der Blechmantel des Kühlraumes geschweißt werden soll, an der Stelle, wo die Verbindung mit dem daran stoßenden Zylinder stattfindet, die Form einer Hohlkehle gibt, so daß man in den Hohlraum, welcher beim Zusammenstoßen der beiden Zylinder entsteht, ein aus ge-

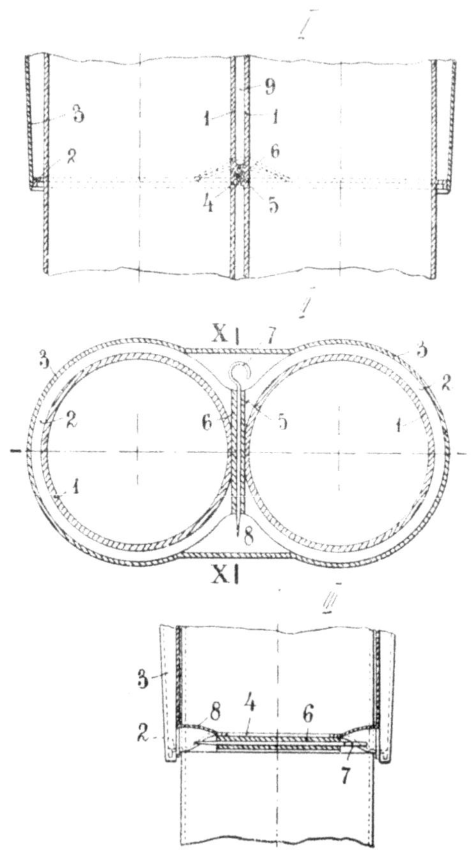

Fig. 53.

eignetem elastischen Material bestehendes Zwischenstück einführen kann. Es wird ferner ein Teil der Kanten der den Kühlmantel bildenden Wandungen untereinander durch eine Wand verbunden, welche die Wasserräume nach außen hin begrenzt. Jeder Zylinder besitzt eine Rippe 2, auf deren Rand der Blechmantel 3 aufgeschweißt ist. Da, wo die Zylinderwandungen am dichtesten aneinander liegen, sind die Rippen 2 so angebogen, daß unter ihnen genügend Material stehen bleibt, um eine glatte Fläche 4 zu bilden. Die beiden sich aneinander legenden Flächen bilden durch die Aushöhlungen 5 zusammen eine Hülse. In diese wird ein elastisches Zwischenstück, z. B. ein Kautschukrohr 6 eingesetzt. Durch letzteres wird ein Metallstift 7 gesteckt, welcher unter Ausdehnung des Rohres 6 dieses fest in die Aushöhlungen 5 preßt und da einen festen Abschluß erzielen soll. Auf dem Innenrand des Mantels 3 und auf der Rippe 2 ist in der Nähe der Stelle, wo die Zylinderwandungen einander am nächsten liegen, ein Blech 8 aufgeschweißt. das den oberhalb der Verbindungsstelle der Zylinder liegenen Teil des Kühlraumes 9 abschließt. Durch diese Verbindungsweise soll zwischen den Zylindern eine gewisse Elastizität erzielt werden.

Die Überlegung, daß die Herstellung des Zylinderblocks aus zwei verschiedenen Metallen mit verschiedenen Ausdehnungskoëffizienten (gußeiserne Zylinder und Kupfermäntel) Spannungen während der Erhitzung erzeugt, und auch das Bestreben, die Arbeitszylinder selbst noch leichter zu machen, hat dahin geführt, den ganzen Zylinderblock aus Stahlblech herzustellen. Außerdem ist bei der Anfertigung der Arbeitszylinder aus verhältnismäßig dünnem Stahlblech ein rascherer und gleichmäßigerer Wärmeübergang als bei gußeisernen Zylindern vorhanden, da die bei gegossenen Zylindern an einzelnen Stellen stattfindenden unvermeidlichen Materialanhäufungen vermieden werden.

Ein Beispiel für einen derartigen Zylinder zeigt der Zylinder des Salmson-Stern-Motors, Fig. 54. Der Kühlmantel ist an seinem unteren Ende mit einem Bund des Arbeitszylinders verschweißt und ist insbesondere auf der obersten Fläche, um der Wärmeausdehnung gerecht zu werden, stark wellenförmig ausgebildet. Die Ventilkammern sind am Zylinderboden angeschweißt. Die einzelnen Schweißstellen sind in der Abbildung schwarz gekennzeichnet.

Eine gute Darstellung von dem Aufbau eines Stahl-Zylinderblocks gibt das in Fig. 55 dargestellte Patent der Stahl-Motoren-Gesellschaft Ernst Jaenisch u. Komp., Berlin.

Nicht nur bei Flugmotoren, sondern auch bei Wagenmotoren scheint sich der Stahlzylinder neuerdings einzuführen und zwar auch bei Vereinigung der Zylinder in einem Block. Die Herstellung derartiger Zylinderblöcke ist natürlich eine bedeutend schwierigere als die von Einzelzylindern.

In der Figur ist auch hier ein Einzelzylinder gezeigt. Das Prinzip von dessen Herstellung läßt sich jedoch ebenfalls für Mehr-

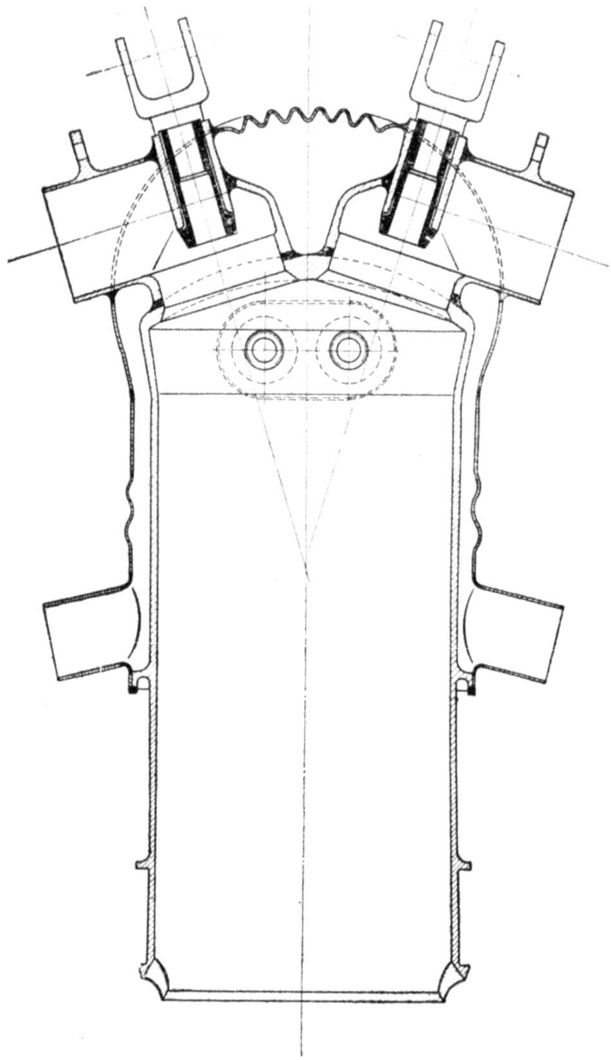

Fig. 54. Zylinder des Salmson-Stern-Motors.

zylinderblöcke anwenden. Das Zylinderrohr 1 ist mit Bunden 2 versehen, welche gegenüber dem Stützrand 3 für die Auflage der anzuschweißenden Platte hinterdrehte Nietränder 4 erhalten. Auch die Ventilgehäuse 5 haben an den Schweißkanten derartige Stützränder 6 und Nietränder 7, ebenfalls die Kompressionsventilstutzen 8, die Stützränder 9 und Nietränder 10, und die Wasser-, Ein- und Auslaßstutzen 11 und 12, die Stützränder 13 und Nietränder 14. Für die Verbindung der Mittelrippe 15 des Ventilgehäuses reicht eine abgestufte Stützfläche aus und ebenso für die

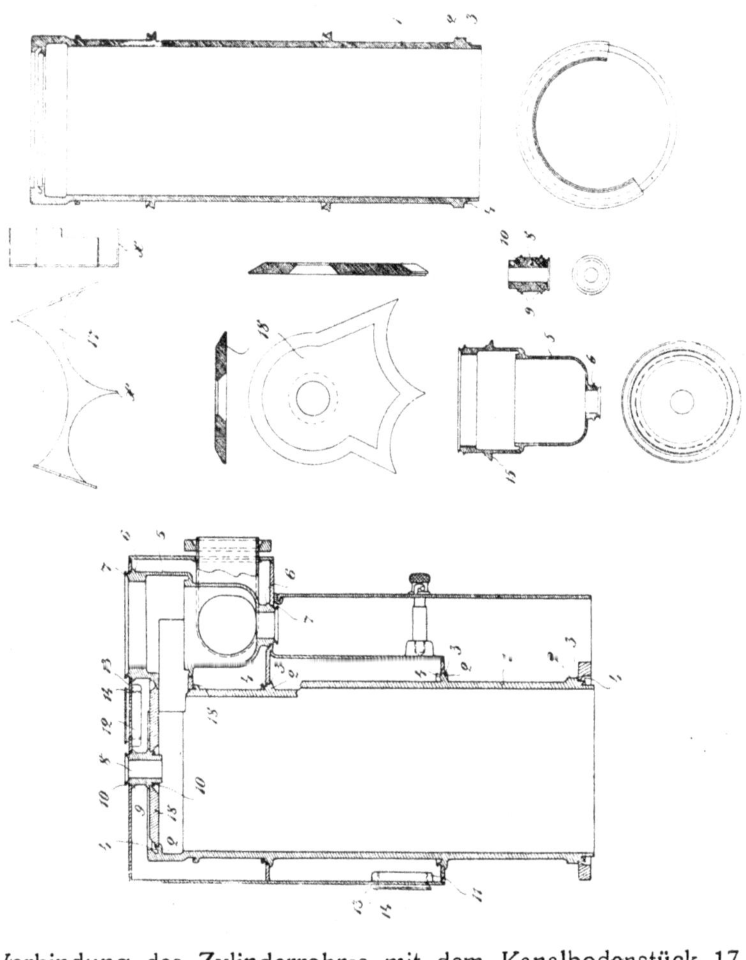

Fig. 55. Zusammensetzung eines Stahl-Zylinderblocks.

Verbindung des Zylinderrohres mit dem Kanalbodenstück 17 ein hinterdrehter Stützrand 18, da, bei Vornahme der Schweißung an diesen Stellen durch die bereits vorhandene Verbindung zwischen Ventilgehäusen und Mittelrippe, sowie zwischen Zylinderrohr, Kompressionsventilstutzen und Zylinderdeckel ein Verziehen oder Sichwerfen des Kanalbodenstückes 17, bezw. des Zylinderdeckels 18, nicht zu befürchten ist. Nähere Einzelheiten sind aus der Abbildung zu ersehen.

Bei Herstellung von Stahlzylindern ist es von Wichtigkeit, daß möglichst wenig Schweißstellen vorhanden sind und daß dieselben derart angeordnet sind, daß das Material der Zylinder selbst durch die Schweißung nicht schädlich beeinflußt werden kann. Bei der

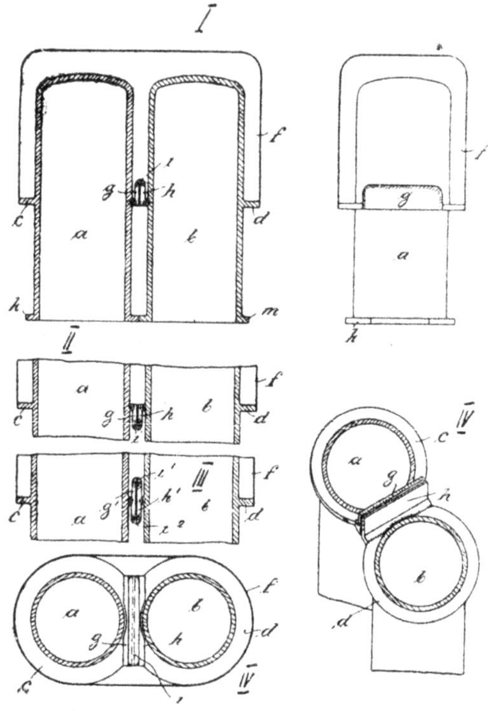

Fig 56

Vereinigung derartiger Stahlzylinder müssen die während des Betriebes auftretenden starken Temperaturänderungen berücksichtigt werden. Nach einem Patent der Daimler-Motoren-Gesellschaft wird diesen Punkten durch die in Fig. 56 veranschaulichte Konstruktion Rechnung getragen. Die Verbindung zwischen den einzelnen Zylindern geschieht hier durch Winkel- oder T-Stücke, welche an den Bund für den Anschluß des Kühlmantels angeschweißt werden. Diese Stücke werden derart angeordnet, daß die Schenkel zweier miteinander zu verschweißender Winkelstücke zueinander parallel stehen. Die parallelen Schenkel, welche miteinander verschweißt werden, liegen nicht dicht beieinander, sondern es ist zwischen denselben ein Zwischenraum gelassen worden, wodurch eine gewisse Nachgiebigkeit entsteht, welche die durch die Temperaturveränderung hervorgerufenen Ausdehnungen ausgleicht. Das Zylinderaggregat I besitzt den Bund c und d zum Zusammenschweißen der Zylinder a und b mit Kühlmantel f. Zwischen den beiden Zylindern sind an den Bunden die Winkelstücke g und h angeschweißt, welche bei i miteinander verschweißt sind. Zwischen g und h befindet sich der bereits erwähnte Zwischenraum. II zeigt dieselbe Ausführung, nur daß hier die Schenkel g und h nach unten gerichtet sind. Eine andere Möglichkeit ist in III dargestellt. Es sind hier zur Verbindung T Stücke g^1 und h^1 verwendet, deren Enden bei i^1 und i^2 zusammengeschweißt sind. Zwischen g^1 und h^1 befindet sich ebenfalls der notwendige Zwischenraum.

Die gute Wärmeleitfähigkeit des Aluminiums hat man bei dem Hispano-Suiza-Flugmotor von 120 mm Bohrung und 130 mm Hub (160 PS bei 1700 Umdrehungen) in Rücksicht gezogen und den Zylinderblock aus Aluminiumguß hergestellt.

Es sind je vier Zylinder in einen Aluminiumkühlblock hineingeschraubt (Fig. 57). Die einzelnen Zylinder haben eine Wandstärke von nur etwa 2 mm, was zulässig ist, da der Block selbst eine große Festigkeit besitzt. Die Zylinder sind aus einem hochwertigen Konstruktionsstahl von 62 kg Festigkeit bei 23 % Dehnung angefertigt und in dem Aluminiumblock mit Hilfe eines Feingewindes von 63 Gang auf 95 mm Länge eingeschraubt. Der Zylinderblock besteht aus einer Aluminium-Kupfer-Legierung von 7,61 % Kupferzusatz und 0,07 % Silizium. Die Zerreißfestigkeit beläuft sich auf 15 kg bei 1,14 % Dehnung, das spezifische Gewicht auf 2,84 bei 15° C. Der montagefertige Vierzylinderblock mit eingeschraubten Zylindern, jedoch ohne Ventile, wiegt ungefähr 30 kg. Die Zylinderdeckel und die entsprechende Auflagefläche des Aluminiumgusses sind sorgfältig gedreht und zwecks Erzielung eines guten Wärmeüberganges vom Zylinder zum Aluminium fest aufeinander gepreßt. (Diese Angaben sind der Arbeit von Hoffmann, Jahrg. 1917 S. 130 der Zeitschrift für Flugtechnik und Motor-Luftschiffahrt entnommen.)

Eine eigenartige Zylinderkonstruktion, welche in Fig. 58 dargestellt ist, hat sich Hans Windhoff, Berlin-Schöneberg, patentieren lassen. Dieselbe hat den Zweck, den schädlichen Einfluß der Zentrifugalkraft auf den Flüssigkeitsdruck von Kühlern für Umlaufmotoren mit Wasserkühlung zu vermindern. Bei einem wassergekühlten Umlaufmotor wird bei hoher Drehzahl innerhalb

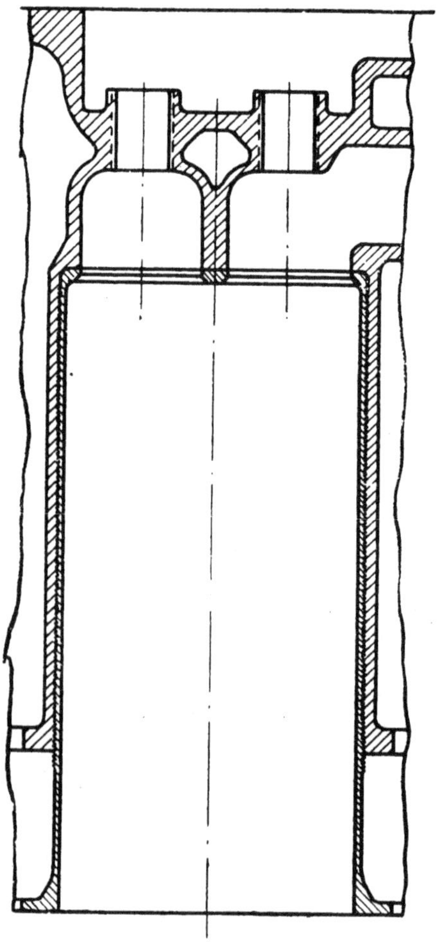

Fig 57 Zylinderblock des Hispano-Suiza-Motors.

des Kühlers, welcher den Zylinder umgibt, durch die Zentrifugalkraft ein Flüssigkeitsdruck hervorgerufen, welcher den Siedepunkt der Kühlflüssigkeit derart beeinflußt, daß letzterer erhöht wird und durch Erschwerung der Blasenbildung der Umlauf der Kühlflüssig-

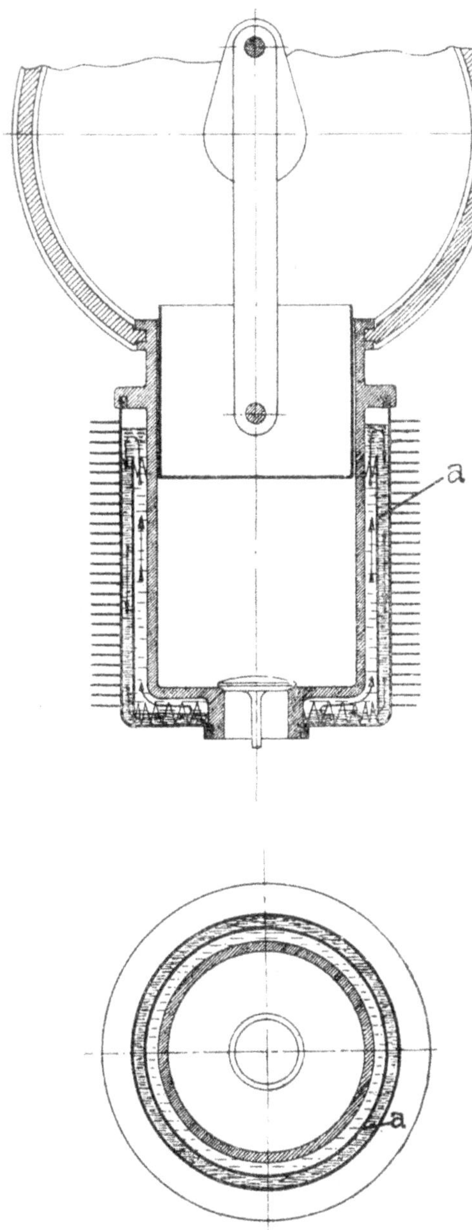

Fig. 58.

keit behindert wird. Man sucht hier dem dadurch zu begegnen, daß innerhalb des Kühlmantels ein Vakuumpolster angeordnet und eine Flüssigkeit von niedriger Siedetemperatur vorgesehen wird. Zwischen der Zylinderwand und dem äußeren mit Kühlrippen versehenen Kühlmantel ist eine Zwischenwand a angebracht.

Sobald die umlaufende Bewegung der Zylinder stattfindet, drängt die Flüssigkeit im Kühler radial nach außen, während das Vakuum an den inneren Zylinderenden bleibt. Die Kühlflüssigkeit ist also stets an den heißesten Stellen des Zylinders, wo eine lebhafte die Zirkulation bewirkende Blasenbildung eintritt.

B. Ventile.

Bei den Organen, welche den Ein- und Auslaß der Gase vermitteln, erfordert nur die Kühlung der Auslaßventile, welche unmittelbar von den heißen Abgasen bestrichen werden, besondere Vorkehrungen. Die Einlaßventile werden durch das an sich kalte Frischgas ausreichend gekühlt. Aus diesem Grunde wird häufig für das Einlaßventil kein so hochwertiges Material verwendet als für das Auslaßventil. Die Folgen einer unzulänglichen Kühlung des Auslaßventils sind ein Festsetzen des Ventils und ein Verziehen des Ventiltellers, welcher dann nicht mehr dicht schließt. Ferner wird durch ein zu heißes Auslaßventil ein Ausglühen der Ventilfeder hervorgerufen, welche dadurch ihre Spannung verliert, was die Ursache zu einem Abreißen des Stößels vom Nocken und einem unzeitigen Schließen des Ventils ist.

Nach einer Konstruktion von Deutsch (Fig. 59) wird gegen das Auslaßventil Kühlwasser gespritzt. Das als Leitung für das Kühlwasser dienende Rohr a wird dicht in der Wand b der Kammer A des Ventils eingepaßt, welche sich unter oder hinter dem Auslaßventil und in Verbindung mit dem Auslaßkanal B befindet. Die Öffnung des Rohres a in dem Kühlmantel R des Motors wird durch die Spitze c einer Schraube geschlossen, welche in der Außenwand des Mantels R verschraubt ist und außerhalb in einen Flächenkopf d endigt. Die Handhabung dieses Kopfes d ermöglicht die Regelung des Durchgangsquerschnittes des durch das Rohr a entweichenden Wassers und die Anpassung seiner Ausgabefähigkeit im Verhältnis zur Temperatur der Kammer A und des Ventils S. Das in das Rohr a gehende Kühlwasser verdampft, erlangt eine große Geschwindigkeit und führt auf diese Weise die kalkhaltigen Niederschläge mit sich, welche sich auf den Innenwandungen des

Rohres a bilden würden; der auf diese Weise gebildete Dampf vermischt sich mit den durch das Ventil austretenden heißen Gasen und entweicht, indem er andauernd die in dem Kühlwasser eingeschlossenen kalkhaltigen Niederschläge nach außen bringt.

Bei Großgasmaschinen werden die Auslaßventile verschiedentlich durch die hohle Ventilspindel gekühlt. Bei Fahrzeugmotoren

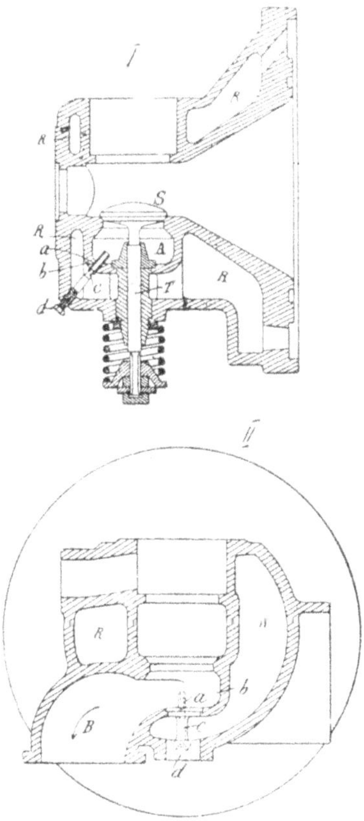

Fig. 59.

würde eine derartige Kühlvorrichtung auf Schwierigkeiten stoßen, da es, zumal bei Mehrzylindermotoren praktisch nicht angängig ist, jedes Ventil mit je einer Kühlwasserzu- und Ableitung zu versehen. Mees versucht dem dadurch abzuhelfen (Fig. 60), daß er das Kühlwasser nicht wie bei Großgasmaschinen in geschlossenem Strom durch das hohle Ventil führt, sondern tropfenweise in dasselbe leitet, um es darin an den heißen Wandungen zu verdampfen und so die Kühlung zu bewirken. In der Abbildung ist a das hohl ausgeführte Ventil, dessen Spindel b ebenfalls hohl ist. Der Ventilsitzkörper k ist oben durch einen Ring r geschlossen, welcher unter Zwischenlegung von Dichtungsringen einerseits durch die kleine Mutter m auf der Spindelführung und andererseits durch die große Ventilsitzmutter n gegen entsprechende Ringflächen an diesen Körper angepreßt wird. Die hierdurch entstehende wasserdicht abgeschlossene Kammer ist mit dem Kühlwasserabflußrohr p des

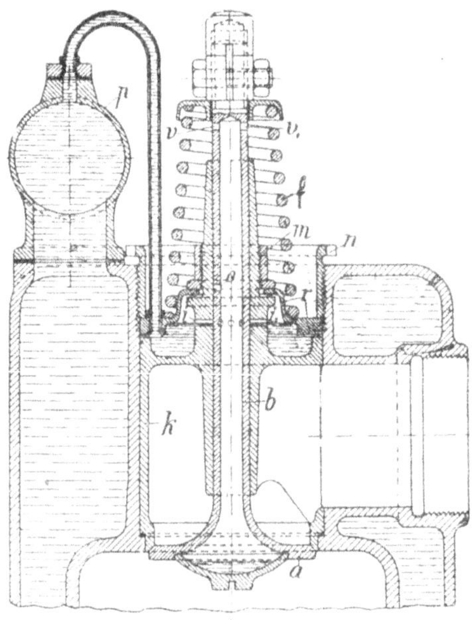

Fig. 60.

Zylindermantels durch ein Röhrchen in Verbindung gebracht. Innerhalb der Kühlkammer sind in bestimmter Höhe kleine Bohrungen i und i_1 in der Führung der Ventilspindel vorgesehen, welche bei der tiefsten Stellung des Ventils, also wenn dieses vollständig geöffnet ist, mit einer oder auch mehreren Bohrungen o in der Ventilspindel korrespondieren. Es wird also jedes Mal während des kurzen Aufenthaltes des Ventils in der tiefsten Stellung ein kleines Tröpfchen Wasser aus der Kühlkammer in das Ventil eindringen, um dort auf dem Boden des hohlen Ventiltellers zu verdampfen.

Der entwickelte Dampf entweicht dann durch kleine Bohrungen v und v_1 im oberen Ende der Spindel.

Zwecks guter Abführung der Wärme vom Auslaßventil hat die Nationale Automobil-Gesellschaft die in Fig. 61 dargestellte Konstruktion zum Patent angemeldet. In dem Ventilschaft b ist ein Stab c eingelegt, welcher aus gut wärmeleitendem Metall besteht und der die Wärme vom Ventilteller a zu der gekühlten Ventilschaftsführung ableiten soll. Der Metallstab c ist

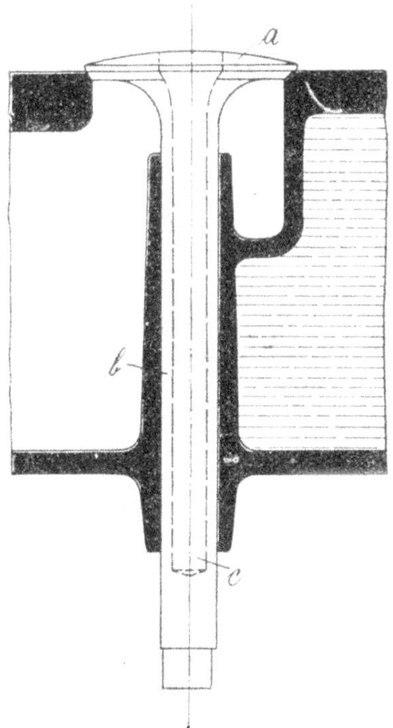

Fig. 61.

geschlitzt oder geteilt, um zu vermeiden, daß durch eine Ausdehnung desselben das Ventil gesprengt wird.

Nach einem Gedanken von Windhoff sind, wie Fig. 62 zeigt, in dem Ventilteller Stäbe a aus gut wärmeleitendem Metall angebracht, welche ebenfalls die Wärme nach der gekühlten Zylinderwand ableiten sollen.

Bei Motoren, bei denen die Auslaßventile stehend und die Einlaßventile darüber hängend angeordnet sind, findet durch die eintretenden kalten Frischgase an sich schon eine gute Kühlung des Auslaßventiltellers statt.

Eine besondere Art der Wärmeableitung ist die Vakuumkühlung von P h i l i p p (Fig. 63). Die Lizenz für die Verwendung dieses Gedankens wurde von der Maschinenfabrik Cyklon erworben, bei deren Motoren man die praktische Ausführung dieser Konstruktion sehen kann. Die Erfindung fußt auf folgendem Vorgang: Wenn in einem luftleeren Rohr sich an der tiefsten Stelle etwas Flüssigkeit

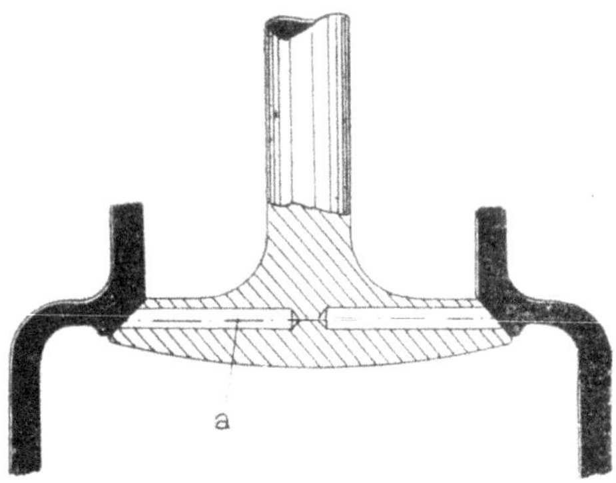

Fig. 62

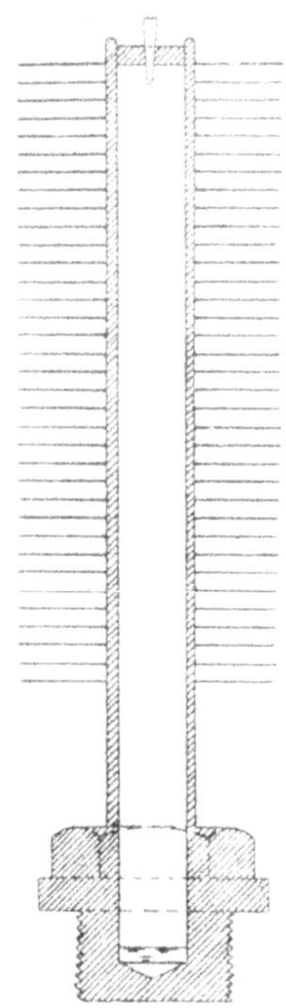

Fig. 63.

befindet, so kann diese Stelle auf keine höhere Temperatur gebracht werden, als die kälteste Stelle des Rohres hat. Je nach dem Grad der Luftlehre des Rohres verdampft die Flüssigkeit bei einer verhältnismäßig niedrigen Temperatur. Der Dampf kondensiert sofort an der oberen gekühlten Wand des Rohres und fließt wieder nach der der Erhitzung ausgesetzten Stelle zurück. So entsteht ein ständiger Kreislauf, bei dem die Wärme von der erhitzten Stelle nach der gekühlten abgeleitet wird. Diese Kühlvorrichtung wird über dem Auslaßventil in den Zylinder derart eingeschraubt, daß ein Teil in den Verbrennungsraum hineinragt. Außen ist das Rohr zur besseren Ableitung der Wärme mit Kühlrippen versehen. Die Wirkung besteht nicht in einer Kühlung des Zylinderinhaltes, sondern beruht darauf, daß das Auslaßventil in geöffnetem Zustand dem unteren Ende des Rohres sehr nahe kommt, wobei Wärme von

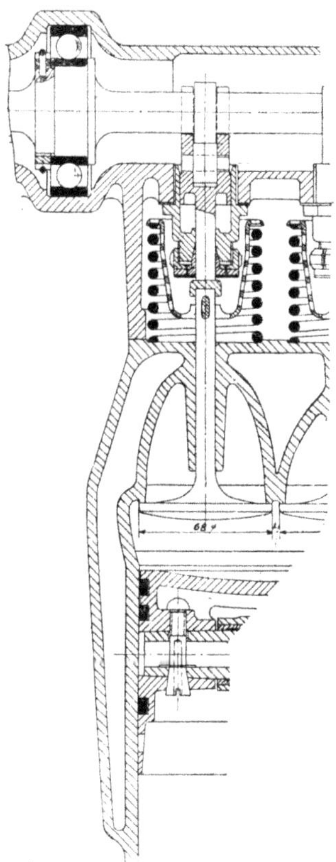

Fig. 64.

dem Ventil abgeleitet wird und außerdem eine Kühlung der Abgase stattfindet. Die Herstellung der Rohre bietet keine Schwierigkeiten und ihre Dauerhaftigkeit ist sehr groß.

Das Prinzip ließe sich vielleicht auch bei entsprechend hohl ausgebildeten Konstruktionsteilen, z. B. bei einer hohlen Ventilspindel, anwenden.

Wenn man von einer Anordnung besonderer Kühlvorrichtungen für die Ventile absehen will, was man ja meist tut, so ist der günstigste Einbau derselben der hängende, wie Fig. 64 zeigt (Stoewer). Derartige Konstruktionen haben allerdings den Nachteil der schweren Zugänglichkeit der Ventile. Leichter ausbaubar sind Ventile in besonders eingesetzten Ventilgehäusen. Hier ist

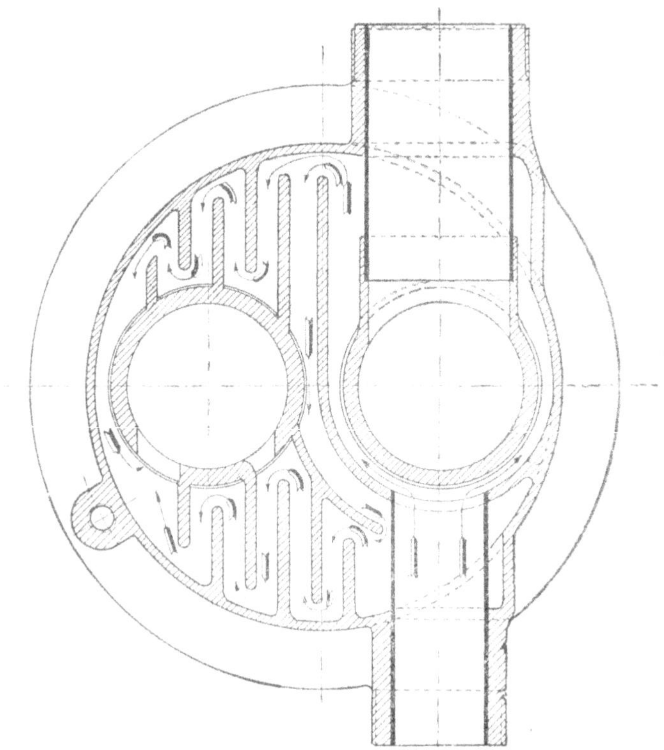

Fig. 65. Ventilkühlung nach Baer.

jedoch die Kühlung der Ventile eine schlechtere, da die Wärme durch die Wand des eingesetzten Ventilgehäuses und die Wand der Führung im Zylinderblock übergehen muß, während bei der Bauart Fig. 64, der Übergang durch nur eine Wand, nämlich durch die außen vom Kühlwasser bespülte Wand der Ventilkammer notwendig ist.

Bei luftgekühlten Motoren muß natürlich eine besondere Sorgfalt auf die zweckmäßige Abführung der Wärme vom Auslaßventil gelegt werden.

Fig. 65 zeigt eine Einrichtung der Motorenfabrik Paul Baer, Berlin, bei welcher Ein- und Auslaßventil hängend am Zylinder des luftgekühlten Motors angeordnet sind. Zwecks guter Kühlung des Auslaßventils und Zylinderbodens wird das kalte Gasgemisch durch ein Labyrinth um den Auslaß und über den Zylinderboden zum Einlaß geleitet. Die Auslaßventile selbst, welche in besonderen Ventilgehäusen eingesetzt waren, machten verschiedene

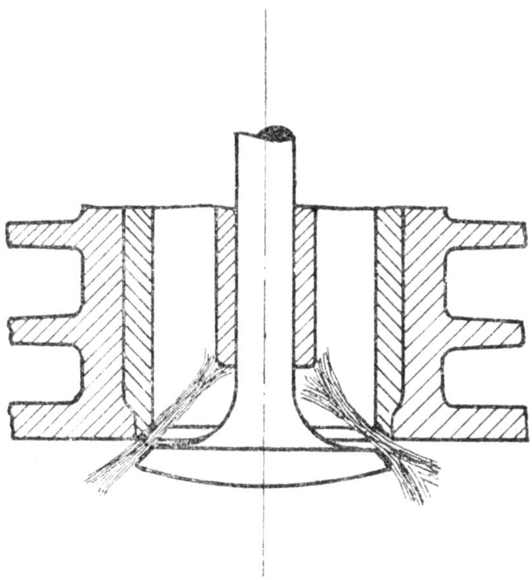

Fig. 66

Schwierigkeiten. Das austretende Gas stieß auf den unteren Rand der Ventilspindelführung (Fig. 66), welcher sich durch die Hitze verzog und nach außen bog. Ferner streckten sich die Ventile allmählich und kamen zum Festsitzen. Dem suchte Baer dadurch vorzubeugen, daß er am Ventilteller einen Rand in die Höhe zog (Fig. 67), zwischen dem und der Ventilspindel eine schmale schlitzförmige Vertiefung offen blieb, in welche der weit heruntergezogene Rand der Spindelführung hineinragte. Bekanntlich laufen die Ventilspindeln mit einer großen Hohlkehle an den Ventilteller an, um ein Abreißen zu vermeiden. Bei dieser Ausführung führte das verhältnismäßig scharfe Einstechen zu einem ständigen Abreißen der Spindel an der Wurzel vom Teller.

Die Frage wurde nun derart gelöst, daß der Ventilteller pilzförmig ausgebildet wurde (Fig. 68), was ein weiteres Herunterziehen der Spindelführung zuließ. Die Führung ist von unten her ein Stück mit einem etwas größeren Durchmesser als der Spindeldurchmesser eingedreht, um etwaige Deformationen, die von dem Anstoßen der heißen Gase herrührten, unschädlich zu machen. Der Ventilsitz hat eine Schräge von 30°. Die pilzförmige Ausbildung des Ventils ist ein gutes Vorbeugungsmittel gegen ein Verziehen desselben.

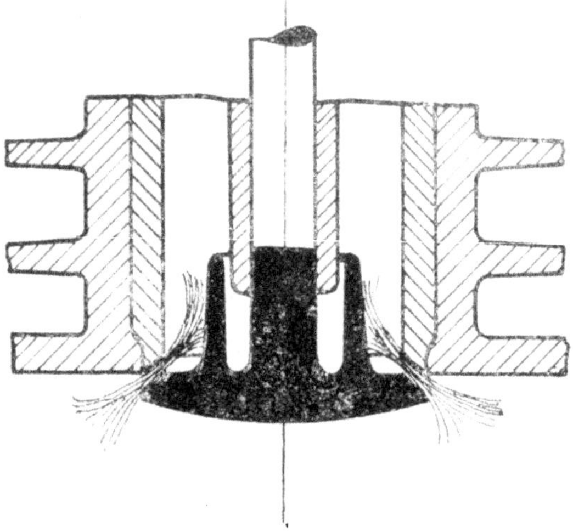

Fig. 67.

Ein wichtiger Punkt bei der Konstruktion der Auslaßkanäle eines luftgekühlten Motors ist die zweckentsprechende Anordnung derselben in bezug auf die Ventilkühlung. Als sehr brauchbar hat sich die Ausbildung des Zylinders des Baermotors, Fig. 26, erwiesen. Es ist hier ein Zwischenraum zwischen dem Auslaßkanal und der Zylinderwand gelassen, welcher derart reichlich ist, daß eine gute Wärmeabfuhr stattfinden kann. Ventil und Ventilfeder waren bei Dauerbetrieb verhältnismäßig kühl, und die Ventilfeder wies so gut wie keine Deformationen auf.

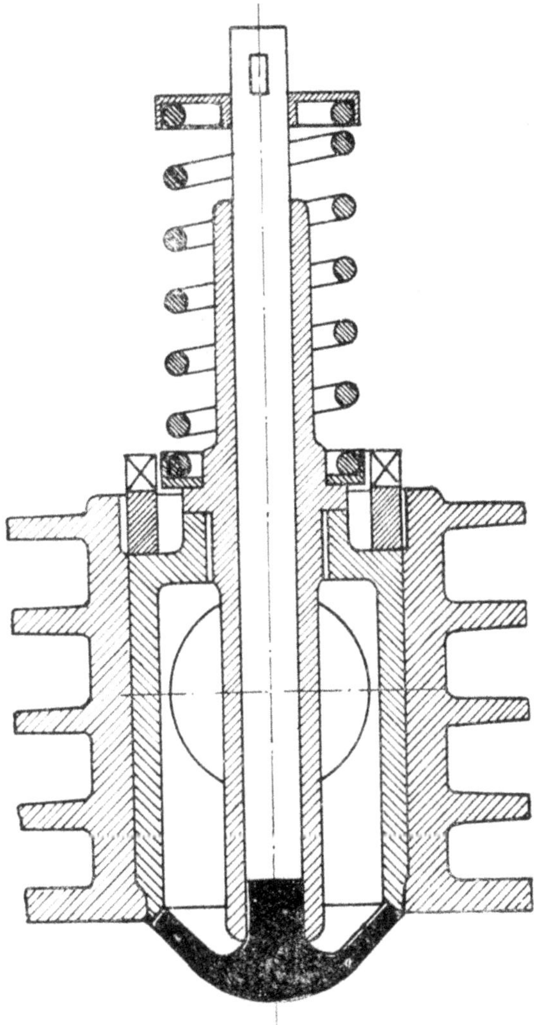

Fig. 68. Auslassventil nach Baer.

C. Kolben.

Wie bereits am Anfang des Kapitels I. erwähnt, ist eine gute Wärmeableitung vom Kolbenboden namentlich bei Kolben mit größerem Durchmesser von ganz besonderer Wichtigkeit. Verhältnismäßig einfach ist dies bei Kolben von schweren langsam laufenden Motoren. Eine derartige Möglichkeit ist in Fig. 69 dargestellt (Maschinenfabrik Reiherstieg, Hamburg). Das Kühlwasser tritt durch die hohle Kolbenstange in den Kolben ein und wird in diesem durch einen tellerförmigen nahe dem Kolbenboden liegenden Verteiler über den ganzen Kolbenboden geführt.

Fig. 69.

Fig. 70 zeigt die Kühlung des Kolbens nach einer Konstruktion der A. E. G. Das Kühlmittel wird durch eine besondere Pumpe a durch den Kolben gesaugt, und zwar derartig, daß einem Behälter c das Kühlmittel durch eine Leitung entnommen, durch ineinander verschiebbare Rohre in den Kühlwasserraum des Arbeitskolbens b gehoben und von dort durch ein entsprechendes Rohrsystem in die Pumpe a geleitet wird. Von hier aus wird es durch ein besonderes Rohr in den Sammelbehälter zurückgedrückt. Durch diese Anordnung wird bezweckt, daß ein Austreten der Kühlflüssigkeit aus den ineinander schiebbaren Rohren in den Kurbelkasten dadurch vermieden wird, daß in der Leitung stets ein Unterdruck herrscht.

Um zu vermeiden, daß das in den Kolben geführte Kühlwasser in das Kurbelgehäuse austreten kann, ist bei der Kon-

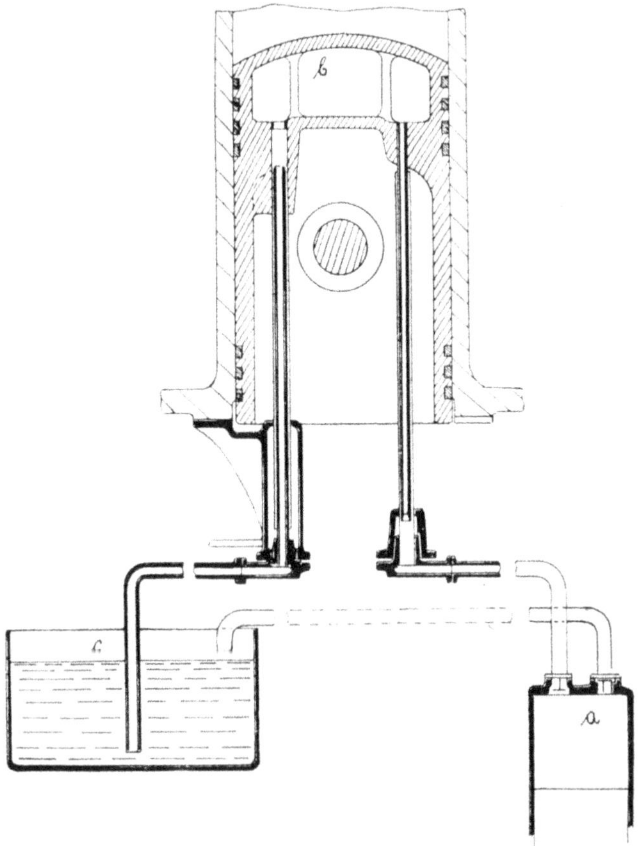

Fig. 70.

struktion von Marcus, Fig. 71, die innerhalb des Motors liegende Kühlwasserleitung als ein starres Ganzes ausgebildet. Auf der Kurbelschleife a, welche oben an dem Arbeitskolben zentrisch befestigt und unten in der Stopfbuchse d geführt ist, ist das Kühlwasserzuleitungsrohr b und das Ableitungsrohr c angebracht.

Die Kurbelschleife nimmt die in der Leitung auftretenden

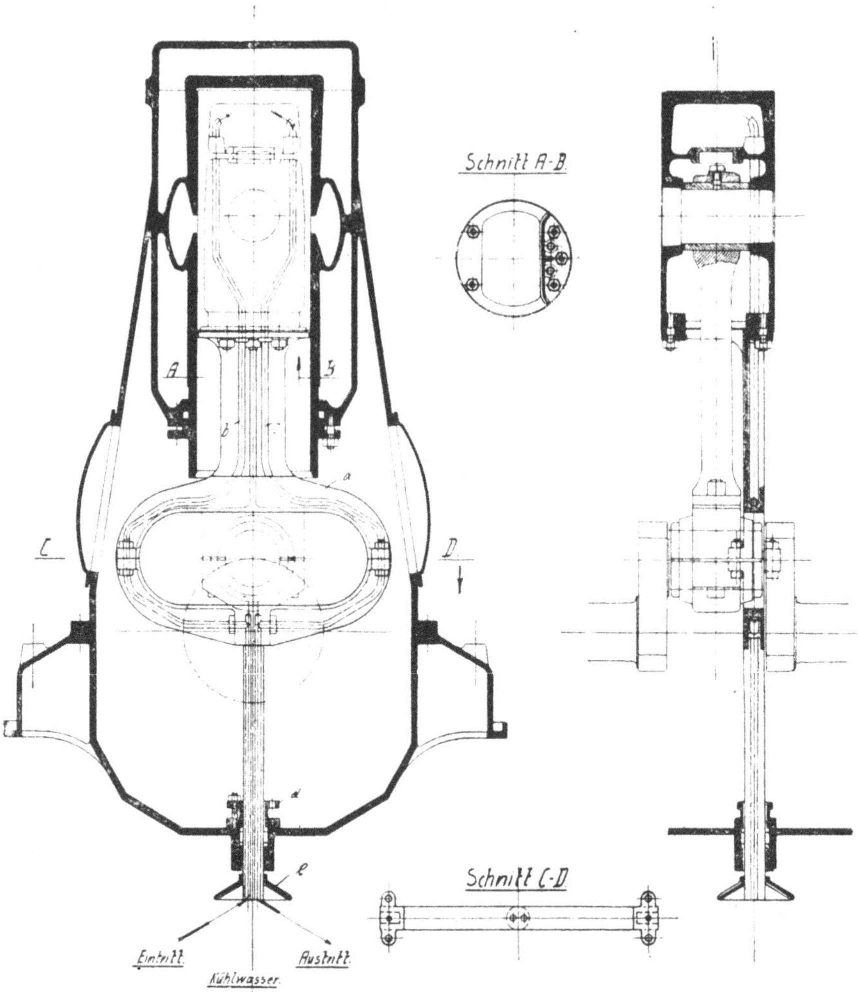

Fig. 71.

Biegungsmomente auf und stabilisiert das Zu- und Abflußrohr. Die Zuleitung bezw. Ableitung des Kühlwassers außerhalb des Kurbelgehäuses findet durch Teleskoprohre statt. Die Einzelheiten der Wasserführungen bei Kolbenkühlungen verlangen wie bei schnelllaufenden Pumpen Berücksichtigung der dynamischen Verhältnisse. Die Pumpe, welche das Kühlwasser durch den Arbeitskolben treibt, erfährt je nach der Phase, in welcher sich der Arbeitskolben befindet, sehr ungleiche Belastungen, welche durch Windkessel ausgeglichen werden müssen.

Nach einem Gebrauchsmuster der Gebr. Körting A.-G., Fig. 72, wird der Kolbenboden durch eine aufgesetzte hohle Platte abgedeckt. Der Kolbenkörper a wird zur Erzielung eines geringen Gewichtes aus Aluminium hergestellt, während die hohle Platte b aus geschmiedetem Stahl angefertigt wird. Die Zu- und Ableitungen des Kühlwassers sind mit d und e gekennzeichnet.

Eine eigenartige Kolbenkühlung für Umlaufmotoren nach einem Patent von Windhoff ist in Fig. 73 dargestellt. Der Kolben enthält in einem geschlossenen Raume die Kühlflüssigkeit. Der Raum

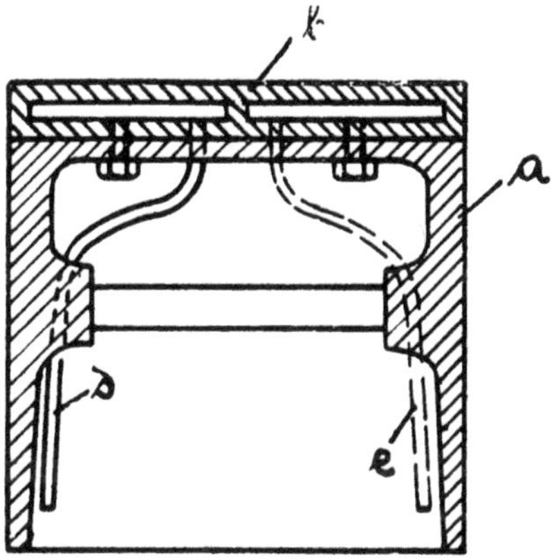

Fig. 72.

ist derart ausgebildet, daß in demselben ein selbsttätiger Kreislauf unter dem Einfluß der Zentrifugalkraft bezw. Schwerkraft stattfinden kann.

Ähnlich wie bei dem Ventil Fig. 62 sucht Windhoff bei dem Kolben Fig. 74 durch in den Kolbenboden eingesetzte gut wärmeleitende Stifte a die Wärme von der Mitte des Kolbenbodens her nach einem Kolbenring und von da zur Zylinderwand zu führen.

Die Kühlung des Kolbenbodens kann auch dadurch vorgenommen werden, daß unter demselben an Stelle des Kühlwassers ein Luftstrom hindurchgeführt wird. Eine derartige Konstruktion hat ein Patent von Müller zum Gegenstande, welches in Fig. 75 in

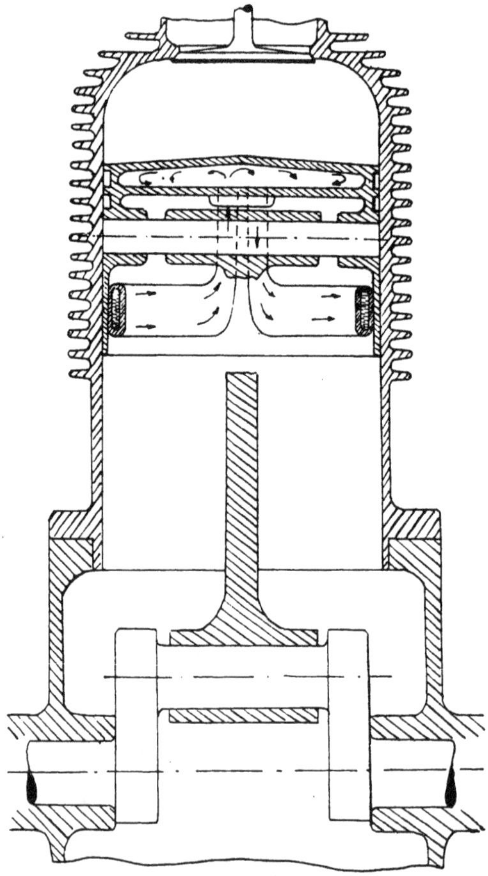

Fig. 73.

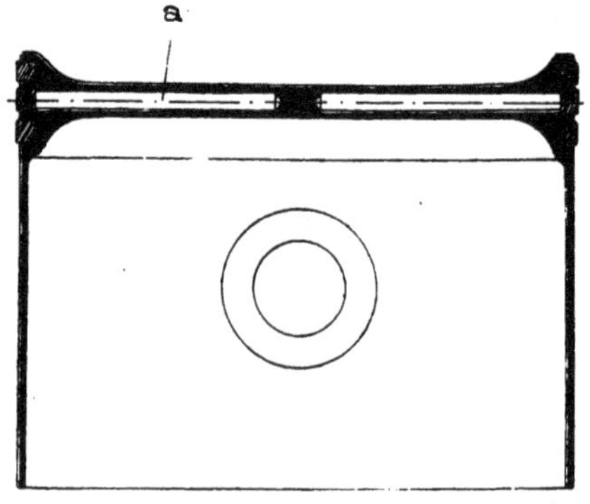

Fig. 74.

seinen Grundzügen dargestellt ist. Abb. I und II zeigen Längsschnitte durch den Kolben in zwei verschiedenen Ebenen, welche sich unter 90° schneiden.

Der Kolbenboden b wird von wärmeleitenden Stützen c getragen. Letztere sind gewellte Bleche, welche eine große Oberfläche für die Wärmeabführung bieten. Die Stützen verbinden den Kolbenboden mit der Wand d. Die Kühlluft wird durch die hohle Kolbenstange durch die Öffnung e an den Stützen c vorbeigeführt, um bei a auszutreten. Es dürfte wohl vorteilhafter sein, bei einer derartigen Bauart den größten Teil der Kolbenringe nicht am Boden b, sondern an dem kühleren Kolbenmantel f anzuordnen.

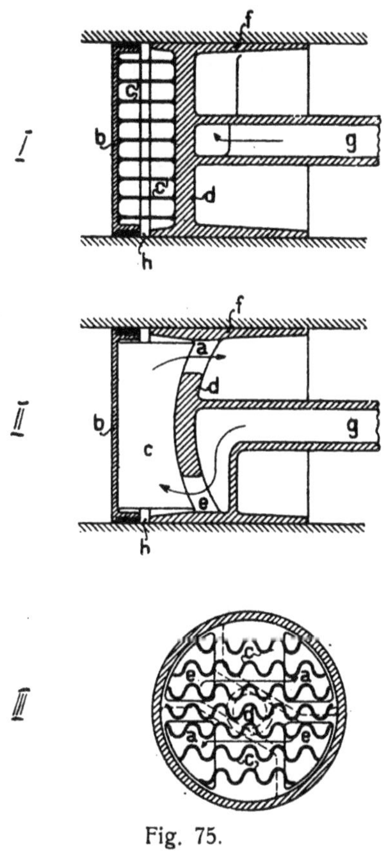

Fig. 75.

Von dem Gesichtspunkt aus, daß sich der Kolbenboden in der Mitte am stärksten erhitzt, während er am Rande infolge der Berührung mit der wassergekühlten Zylinderwand kühler bleibt, wodurch Spannungen und Risse entstehen, konstruierte Linnenbrügge den in Fig. 76 dargestellten Kolben.

Im Kolbenboden ist ein Spalt a vorgesehen, welcher die Bodenplatte b vom eigentlichen Kolbenkörper c trennt, so daß diese beiden nur in der Mitte des Kolbens miteinander in Verbindung stehen. Hierdurch soll erzielt werden, daß die fast freie Bodenplatte gleichmäßig heiß wird, da sie nur in der Mitte, wo sonst der Kolbenboden am heißesten wird, Wärme an den Kolbenboden abgibt. Diese Wärmeabgabe ist jedoch gering, da der Übergangsquerschnitt verhältnismäßig klein ist.

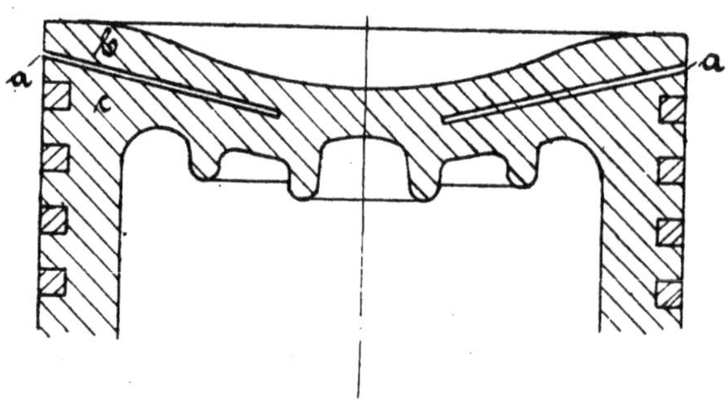

Fig. 76.

Es würde bei dieser Konstruktion also eine geringere Erhitzung der Kolbenringe stattfinden. Um eine genügende Haltbarkeit des Kolbenbodens zu erzielen, müßte dieser wohl verhältnismäßig stark ausgebildet werden.

Um die schädlichen Spannungen im Kolbenboden zu vermeiden, kann man das mittlere Stück desselben einsetzbar ausbilden. Bei der Konstruktion von Büssing, Fig. 77, wird der Boden m so eingesetzt, daß er auf seinem Umfange gegenüber seiner Umgebung einen gewissen Abstand c bewahrt, so daß bei eintretender Formveränderung durch Erhitzung keine schädlichen Spannungen entstehen. Der zylindrische Mantelkörper v ist an der Stelle der Aufnahme des Bodens m mit einer Verstärkung d versehen, so daß auch beim Eintritt etwaiger Beanspruchungen, wie z. B. infolge von Reibung, einer Zerstörung vorgebeugt wird. Der unter dem Boden angeschraubte Ansatz kann insofern als vorteilhaft angesehen werden, als er einen Teil der Wärme abführt, welche sonst auf die Gleitbahn übertragen würde.

Die meisten der oben erwähnten Bauarten eignen sich jedoch nur für langsam laufende Motoren, da durch eine besondere Kolbenkühleinrichtung, namentlich wenn Wasser als Kühlmittel verwendet wird, das Gewicht der Massen ein verhältnismäßig großes wird. Bei Schnelläufern, bei denen das Kolbengewicht aufs äußerste eingeschränkt werden muß, ist man gezwungen, zu anderen Mitteln zu greifen. Man ist hier namentlich bei Flugmotoren mit großen

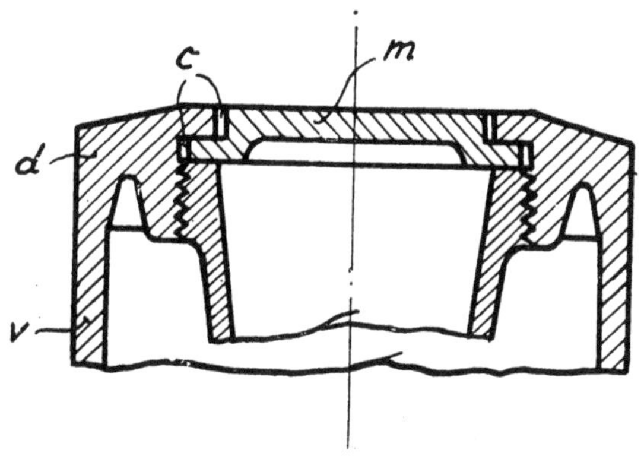

Fig. 77. Kolben nach Bussing.

Bohrungen dazu übergegangen, die Kolben aus Aluminium herzustellen, da dasselbe ein sehr guter Wärmeleiter ist. Betrachten wir diese Eigenschaft des Aluminiums in Folgendem näher.

Der Wärmeleitungs-Koeffizient k ist bezogen auf Zentimeter, Gramm, Sekunden. Er gibt die Wärme an (Menge der Wärme), welche in einer Sekunde durch eine Platte von 1 cm Dicke durch jedes Quadratzentimeter hindurchgelassen wird, wenn die Temperatur-Differenz zwischen den beiden Flächen der Platte 1° C ist. Es ist die Wärmemenge, welche k—g Wasser von 0° auf 1° zu erwärmen vermag.

Der Koëffizient k ändert sich mit der Temperatur der Platte.

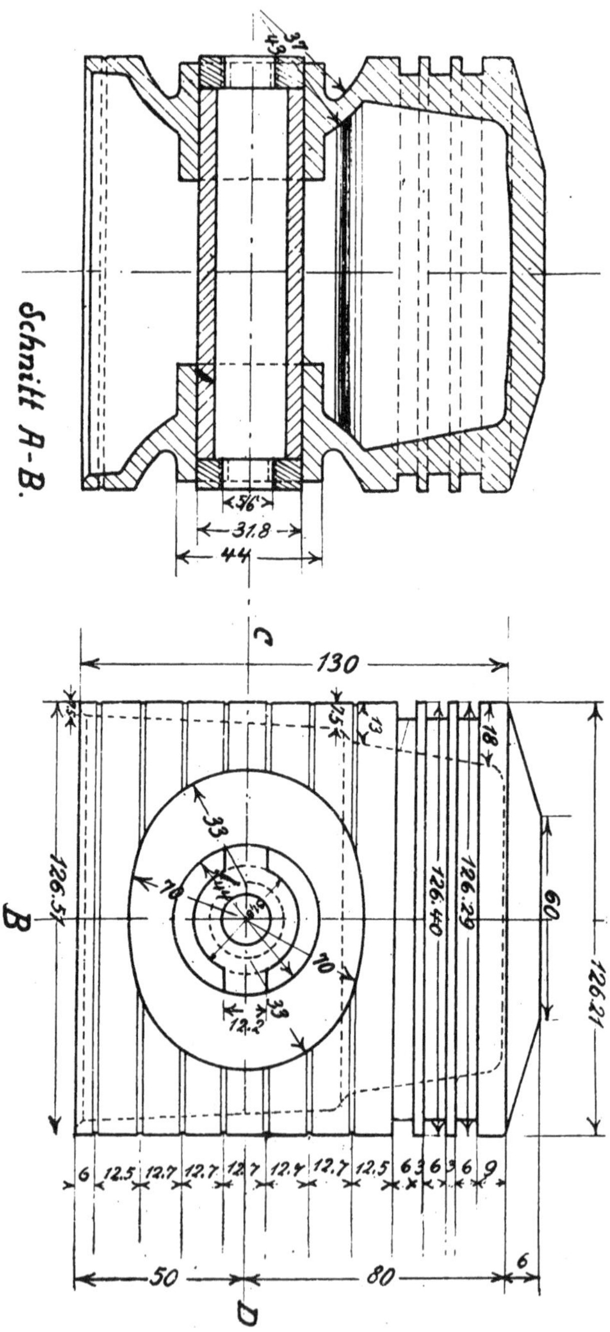

Fig. 78. Kolben des Liberty-Motors.

Er wird annähernd ausgedrückt durch die Formel $k_t = k_0 (1 + \alpha t)$, wobei k_0 der Wert von k für 0° und α eine Konstante ist:

	t	k_t	α
Aluminium	0°	0,3435	0,0005356
„	100°	0,3619	
Eisen	0°	0,1665	0,000228
„	100°	0,1627	
Kupfer	0°	0,7189	0,000051
„	100°	0,7226	
Zink	18	0,2653	
„	100°	0,2619	

(Die vorstehenden Angaben sind aus dem Chemiker-Kalender 1917 von Dr. Biedermann Verlag Springer entnommen.)

Vergleicht man die oben angeführten Werte für Eisen und Aluminium, so zeigt sich eine bedeutende Überlegenheit des Aluminiums, wozu noch als besonders günstig das geringe spezifische Gewicht desselben in die Wagschale fällt.

Neu ist die Verwendung von Aluminiumkolben an und für sich nicht. Man sah derartige Kolben vor Jahren bereits bei einem Monakobootsrennen, und der in Fig. 25 dargestellte Baer-Motor war ebenfalls schon vor Jahren mit Aluminiumkolben versehen.

Den Ausschlag für die Einführung der Aluminiumkolben in größerem Maßstabe in den letzten Jahren gab einesteils die hohe Drehzahl und anderenteils die gute Wärmeleitfähigkeit, welche bei den zur Verwendung kommenden großen Bohrungen von einschneidender Bedeutung ist. Ein Beispiel hierfür ist der Kolben des Liberty-Motors Fig. 78 (entnommen aus „Der Liberty-Flugmotor" von Schwager, Motorwagen Heft 6, 1919). Verrippungen zur besseren Wärmeabfuhr sind nicht vorgesehen, dafür ist der Übergang vom Kolben zum Kolbenmantel verhältnismäßig kräftig ausgeführt, wodurch der Wärmeübergang vom Kolbenboden zur wassergekühlten Zylinderwand erleichtert wird.

Eine starke Verrippung, welche teils zur Versteifung und teils zur besseren Wärmeabfuhr vorgesehen ist, zeigt der Kolben der Salmson-Motors Fig. 79. Derartige Verrippungen findet man bei vielen anderen Flugmotoren vertreten, wie z. B. beim Hispano-Suiza-, Benz- und anderen Motoren mehr.

Eine gänzlich abweichende Ausbildung des Aluminiumkolbens weist der Kolben des Rolls-Royce-Flugmotors, Fig. 80, auf.

Durch die eigenartige Aufnahme des Kolbenbolzens wird hier ein Teil der Wärme noch vor dem Übergang zum Kolbenmantel abgeleitet.

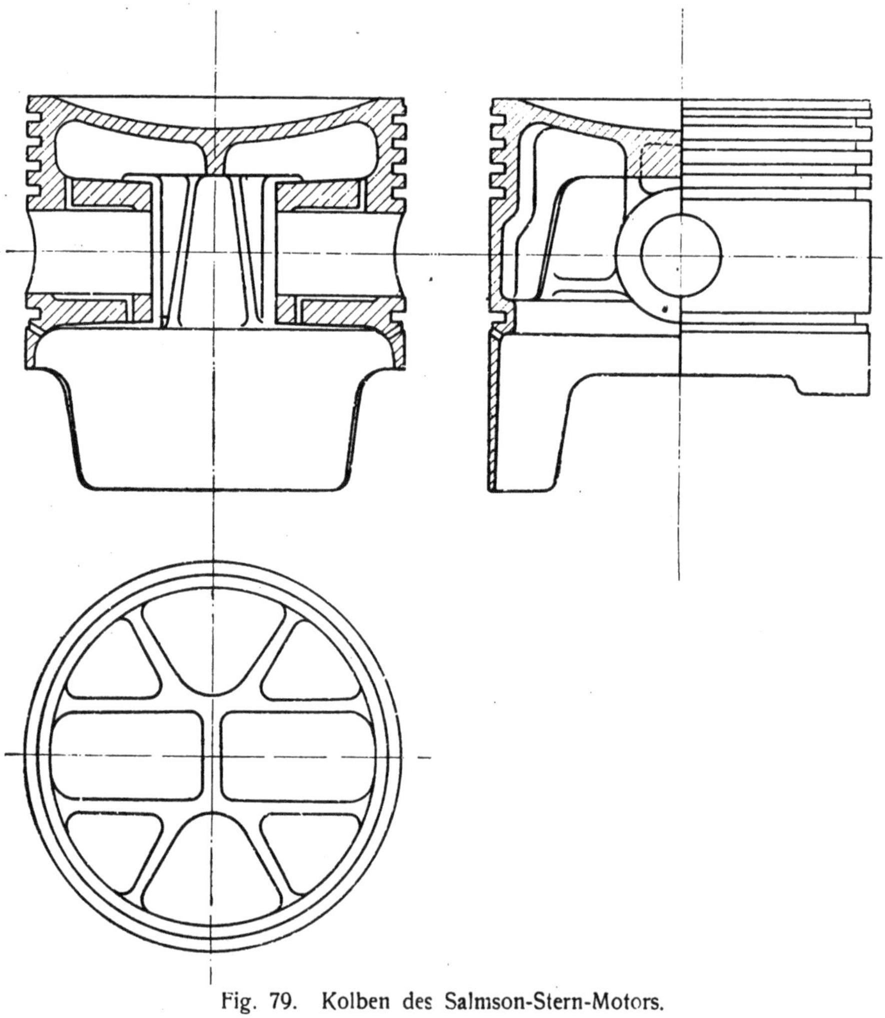

Fig. 79. Kolben des Salmson-Stern-Motors.

Die Aluminiumkolben haben sich durchweg gut bewährt, und haben ihre härteste Probe bei Umlaufmotoren gut überstanden, bei denen ihre Wärmeleitfähigkeit von ganz besonderem Einfluß ist.

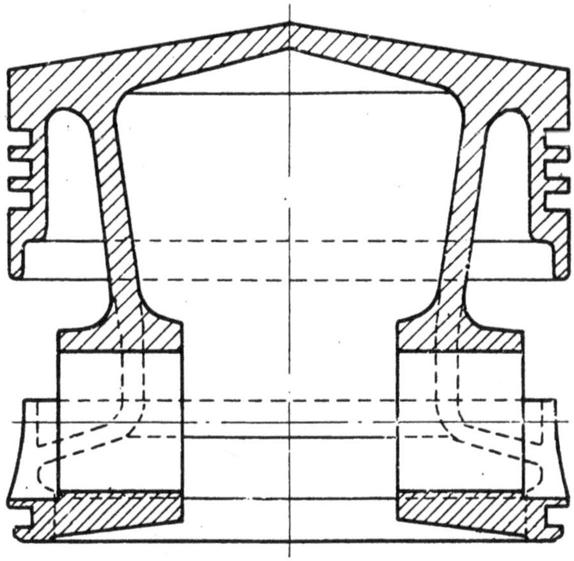

Fig. 80. Kolben des Rolls-Royce-Motors.

D. Lagerstellen.

Bei Schnelläufern, und namentlich bei solchen, welche dauernd unter Vollast laufen, hat es sich als notwendig erwiesen, eine besondere Kühlung für die Hauptlager vorzusehen, da die Betriebssicherheit durch die starke Erhitzung derselben und das dadurch an Viskosität verlierende Öl in Frage gestellt wird. Bei Motoren, bei denen die übliche Zuleitung des Schmieröls zu den Lagerstellen durch die durchbohrte Kurbelwelle geschieht, wird zu diesem Zweck mitunter die Kurbelwelle derart weit ausgebohrt, daß ein reichlicher Ölstrom in den hohlen Lagerzapfen die Wärmeabfuhr begünstigt. Auch wird bei einer intensiven Druckschmierung das Lager dadurch gekühlt, daß das aus den Lagern überlaufende Öl von der negativen Druckseite des Zapfens Wärme abführt.

Einige einfache Verfahren zur Lagerkühlung haben sich Brown, Boveri u. Co. schützen lassen. Bei der Ausführung in Fig. 81 wird das Kühlmittel durch drei im rechten Winkel aneinander stoßende Bohrungen um das Lager herum geführt. In Fig. 82 wird es durch nur eine Bohrung am Lager vorbei geführt. Vorteilhaft dürfte es sein, diese Bohrung auf die Seite zu legen.

welche die größere Flächenpressung aufzunehmen hat, da die negative Druckseite durch das überlaufende Öl gekühlt wird.

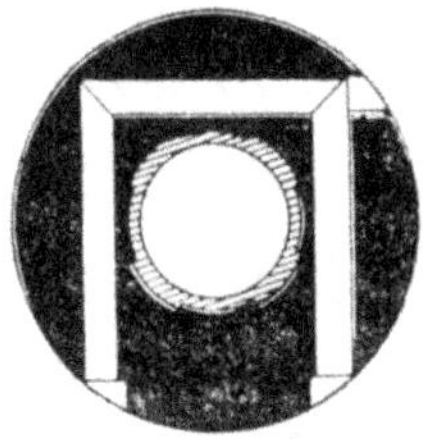

Fig. 81

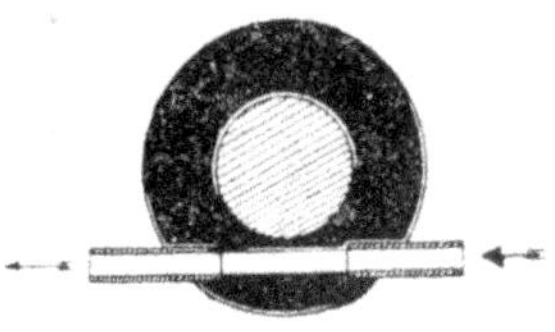

Fig. 82.

Als sehr zweckmäßig hat sich eine Ventilierung des Kurbelgehäuses bezw. eine Belüftung desselben an den Lagerstellen erwiesen.

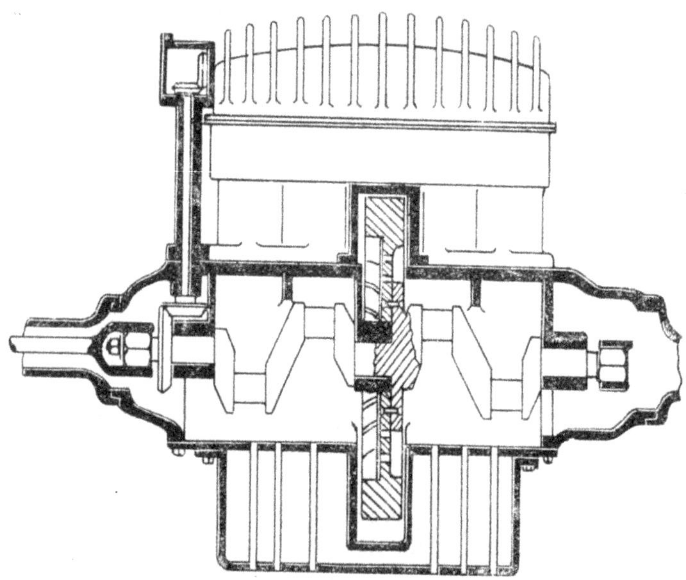

Fig. 83.

Fig. 83 zeigt ein Beispiel für ein ventiliertes Kurbelgehäuse (von Sprater). Zwischen den mittleren Zylindern ist auf der Kurbelwelle das Schwungrad angeordnet, welches Schaufeln trägt und dadurch die Ventilation bewirkt.

Nach einer Konstruktion von Wyss, Fig. 84, wird ebenfalls Frischluft durch das Kurbelgehäuse geleitet. In der Richtung der Luftströmung sind gut wärmeleitende dünne Lamellen angebracht, die an ihren Enden fest mit dem Kurbelgehäuse verbunden sind und von diesem die Wärme an den Luftstrom abgeben sollen. In der Abbildung sind die Lamellen mit b gekennzeichnet. Die kühlende Frischluft wird durch den Stutzen c in das Kurbelgehäuse a geleitet und zwar derart, daß sie an den Lamellen b vorbeistreichen muß, um durch den Stutzen d das Kurbelgehäuse zu verlassen.

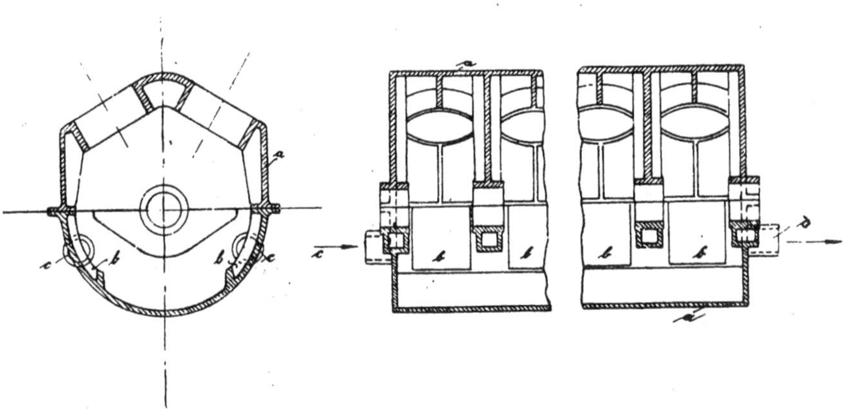

Fig. 84 Kurbelgehäusekühlung nach Wyss.

Bei verschiedenen bekannten Konstruktionen wird die im Kurbelgehäuse vorgewärmte Luft als Ansaugeluft für die Vergaser verwendet, so z. B. wird bei der Bauart der Bayrischen Motorenwerke A.-G. (Fig. 85) die Luft durch einen langen Weg durch das Kurbelgehäuse geführt, wodurch eine reichliche und gleichmäßige Kühlung der Ölkammern, des Gehäuses selbst und der Kurbelwellenlager erzielt wird. Die vom Vergaser angesaugte Luft strömt teils durch die in der Wand a befindlichen Öffnungen b an den mit Kühlrippen c versehenen Ölkammern d und e vorbei, teils durch die die hintere Ölkammer durchragenden Rohre F in den Luftraum zwischen dem Boden des Kurbelgehäuses und der Wand a. Sie streicht dann an den Kühlrippen g des Gehäusebodens entlang durch die mit Kammern h versehenen Lagerrippen i und sammelt sich in einer dem Vergaser vorgelagerten Sammelkammer k. In den vorderen und hinteren Lagerrippen l

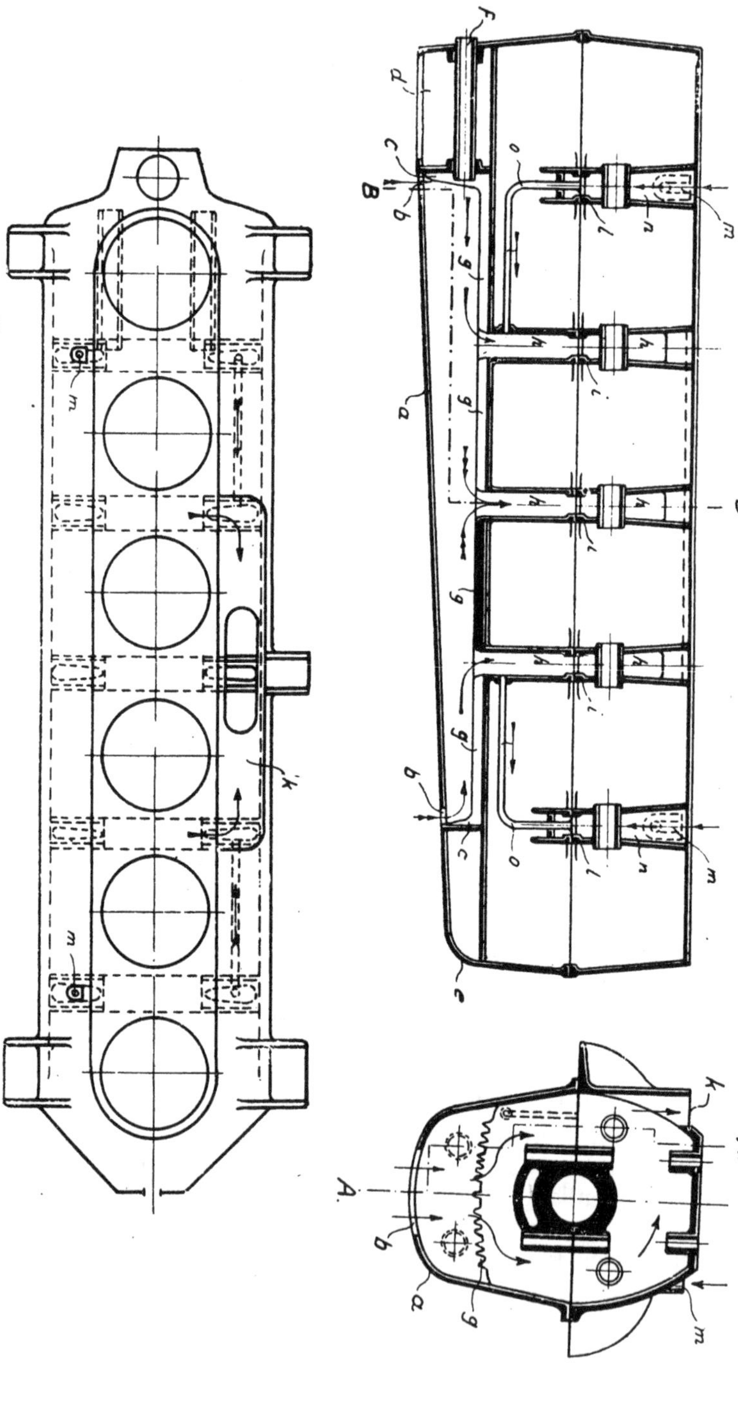

Fig. 85. Kurbelgehäusekühlung der Bayrischen-Motoren Werke A.-G.

befinden sich mit den Entlüftungsstutzen m und dem Gehäuseinnern in Verbindung stehende Kammern n, in welche je ein Absaugrohr o hineinragt, das mit der Saugkammer h der benachbarten Lagerrippe i in Verbindung steht. Durch den infolge der Saugwirkung der Kammern h durch die Entlüftungsstutzen m eingesaugten Luftstrom werden auch das vordere und hintere Kurbelwellenlager gut gekühlt.

Bei dem 230 PS Benz-Flugmotor sind in der oberen Hälfte des Kurbelgehäuses sechs von den sieben Hauptlagern derart angeordnet, daß ihre Stege je einen Durchlaß für die Luft quer durch den Motor abgeben. Zwei von diesen Luftdurchführungen dienen als Zuleitungen für die beiden Vergaser. Das Gehäuseunterteil wird von achtzehn Aluminiumrohren von 30 mm Durchmesser quer durchzogen. Die Luft wird hierbei durch windfangartige Muscheln aus Aluminiumblech auf der einen Seite diesen Querrohren zugeführt. Auf der anderen Seite des Motors sind diese Muscheln umgekehrt angesetzt, so daß hier eine Saugwirkung auf die Querrohre stattfindet. (Vgl. Flugsport Heft 24, 1918.)

Bei einem anderen Motor findet man eine Anordnung derartiger Muscheln am Oberteil des Kurbelgehäuses, wo durch dieselben die Luft anscheinend quer durch das Gehäuse um die Hauptlager herumgeleitet wird.

Weitere Einzelheiten über Kurbelgehäusekühlung sind in Kapitel IX zu finden.

E. Abgasleitungen.

Von der Anordnung der Abgasrohre im Zylinderblock, wie man sie früher verschiedentlich sah, ist man in letzter Zeit ganz abgekommen. Dieselbe ist insofern unzweckmäßig, da das mit dem Zylinderblock in einem Gußstück vereinte Abgasrohr gewissermaßen als Heizvorrichtung wirkt, die Temperatur der Zylinder erhöht und einen größeren Bedarf an Kühlwasser erforderlich macht. Ebenso unzweckmäßig ist es, bei Kraftwagenmotoren die Abgasrohre mit Kühlrippen zu versehen, da dieselben unter der geschlossenen Haube unnötig viel Wärme abgeben. Um Wärmestauungen in der Abgasleitung zu vermeiden, müssen die Abgase auf möglichst geradem Wege oder in schlanken Bogen zum Auspufftopf hingeleitet werden. Erst bei letzterem ist eine Kühlung angebracht.

Bei Bootsmotoren oder ortsfesten Anlagen findet man häufig

wassergekühlte Auspufftöpfe. Bei Kraftwagen steht die Kühlung derselben der guten Geräuschdämpfung gegenüber, so daß zwischen diesen beiden Faktoren Kompromisse geschlossen werden. Die gute Kühlung verlangt ein dünnes, wärmeabgebendes Mantelblech und die Schalldämpfung einen in Asbest gepackten Auspufftopf. Beidem sucht die Konstruktion von Benz (Fig. 86) dadurch gerecht zu werden, daß diejenige Kammer, in welche die

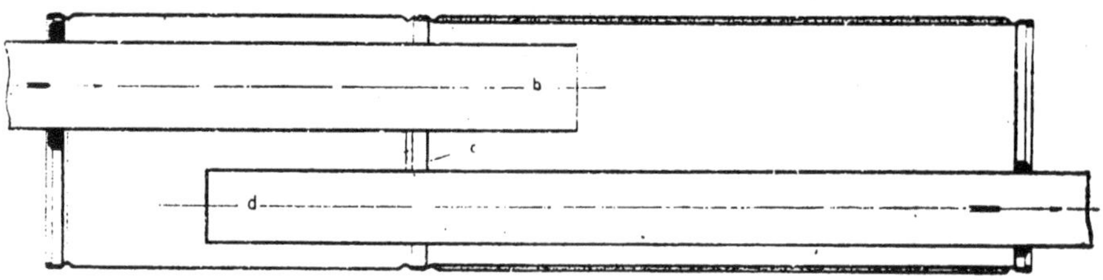

Fig. 86. Auspufftopf von Benz.

vom Motor kommenden Gase zuerst stoßen (aus dem Rohr b) zwecks besserer Schalldämpfung mit einer Asbestpackung umkleidet ist, während letztere bei der zweiten Kammer, in welche die Gase durch Löcher in dem Boden c übertreten, in Rücksicht auf die Kühlung der Gase, fortgelassen ist, da ja hier letztere nicht mehr die hohe Geräusch erzeugende Stoßkraft besitzen, mit welcher sie in die erste Kammer einströmen.

F. Zündkerzen.

An der Zündkerze sind 3 verschiedene Teile zu kühlen und zwar der Isolierkörper, der Stift und der Kerzenkörper. Auf die Kühlung des Stiftes und des Kerzenkörpers ist deswegen Sorgfalt zu legen, damit durch ein Glühendwerden der Elektroden nicht Selbstzündungen entstehen. Der Isolierkörper darf einerseits nicht zu heiß werden, weil er sonst platzt und andererseits um kein Wärmeakkumulator für den hindurchführenden Stift zu sein. Bei wassergekühlten Motoren braucht in der Regel weniger Sorgfalt auf eine intensive Kühlung der Kerze gelegt werden, als bei luftgekühlten Motoren.

Um eine gute Wärmeabführung von dem Teil des Zylinders, in welchem die Kerze sitzt, zu erzielen, fand man früher verschiedentlich die in Fig. 87 dargestellte Ausbildung des Kerzensitzes. Der Kühlmantel ist um die Kerze und um den Kerzensitz herumgezogen. Von dieser Ausführung ist man neuerdings fast ganz abgegangen, da einerseits zum Einsetzen der Kerze ein Steckschlüssel erforderlich ist, und man dieselbe andererseits vorteilhafter da anordnet, wo sich auf alle Fälle Frischgase befinden. Sehr häufig werden die Kerzen aus letzterem Grunde über den Einlaßventilen angeordnet und zwar in den über diesen befindlichen Verschraubungen. Die Wärmeableitung von diesen Verschraubungen ist allerdings nicht so günstig, als am wassergekühlten Zylinder selbst, jedoch sprechen viele Fabrikationsgründe für die Konstruktion.

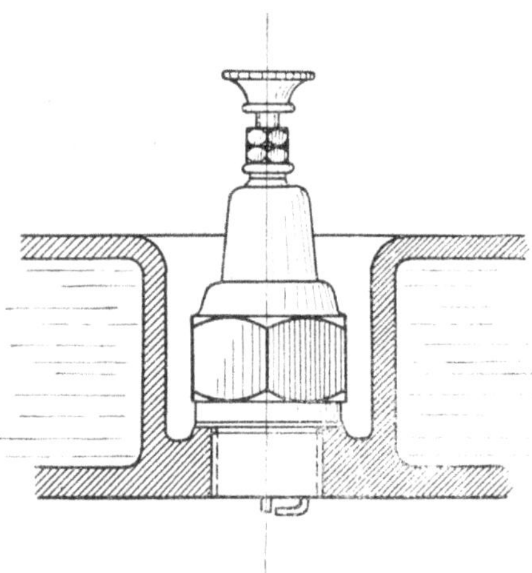

Fig. 87.

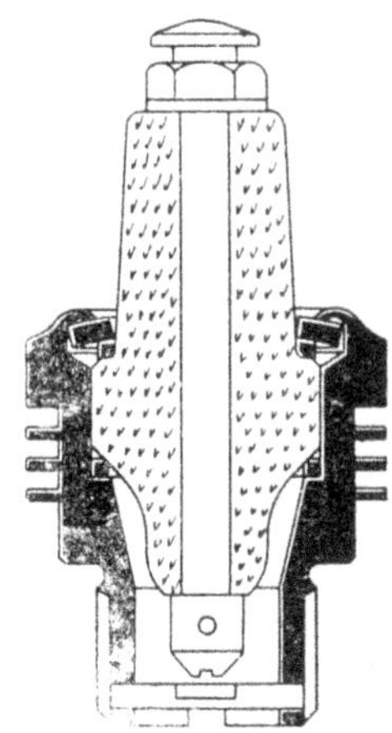

Fig. 88. Esha Zündkerze.

Die Kühlung des Kerzenkörpers wird viel bei luftgekühlten Motoren angewendet. Als Beispiel hierfür diene die in Fig. 88 dargestellte Esha-Zündkerze der Siemens u. Halske A.-G., welche bei den luftgekühlten Umlaufmotoren dieser Firma zur Verwendung gelangt. Der Kerzenkörper ist mit Kühlrippen, welche die Wärmeausstrahlung fördern, versehen. Eine bekannte französische Konstruktion weist verhältnismäßig breite Kühlrippen am Kerzenkörper auf, welche Bohrungen zur Vergrößerung der Kühlwirkung besitzen. Die Bohrungen an den einzelnen Kühlrippen sind übereinander angeordnet, so daß die Luft hindurchströmen kann.

Versuche zur besonderen Kühlung des Stiftes führten dahin, daß man den oberen Teil desselben in einem gut wärmeleitenden

Metall führte, welches am oberen Ende mit Kühlrippen versehen ist. Eine derartige Bauart sieht man bei der Lodge-Kerze, Fig. 89. Die obere Führung des Stiftes ist aus Messing und hat an ihrem herausragenden Ende 3 Kühlrippen. Außerdem ist der Körper dieser Kerze noch mit 4 runden Kühlrippen versehen und einer sechskantigen, welche mit dem darüber liegenden Sechskant einen Angriff für den Mutternschlüssel bietet.

Bei einer besonderen Kühlung der Isolierkörper ist man kaum über Versuche hinausgekommen. Es stehen sich bei der Ausbildung der Isolierkörper zwei Gesichtspunkte gegenüber. Bei

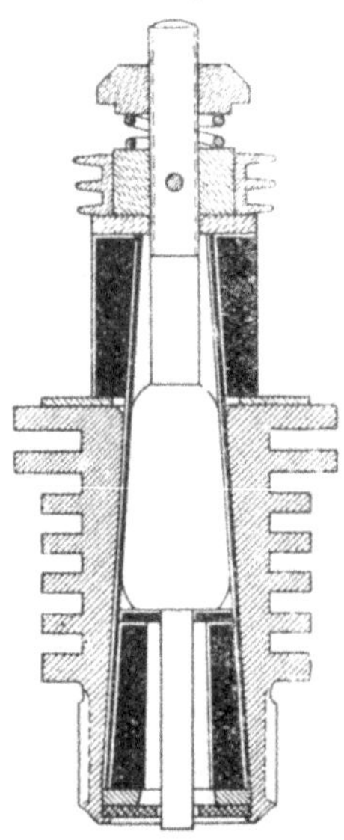

Fig. 89. Lodge-Zündkerze.

hochkomprimierten Motoren verölen die Kerzen mitunter sehr stark, daher bildet man die untere Isolierung des Kerzenkörpers nach unten hin röhrenförmig aus. Infolgedessen neigen diese Isolierkörper zu einer starken Erhitzung und springen. Man muß also ein Kompromiß zwischen diesen beiden Gesichtspunkten schließen. Man hat versucht, durch Bohrungen Luft um und in den Isolierkörper zu führen. Jedoch liegen namentlich bei der Zuführung der Kühlluft in denselben erhebliche Ausführungsschwierigkeiten vor. Aus diesem Grunde scheint man ganz davon abgekommen zu sein.

III. Kühler.

Die im Kühlwasser von den Zylindern abgeführte Wärme muß, nachdem das Kühlwasser den Zylinderblock verlassen hat, an die Luft abgeführt werden, um die Anwendung einer Rückkühlung zu ermöglichen. Dies geschieht bei beweglichen Kraftanlagen, wie z. B. im Fahrzeug oder im Flugzeug durch ein besonders ausgeführtes Kühlgefäß, welches derart eingerichtet ist, daß beim Durchströmen desselben möglichst viel Wärme an die Luft abgegeben wird.

In den ersten Zeiten des Automobilbaues versuchte man unter anderem die Rückkühlgefäße einfach als Wasserbehälter auszubilden. Da nun die wärmeabgebende Fläche bei diesen verhältnismäßig klein war, ging man dazu über, den Behälter mit Rohren zu durchziehen, welche zur Vergrößerung ihrer Oberfläche mit einem Drall versehen waren.

Dies war der Grundgedanke für den Luftröhrenkühler. Der Wasserröhrenkühler hat sich aus der Form eines Heizkörpers entwickelt, unter Benutzung einer Heizschlange. Um eine möglichst intensive Ableitung der Wärme zu erzielen, wurde das Rohr der Heizschlange mit Rippen umgeben, welche eine indirekte Heizfläche darstellten und zur Erhöhung der Ausstrahlung beitrugen. Von dieser Bauart stimmt die französische Bezeichnung für den Kühler — Radiateur.

Das Bestreben an Gewicht zu sparen hat in späterer Zeit zu einer Anzahl von Konstruktionen geführt, welche darauf hinzielen, bei größtmöglicher Kühlfläche und geringem Wasserinhalt den Kühler so leicht als möglich zu gestalten. Diese Bauarten sollen in Nachstehendem näher betrachtet werden.

A. Berechnung der Kühlfläche.

Die rechnerische Ermittlung der erforderlichen Kühlfläche kommt im Grunde genommen für die Praxis wenig in Betracht, da derselben zu viel veränderliche Werte zugrunde liegen. Die meisten Kühlerfabriken arbeiten aus diesem Grunde nach Erfahrungswerten, indem sie ihren verschiedenen Bauarten soundso viel m² Kühlfläche für soundso viel PS oder Zylinderinhalt zugrunde legen.

Einen sehr übersichtlichen Rechnungsgang für die theoretische Ermittlung der Kühlfläche gibt v. Dobelhoff in Heft 93 der vom Verein Deutscher Ingenieure herausgegebenen Mitteilungen über Forschungsarbeiten (vgl. auch die ausführlichen Erörterungen von Heller in seinem „Motorwagenbau“, Verlag Springer). Die Arbeit von v. Dobelhoff ist nachfolgender rechnerischen Ermittlung der Werte für k, L, Q und Fst zu Grunde gelegt.

Die Wärmeübergangszahl k (vgl. Abschnitt I B) ergibt sich aus der Gleichung:

$$k = \frac{1}{\frac{1}{\alpha_1} + \frac{1}{\alpha_2} + \frac{\delta}{\lambda}}$$

Es bezeichnen:

$\alpha_1 =$ Übergangszahl vom Wasser an die Wand (stündlich für 1° Temperaturunterschied zwischen Flüssigkeit und Wand auf 1 m²),

$\alpha_2 =$ Übergangszahl von der Wand an die Luft,

$\lambda =$ Wärmeleitfähigkeit der Wand (die Zahl, welche angibt, wieviel Wärme stündlich für 1° Temperaturunterschied durch 1 m² Wand von 1 m Dicke hindurch geht),

$\delta =$ Dicke der Wand in m.

Die Zahl für λ beträgt bei Messing 72 bis 108. Nimmt man den ungünstigsten Wert 72 und die verhältnismäßig große Wandstärke, welche in der Praxis nicht vorkommt, von 0,2 mm an, so ist:

$$\frac{\delta}{\lambda} = \frac{0{,}0002}{72} = 0{,}0000028$$

Für $\frac{1}{\alpha_1}$ setzt v. Dobelhoff (bei $\alpha_1 = 4000$) $= 0{,}00025$.

Man kann daher (k kann bis 110 betragen) $\alpha_2 = k$ setzen, wobei der Fehler nur 2,7% beträgt. Es kann somit die Veränderlichkeit der Durchgangszahl mit der Wassermenge zu Gunsten eines einfacheren Rechnungsganges vernachlässigt werden.

Werte für k können aus dem Diagramm Fig. 90 (nach Heller „Motorwagenbau“, Verlag Springer, Seite 261) abgegriffen werden. In dem Diagramm ist die Wärmedurchgangsziffer k in ihrer Abhängigkeit von der ideellen Fahrgeschwindigkeit dargestellt. Es bezieht sich k_1 auf einen Luftröhrenkühler, während k_2 und k_3 an Wasserröhrenkühlern ermittelt sind. Eezüglich dieser Werte sind die Wasserröhrenkühler den Luftröhrenkühlern überlegen. Hieraus ergibt sich, daß die Wasserröhrenkühler kleinere Stirnflächen erfordern als Luftröhrenkühler, obwohl letztere bezüglich der Luftdurchlässigkeit als auch des Verhältnisses von Kühlfläche zu Stirnfläche günstigere Werte aufweisen. Heller schließt daraus, daß die Mehrzahl der Kühlerfabriken aus diesem Grunde zu Wasserröhrenkühlern übergegangen ist, wofür man übrigens

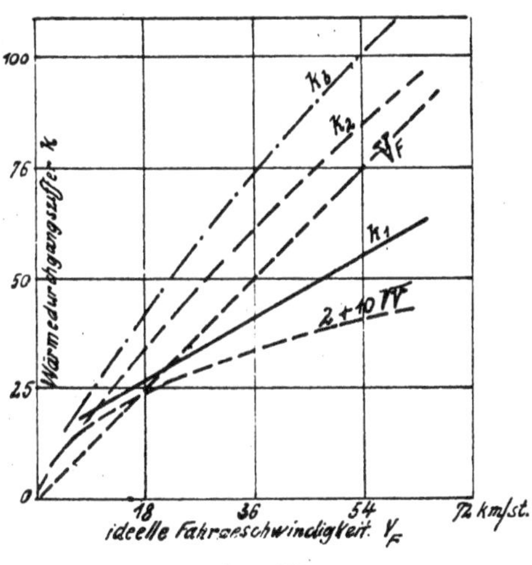

Fig. 90.

in den neuesten Kühlerkonstruktionen eine Bestätigung findet. Der Wert für

$$\alpha_2 = 2 + 10 \sqrt{v}$$

ist im Diagramm unter der Annahme dargestellt, daß $\varrho = 1$ ist, also die Luftgeschwindigkeit im Kühler mit der Fahrgeschwindigkeit übereinstimmt.

Es bezeichnen:

$\bar{Q}$ = gesamte durchgehende Wärmemenge in WE/Std.,

ϑ = Wassereintrittstemperatur in ° C,

τ_{2m}^* = Mittelwert der Luftaustrittstemperaturen in ° C,

τ_1 = Lufteintrittstemperatur in ° C,

ϑ_{2m} = mittlere Wasseraustrittstemperatur in ° C,

W = Wassermenge in kg/Std.,
c_w = spezifische Wärme des Wassers = 1,
L = Luftmenge im m³/Std. bei der Temperatur τ_{2m}
Cp_L = spezifische Wärme der Luft bezogen auf die Volumeneinheit bei einer Atm. und bei der Temperatur τ_{2m}
F = gesamte Kühlfläche in m².

Es ergibt sich:

$$Q = W \cdot C_w \cdot (\vartheta_1 - \vartheta_{2m})$$

$$Q = L \cdot Cp_L \cdot (\tau_{2m} - \tau_1)$$

$$Q = F \cdot k \cdot (\vartheta_m - \tau_m) = F \cdot k \cdot \left(\frac{\vartheta_1 + \vartheta_{2m}}{2} - \frac{\tau_1 + \tau_{2m}}{2}\right)$$

Die Abhängigkeit der durchgehenden Wärmemenge von der Eintrittstemperatur der Kühlfläche, der Wassermenge, der Luftmenge und dem Durchgangskoëffizienten läßt sich folgendermaßen ausdrücken:

$$Q = F \cdot k \left(\frac{\vartheta_1 + \vartheta_1 - \frac{Q}{W \cdot C_w}}{2} - \frac{\tau_1 + \tau_1 + \frac{Q}{L \cdot Cp_L}}{2} \right)$$

$$Q = \frac{\vartheta_1 - \tau_1}{\frac{1}{F \cdot k} + \frac{1}{2\,W\,C_w} + \frac{1}{2\,L \cdot Cp_L}}$$

Es ist die den Kühler durchströmende Luftmenge L in m³/Std.

$$L = F_{st} \cdot \lambda \cdot \varrho \cdot v_f \cdot 3600$$

F_{st} stellt die Stirnfläche des Kühlers in m² dar; v_f die Luftgeschwindigkeit (Fahrgeschwindigkeit) in m/Sek. λ bedeutet die Luftdurchlässigkeit des Kühlers (das Verhältnis des kleinsten Querschnittes der Luftwege zur Stirnfläche).

Der Querschnitt ist also $= F_{st} \cdot \lambda$

Für ϱ fand v. Dobelhoff die Werte 0,8 bis 1. Die Versuche wurden mit einem Luftröhrenkühler (horizontale Rundröhrchen mit sechskantig aufgedornten Enden), einem Wasserröhrkühler mit vertikalen flachgedrückten Wasserrohren und einem ebensolchen, bei dem jedoch die Wasserrohre schraubenförmig zur Vergrößerung der Kühlfläche gewellt waren, vorgenommen.

Für Cp_L wird die Zahl 0,25 gesetzt (welche einer Luftaustrittstemperatur von 60° entspricht).

$$L \cdot Cp_L = 0{,}25\,L = 0{,}25 \cdot 3600\,F_{st} \cdot \lambda \cdot \varrho \cdot v_f$$

Das Verhältnis der ganzen Kühlfläche F und der Kühlerstirnfläche F_{st} setzt man $= \varphi$ Dieses φ ist ein für jede Kühlerbauart eigentümlicher Wert. Für einen Kühler mit runden Luftröhren kann man nach Heller $\varphi = 37$ und für einen mit flachgedrückten Wasserröhren $\varphi = 28$ setzen. Letzterer Wert läßt sich durch ein künstliches Vergrößern der Rohroberfläche, d. h. durch wellenförmige Ausbildung derselben oder durch Rippen erhöhen.

Drei Windhoff-Lamellenkühler von 120 mm Elementtiefe wiesen folgendes Verhältnis auf:

Kühlfläche in m	8,85	11,25	15,60
Stirnfläche „ „	0,341	0,345	0,345
offene Stirnfläche „ „	0,193	0,247	0,190
Luftdurchlässigkeit	0,566	0,716	0,559

Nach Einsetzen der oben angeführten Werte in die Gleichung für Q erhält man:

$$Q = \frac{\vartheta_1 - \tau_1}{\frac{1}{F_{st}}\left(\frac{1}{\varphi \cdot k} + \frac{1}{1800 \cdot \lambda \cdot \varrho \cdot v_f}\right) + \frac{1}{2W}}$$

$v_f = \frac{V_f \text{ (in Km Std.)}}{3,6}$ gesetzt und $Q = 1200 \cdot Ne$ ergeben für die Stirnfläche die Gleichung:

$$F_{st} = \frac{\frac{1}{\varphi \cdot k} + \frac{1}{500\, V_f \cdot \lambda \cdot \varrho}}{\frac{\vartheta_1 - \tau_1}{1200\, Ne} - \frac{1}{2\,W}}$$

Wie bereits eingangs erwähnt, legt man der Kühlfläche in der Regel Erfahrungswerte zu Grunde, so z. B. benutzt die Süddeutsche Kühlerfabrik für ihre Elementekühler die in Fig. 91 dargestellte Kurve.

Windhoff bemißt die Kühlflächen folgendermaßen:

Lamellenkühler { bei Flugzeugen pro 100 PS 5,5 m² Kühlfläche
„ Personenwagen „ „ „ 30—40 „ „

Elementenkühler { Motorpflüge, Lastwagen, Personenwagen } pro 100 PS 60 70 m² Kühlfläche einschließlich indirekter Kühlfläche.

Teves und Braun geben an:

Für schnellaufende Tourenwagen 0,3 m² Kühlfläche für 1 PS, für Lastwagen und Omnibusse 0,4—0,5 m² Kühlfläche für 1 PS.

Während bei Verwendung von Thermosyphonkühlung theoretisch ein größerer Kühler gewählt werden müßte als bei Verwendung einer Wasserpumpe, wird bei verschiedenen Kühlerfabriken, z. B. bei Windhoff, aus praktischen Gründen für beide

Verwendungszwecke nur eine Größe hergestellt, mit dem Unterschied, daß bei Thermosyphonkühlung die Zu- und Abflußstutzen eine doppelt so große lichte Weite erhalten als bei Anwendung einer Kühlwasserpumpe.

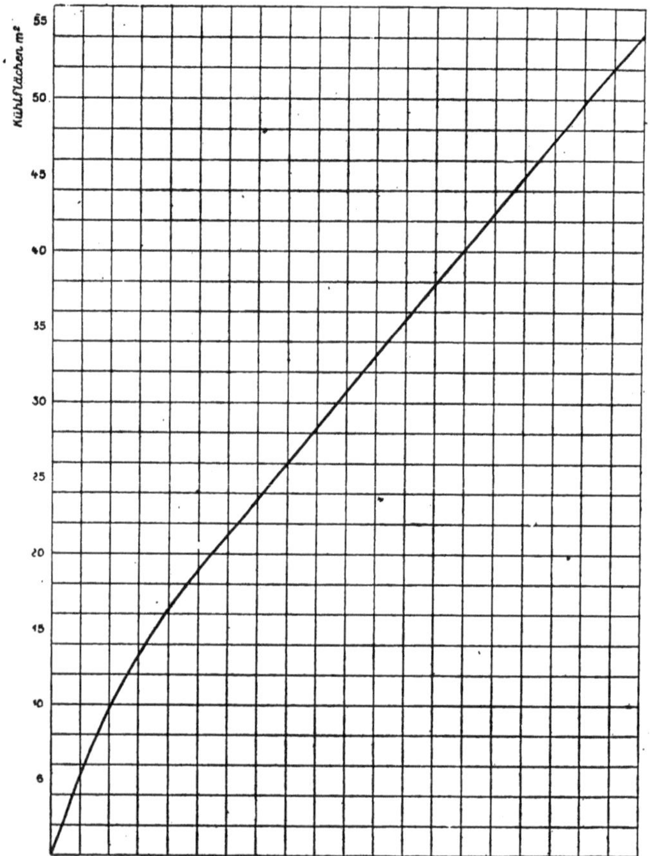

Fig. 91.

Bei der Wahl der Größe eines Kühlers muß darauf Rücksicht genommen werden, daß derselbe auch bei etwaigem Verstopfen von einigen Elementen noch für eine ausreichende Wärmeabfuhr Gewähr leistet.

B Kühlerelemente.

Der Ausbildung der einzelnen Elemente liegt das Bestreben zu Grunde, den Kühler bei größtmöglicher Kühlwirkung so klein und leicht als möglich zu gestalten. Man sucht also in verhältnismäßig kleinem Raum eine große Kühlfläche zu erzielen, wobei der Luftwiderstand des Kühlers in geringen Grenzen gehalten werden

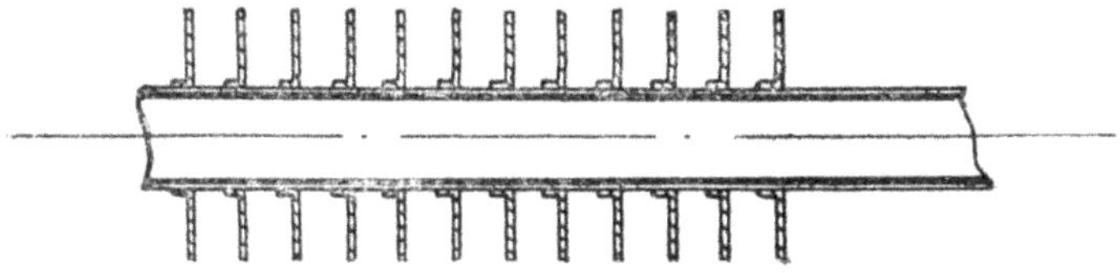

Fig. 92.

muß und der Widerstand für das hindurchströmende Wasser gleichfalls.

Die älteste Ausführung des Wasserröhrenkühlers ist der Schlangenrohrkühler. Zwecks Erhöhung der Wärmeausstrahlung wird auf dem wasserdurchströmten Rohr eine indirekte Kühlfläche in

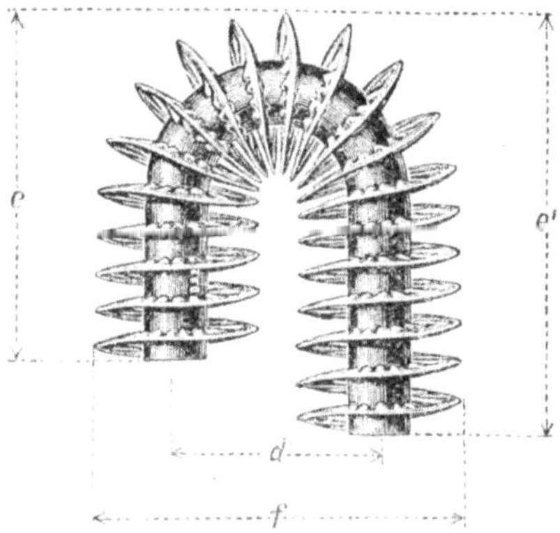

Fig. 93.

Gestalt von parallel zueinander aufgesetzten Rippen angebracht. Wegen seiner hohen Wärmeleitfähigkeit wird hierfür am besten Kupferblech verwendet, welches, um einen guten Wärmeübergang zu ermöglichen, auf das Wasserrohr aufgelötet wird (Fig. 92). Die direkte Kühlfläche bildet hierbei die Wandung des Rohres.

Aus Fabrikationsrücksichten wickelt Sauerbier eine fortlaufende Kühlrippe auf das Wasserrohr auf (Fig. 93). Auf der am Rohr anliegenden Seite der Bandspirale sind zur Vergrößerung der Heizfläche wellenförmige Krümmungen eingewalzt. Da die Kühlwirkung bei dieser Bauart eine geringere ist als die bei den nachgenannten Ausführungen, werden derartige Kühler namentlich da verwendet, wo es mehr auf große Stabilität als auf geringes Gewicht ankommt, wie z. B. bei Lastwagen, Motorlokomobilen und dergl.

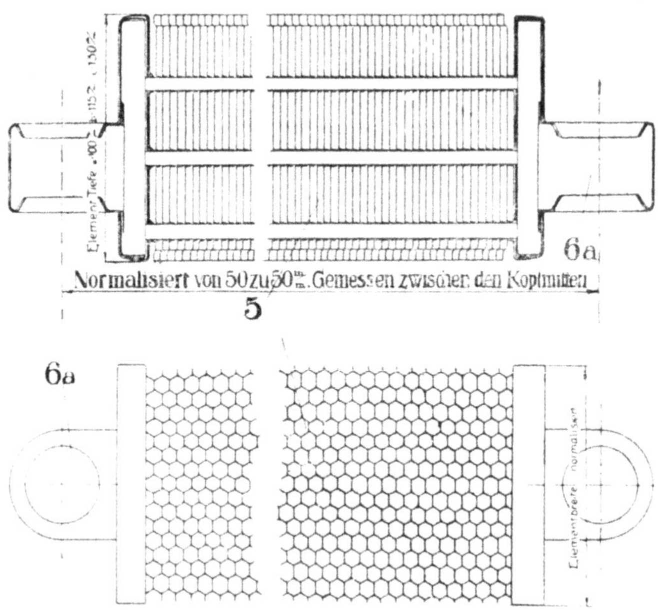

Fig. 94.

Die Kühlelemente eines anderen Wasserrohrkühlers (Süddeutsche Kühlerfabrik), welcher sich in der neueren Zeit in weiten Kreisen Eingang verschafft hat und auch von Hans Windhoff hergestellt wird, sind in Fig. 94 und 95 dargestellt. Die einzelnen Elemente bestehen aus senkrechten Wasserröhren, auf welche Bleche für die indirekte Kühlung aufgepreßt werden, die so eng mit den Rohren verbunden sind, daß sie gewissermaßen als Schutzgitter dienen. Auf den beiden Stirnseiten sind die Bleche durch eine wabenförmige Ausbildung versteift.

Eine neuartige Konstruktion eines Wasserröhrenkühlers

(Mitteldeutsche Kühlerfabrik Teves und Braun) ist in Fig. 96 veranschaulicht. Die Kühlrippen sind nicht wie sonst gebräuchlich auf der Oberfläche des Wasserrohres angebracht, sondern als selbständige Glieder mit unmittelbarer Kühlwirkung. Inner-

Fig. 95.

halb der einzelnen Paßringe, welche die Rippen auseinander halten, greifen die aufgebogenen Rippen in das Innere des Kühlelementes. Das heiße Wasser gelangt von der einen aufgebogenen Rippe infolge der versetzten Ausbildung spiralförmig von oben nach unten und bleibt in ständiger Bewegung um die eigene Achse, wobei eine gleichmäßige intensive Abkühlung stattfindet. Für die Fabrikation ist es gleichgültig, was für ein Material für die Elemente zur Verwendung gelangt, da an den Elementen keinerlei Lötstellen notwendig sind. Das Abdichten geschieht durch Zwischenfügen von Dichtungsringen und Anziehen der beiden Endmuttern. Bei einer etwaigen Beschädigung ist es bei dieser Konstruktion nicht erforderlich, eine in sich abgeschlossene Gruppe von Elementen auszuwechseln, sondern es brauchen nur, falls das innere Rohr nicht in Mitleidenschaft gezogen ist, die beschädigten Paßringe und Rippen durch neue ersetzt werden.

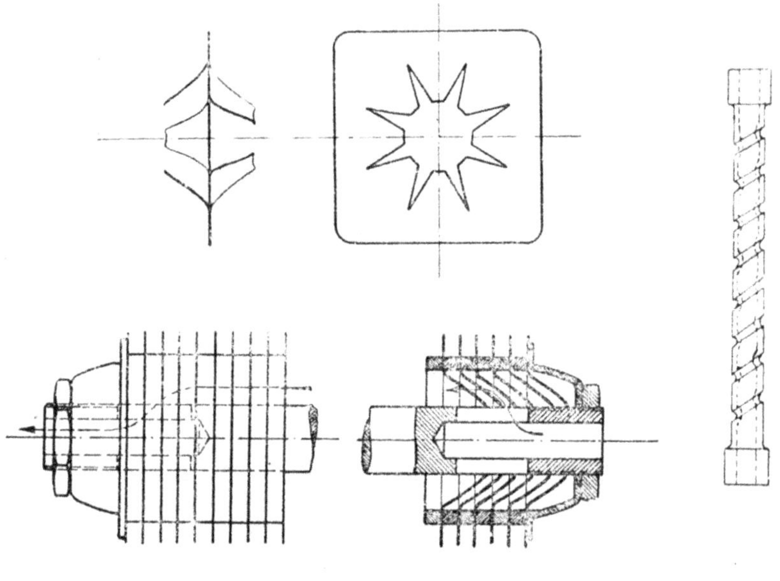

Fig. 96.

Um die direkte Kühlfläche eines Röhrenkühlers zu vergrößern findet man mitunter die Oberfläche der Röhren mit einem Drall versehen. Fig. 97 zeigt ein derartiges Element (von Wensky). Durch eine derartige Bauart gewinnen die Rohre an Elastizität.

Fig. 98 zeigt die Kühlelemente eines Windhoff-Aluminiumkühlers mit vertikal angeordneten Wasserrohren. Dieselben sind seitlich abgeflacht und mit einer gewellten Oberfläche versehen. Die Befestigung der einzelnen Elemente oben und unten geschieht auf mechanischem Wege. Ihre Enden sind rund erweitert (II), so daß sie in entsprechende Löcher der oberen und unteren Abschlußwand passen. Nachdem die Rohre in letztere eingeführt sind, wird ein Ring (III) eingesetzt, worauf die Abdichtung mit Hilfe des in IV dargestellten Spezial-Werkzeuges erfolgt.

Die erwähnten Bauarten sind die hauptsächlichsten, bei denen das Wasser durch die Rohre fließt und die Luft die Rohre außen umstreicht. Eine andere Art von Kühlerelementen ist die, bei welcher die Rohre horizontal angeordnet sind und bei der dieselben von Luft durchstrichen und von Wasser umspült werden.

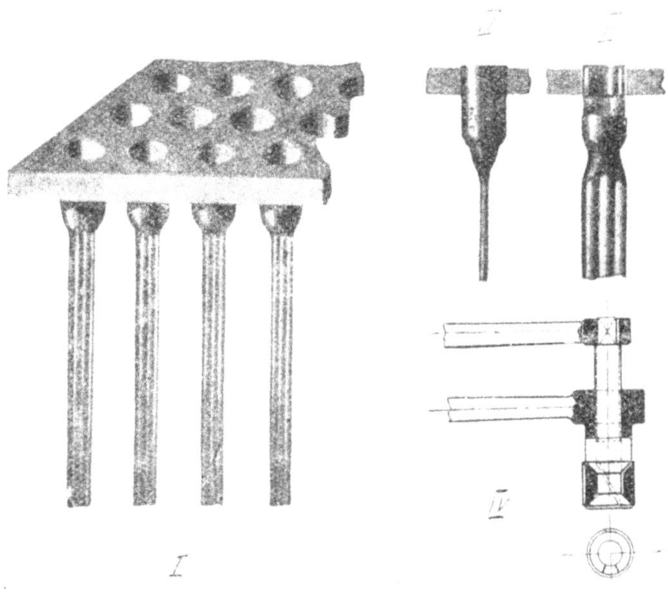

Fig. 98.

spült werden. Bei letzterer Ausführung werden meist Messingröhrchen verwendet und zwar einesteils zur Vermeidung der Rostgefahr und anderenteils da Messing ein guter Wärmeleiter ist.

Die Anordnung der horizontalen Luftröhrchen ist eine sehr verschiedenartige. Fig. 99 zeigt eine Gruppe von vierkantig ausgebildeten Röhrchen, welche in einer Flucht parallel zueinander liegen. Bei einer derartigen Ausführung ist es zu befürchten, daß in den horizontalen Zwischenräumen Stauungen entstehen. Um ein besseres Umspülen der Röhrchen durch Wasser zu bewirken, werden dieselben, wie Fig. 100 zeigt, zueinander versetzt. Die Enden derartiger Vierkantröhrchen werden vielfach mit eingelegten Drähten verlötet. Bei einem bekannten österreichischen Flugzeugkühler findet man die Luftrohre wie in Fig. 101 dargestellt angeordnet. Die horizontalen Wände der quadratischen Röhr-

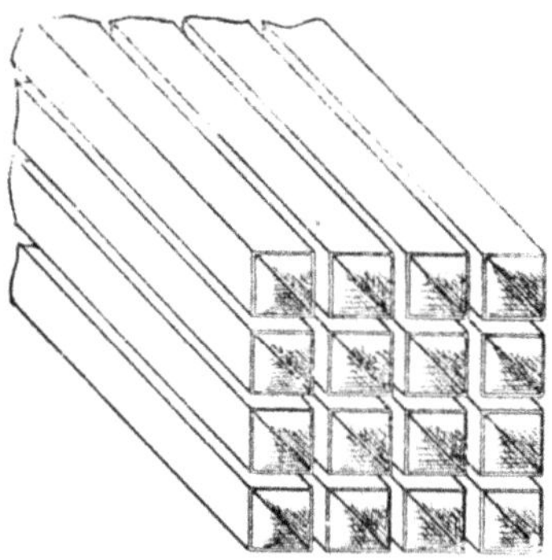

Fig. 99.

chen stoßen aneinander und bilden auf diese Weise indirekte Kühlflächen, so daß der Kühler eigentlich nicht mehr als Luftröhrenkühler anzusprechen ist, sondern als Scheidenkühler. Versuche haben ergeben, daß Kühler mit runden völlig wasserumgebenen Röhrchen gegenüber den Kühlern nach Fig. 101 bei kleinen Luftgeschwindigkeiten nur eine geringere Kühlfähigkeit aufweisen, welche jedoch

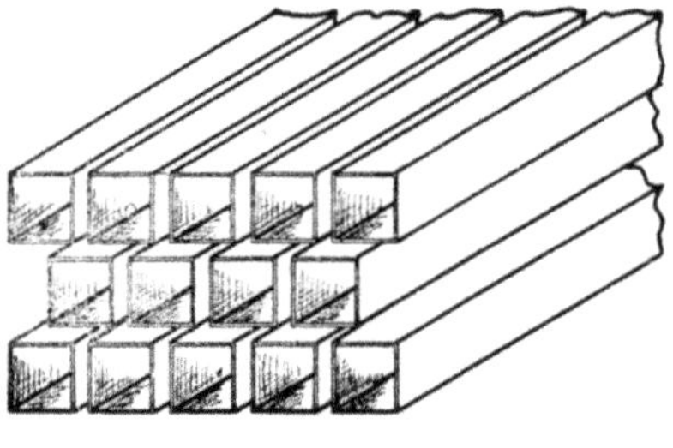

Fig. 100.

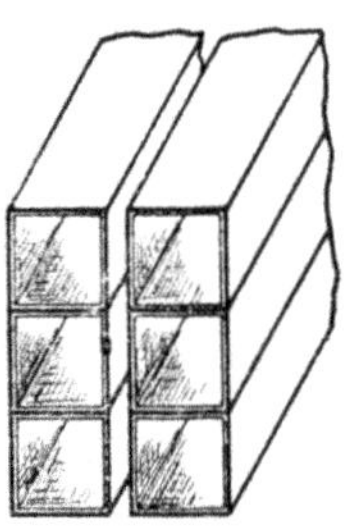

Fig. 101.

mit wachsender Luftgeschwindigkeit schneller ansteigt. Der Grund hierzu ist darin zu suchen, daß hier die indirekten Kühlflächen dem Wärmeübergang an die Luft einen verhältnismäßig großen Widerstand entgegensetzen, welcher bei wachsender Luftgeschwindigkeit mehr zur Geltung kommt.

Bei den Kühlelementen von Kinkel, Fig. 102, werden die Vierkantröhrchen auf die Kante gestellt und in einer Flucht übereinander angeordnet. Auf diese Weise findet ein bequemes allseitiges Bestreichen der Kühlfläche durch das Wasser statt, ohne daß ein erheblicher Widerstand vorhanden ist, da die Ablenkung des Wassers nicht eine derart erhebliche ist, wie bei Anordnung der Röhrchen nach Fig. 100. Die lichte Weite der Röhrchen beträgt ungefähr 64 mm², und der zwischen ihnen gebildete Wasserkanal hat eine Stärke von etwa 1,5 mm. Die Röhrchen sind an den Enden vierkantig aufgedornt und ohne Verwendung einer Einlage unmittelbar miteinander verlötet.

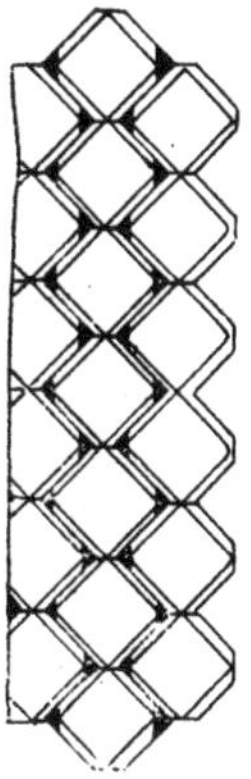

Fig 102.

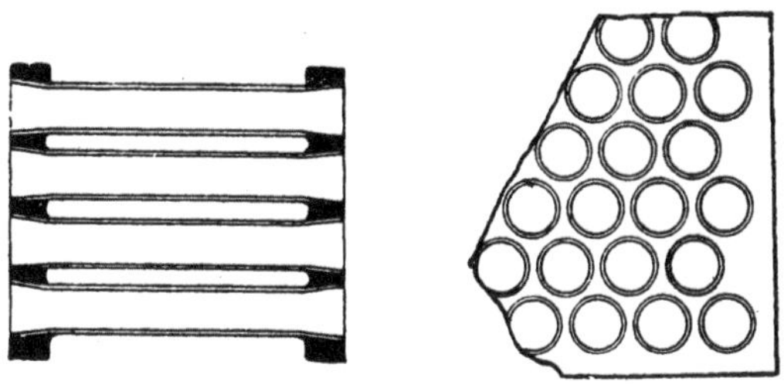

Fig 103.

Häufiger als Vierkantröhrchen werden Rundröhrchen verwendet. Eine Gruppe derartiger Elemente von Dr. Zimmermann, Ludwigshafen, ist in Fig. 103 zu sehen. Die Röhrchen haben einen Durchmesser von ungefähr 7 mm. Die Zwischenräume zwischen denselben betragen an der engsten Stelle etwa 1 mm. Die Enden der Röhrchen sind konisch aufgeweitet und zwar kreisrund. Die Lücken zwischen denselben werden mit Lot ausgefüllt. Durch die kreisrunde konische Ausbildung der Enden wird bezweckt, Luftstauungen zu vermeiden, welche bei einem weniger sanften Übergang, z. B. bei scharf vierkantig oder sechskantig aufgedornten Enden entstehen könnten. Die Röhrchen sind gegeneinander versetzt, während sie bei dem Rundröhrchenkühler von Windhoff, Fig. 104, in einer Flucht angeordnet und an den vierkantig aufgedornten Enden miteinander verbunden sind.

Bei verschiedenen anderen Ausführungen, z. B. bei Kühlern von Sauerbier und von der Norddeutschen Kühlerfabrik werden die Enden sechskantig aufgedornt und ebenfalls unmittelbar zusammengelötet.

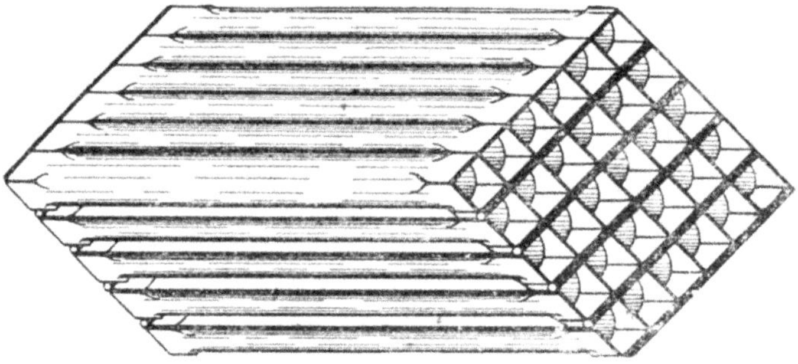

Fig. 104.

Bei letzterer sind die Röhrchen oval ausgebildet und zwar im Sinne der Strömungsrichtung (Fig. 105).

Zur Vergrößerung der Kühlfläche können die Luftröhrchen mit einem Drall versehen werden, es ist jedoch zu befürchten, daß bei derartigen Ausführungen Luftstauungen eintreten. Um dies zu vermeiden, ist es, wie bereits erwähnt, vorteilhaft, die aufgedornten Enden sanft nach dem mittleren Stück des Rohres überzuführen.

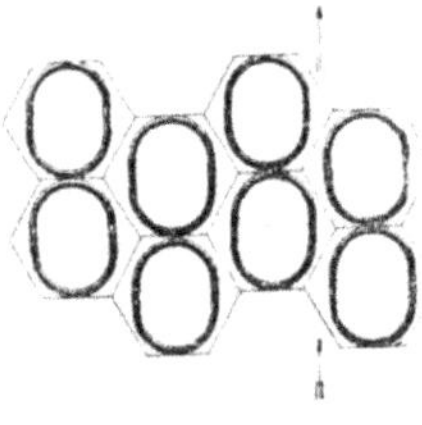

Fig. 105.

Da ein Rundröhrchenkühler eine erhebliche Anzahl von Lötstellen aufweist, so liegt die Befürchtung nahe, daß sie leicht Anlaß zu Schäden geben könnten. Die Gefahr ist jedoch nicht so groß, wie dieselbe den Anschein hat. Fig. 106 zeigt ein Stück eines Rundröhrchenkühlers von Dr. Zimmermann, welches durch den Stoß einer Wagendeichsel beschädigt wurde. Die große Zähigkeit eines derartigen Kühlerblocks kennzeichnet sich hier dadurch, daß die Elemente nur in verhältnismäßig kleinem Umkreis um die durchstoßene Stelle in Mitleidenschaft gezogen worden sind. Die bequeme Reparaturmöglichkeit an einem Rundröhrchenkühler für einen derartigen Fall ist in Kapitel III F veranschaulicht.

Auf demselben Prinzip wie die Wasserröhrenkühler sind die Scheidenkühler aufgebaut. Die einzelnen Elemente derselben stellen flachgedrückte Wasserrohre dar, welche i n n e n von W a s s e r durchflossen und a u ß e n von L u f t umspült werden. Dieselben

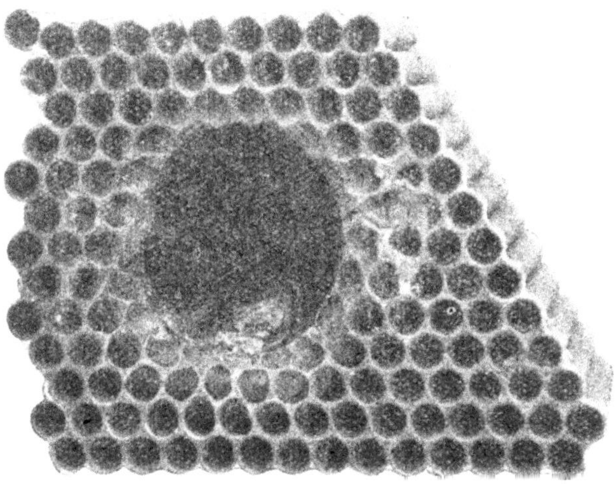

Fig. 106.

haben eine verhältnismäßig größere Kühlfläche als die runden Wasserrohre. Eine Anordnung derartiger Scheiden ist in Fig. 107 zu sehen. Dieselben sind oben und unten an den Wasserkasten angelötet und haben naturgemäß erheblich weniger Lötstellen. Gewöhnlich sind die Scheiden durch einige horizontale Wände versteift und mitunter mit einer indirekten Kühlfläche aus horizontalen Blechrippen (Fig. 108) oder Blecheinlagen (Fig. 109 und 110) versehen. Diese indirekte Kühlfläche muß natürlich derartig angeordnet sein, daß sie einen möglichst geringen Luftwiderstand bildet.

Das Bestreben, die Wasserscheiden durch besondere Ausbildung der Oberfläche mit einer größeren Kühlfläche zu versehen, bezw. gegen die Gefahr des Sprengens beim Einfrieren besonders widerstandsfähig zu machen, ergab den sogenannten Lamellenkühler. Die Elemente eines solchen Lamellenkühlers von W i n d -

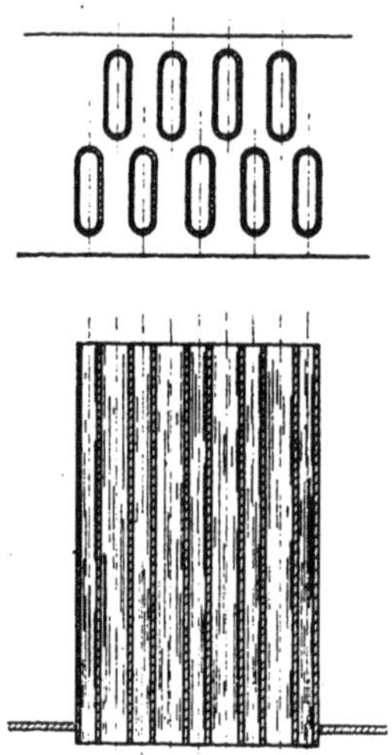

Fig. 107.

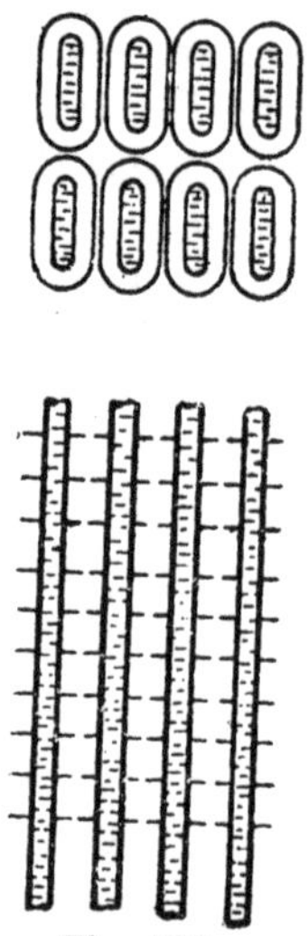

Fig. 108

Fig. 109

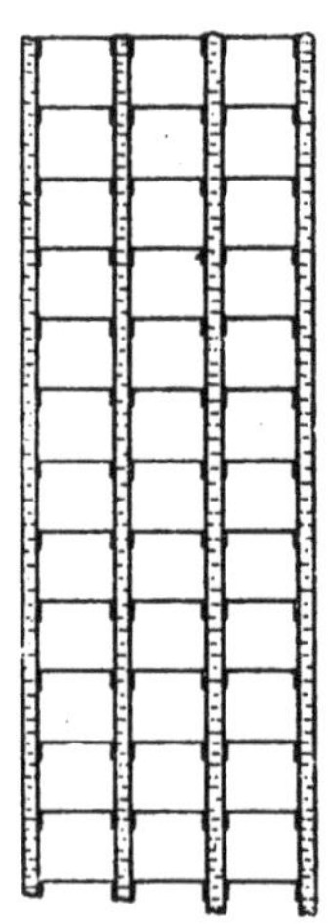

Fig. 110.

h o f f, Berlin-Schöneberg, sind in Fig. 111 dargestellt. Die senkrechten Wasserkanäle a werden durch Blechrippen b abgestützt, mit denen sie derart verlötet sind, daß die Stirnfläche des Kühlers ein festes Ganzes bildet. Die Wasserscheiden sind durch senkrechte Einkerbungen unterbrochen, welche den Zweck haben, ein Zerfrieren des Kühlers dadurch zu verhindern, daß eine Ausdehnungsmöglichkeit der Lamellen beim Einfrieren vorhanden ist Die Wasserkanäle sind oben und unten gefalzt und gelötet.

Eine andere Ausführung der Lamellen zeigt Fig. 112 (Neue Industriewerke, Oberursel). Die Lamellen sind nach einem besonderen Profil gewellt. Ihre Enden sind durch Walzen der Blechstreifen etwas aufgebogen und werden mit den benachbarten Enden ohne besondere Zwischenlage unmittelbar verlötet. Der freie Durchflußquerschnitt für das Wasser beträgt ungefähr $1\,{}^1/_2$ mm.

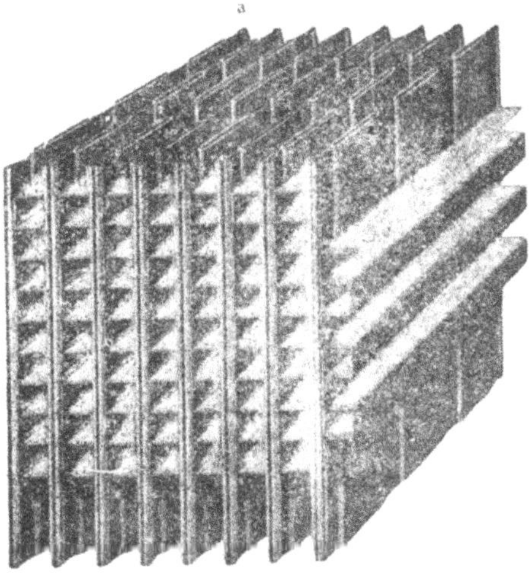

Fig. 111.

Die Lamellen von Kinkel haben die in Fig. 113 dargestellte Ausbildung. Sie sind an der Stirnseite derart miteinander verlötet, daß der Kühlblock die Gestalt eines Luftröhrenkühlers erhält.

Eine andere Lamellenform der Norddeutschen Kühlerfabrik, Berlin, zeigt Fig. 114.

Bemerkenswert ist ein Patent von Anderson, Fig. 115, bei welchem die Elemente aus zwei Blechstreifen bestehen, welche mehrfach rechtwinklig abgebogen werden, wobei sie mit abgeschrägten Kanten aneinander stoßen und Luftkanäle von rechtwinkliger Querschnittsform bilden. An den Abschrägungen nach den Außenseiten eines Elementes sind Vorsprünge angebracht, mit denen die benachbarten Elemente aneinander stoßen. Es entstehen auf diese Weise schräge Kanäle, welche je zwei der Luftkanäle verbinden. In II ist ein Längsschnitt nach z—z von I veranschaulicht. Durch diese Anordnung soll eine allseitige Belüftung der Lamellen erzielt werden, ohne daß die Stirnflächen gegenüber anderen Konstruktionen eine geringere Steifigkeit haben.

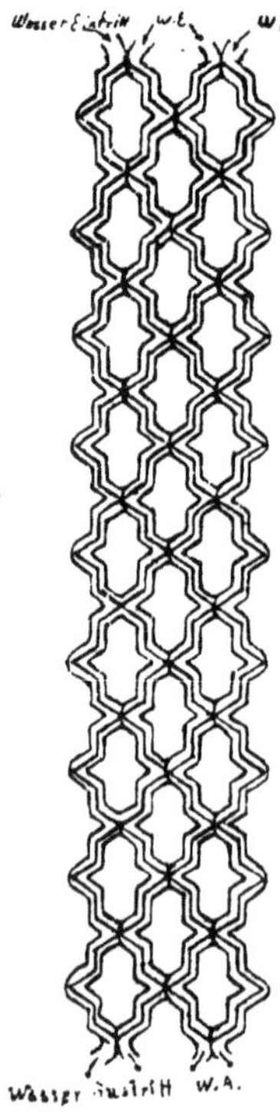

Fig. 112.

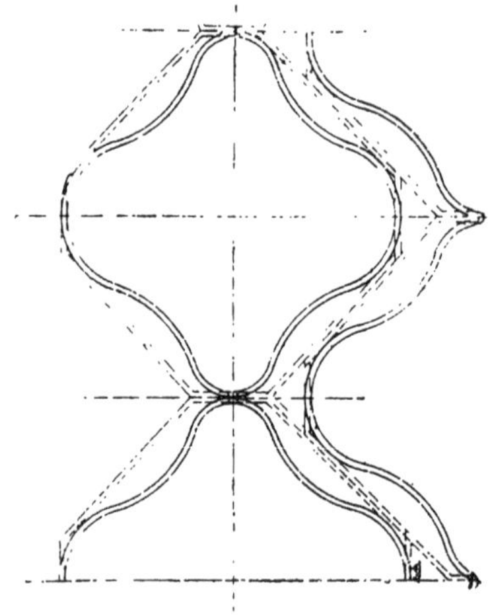

Fig. 113.

Fig. 116 stellt eine besondere Ausführung der Lamellen von **W i n d h o f f** dar, bei der von dem Gesichtspunkt ausgegangen wird, daß in der Praxis die Wasserkanäle mitunter infolge der Dünne des Bleches undicht werden. Beim Walzen dieses dünnen Bleches entstehen manchmal kleine Poren, welche bei der Herstellung des Kühlers nicht bemerkbar sind, jedoch im Laufe der Zeit, infolge der Erschütterungen, denen der Kühler während des Betriebes ausgesetzt ist, zu Tage treten und ein Lecken verursachen.

Um dem vorzubeugen, werden zwei Wandungen 3 und 4 aufeinander gelegt und verlötet. Hierdurch wird eine unbedingte

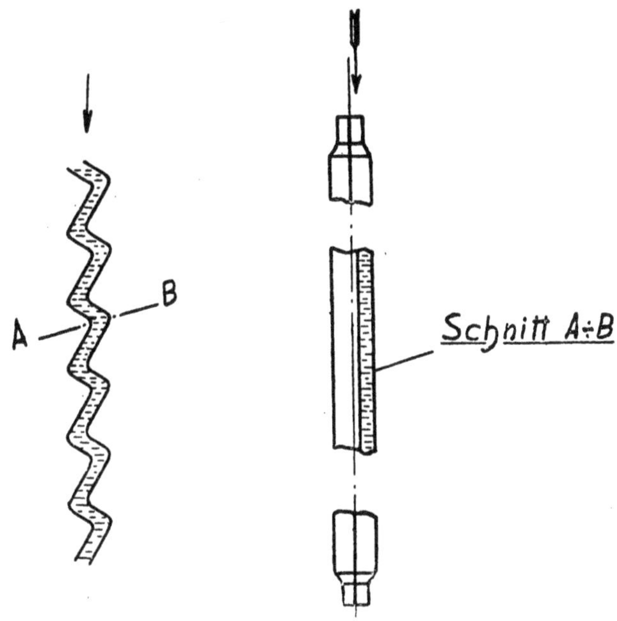

Fig. 114.

Dichtigkeit erzielt, auch dann, wenn im Blech vorher Poren vorhanden waren, da dieselben durch die Verschmelzung mit Zinn

Fig. 115.

abgedichtet werden. Die weitere Ausführung der Zickzackelemente geht aus der Abbildung hervor.

Die Herstellung der Lamellen geschieht in der Regel derart, daß man ein Messigblech von 0,15 bis 0,2 mm Stärke zwischen zwei gezahnten Walzen hindurchlaufen läßt, welche dem Blech das gewünschte Profil geben. Die Längsseiten des Bleches werden durch Pressen oder Walzen etwas aufgebogen, so daß sie gegen

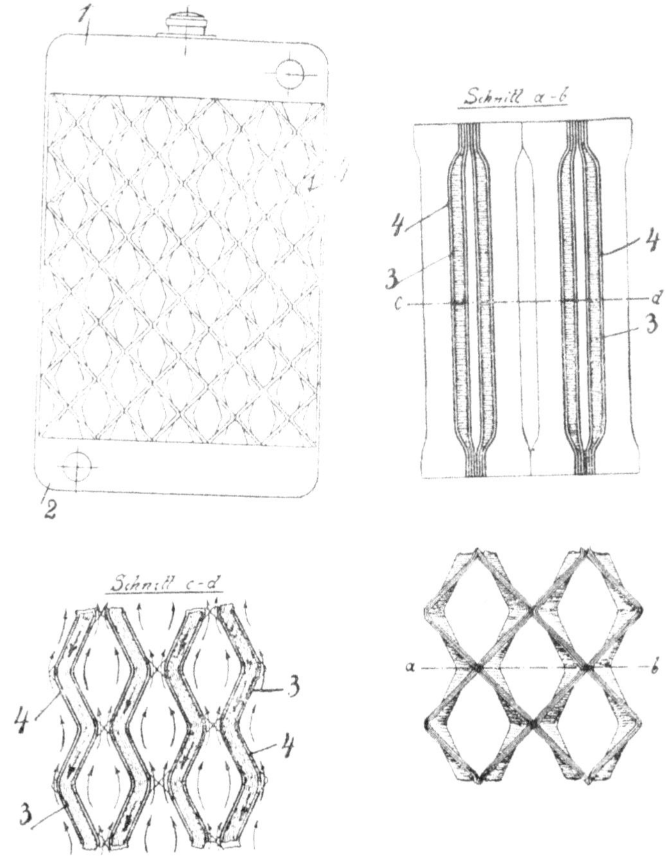

Fig. 116.

die ebenfalls angepreßten Längsseiten des Gegenbleches anliegen, wodurch der Wasserkanal zwischen beiden Blechen entsteht. Notwendig ist in der Regel nur die Herstellung einer Art von Blechen. Die Streifen werden entsprechend versetzt miteinander verbunden.

Wie bereits aus vorigem Kapitel hervorgeht, ist die Wärmedurchgangsziffer bei den verschiedenen Ausführungsformen von Kühlerelementen verschieden. Die spezifische Kühlfähigkeit Ks, die Kühlfähigkeit für 1 m² Kühlfläche, bildet ein Charakteristikum für die Ausbildung des Kühlerblocks. Der Wert für die Kühlfähigkeit Ks . F kann dazu benutzt werden, die Größe des Kühlers zu berechnen, unter der Voraussetzung, daß die mittlere Temperatur des Kühlwassers und die Eintrittstemperatur der Luft bekannt sind. Die stündliche Kühlwirkung ergibt sich dann aus

$$Q = K_s \cdot \left(\frac{\vartheta_1 + \vartheta_{2m}}{2} - \tau_1\right) \cdot F$$

In Fig. 117 sind Werte für K_s zu sehen, welche an Flugzeugkühlern verschiedener Bauart gemessen wurden. Die Werte sind gezeigt in ihrer Abhängigkeit von der Geschwindigkeitshöhe des zugeführten Luftstromes in mm Wassersäule.

Die Kurve 1 wurde gewonnen durch Versuche mit einem Scheidenkühler mit Elementen aus gewelltem Messingblech. In horizontaler Richtung sind als indirekte Kühlflächen Messingblechstreifen eingelötet. Der Querschnitt der durch den Kühlerblock führenden Luftwege ist 6×6 mm. Die indirekten Kühlflächen sind nur an ihren Enden mit den Kühlerelementen durch Verlöten metallisch verbunden, während ihre anderen Ränder an den Wänden der Kanäle nur anliegen. Dieser Umstand schränkt den Wärmeübergang von den Wasserscheiden auf die indirekte Kühlfläche erheblich ein, was durch die in Fig. 117 dargestellten verhältnismäßig niedrigen Werte zum Ausdruck kommt.

Die Werte für einen Rundröhrchenkühler mit horizontalen Luftröhren sind in der Kurve 2 dargestellt. Die Tiefe des Kühlerblocks beträgt 300 mm. Die Rundröhrchen sind an ihren Enden quadratisch aufgedornt und haben einen äußeren Durchmesser von 6 mm. Die Wandstärke der Röhrchen beträgt 0,1 mm. Die Röhrchen berühren einander in den vertikalen Reihen, während sich zwischen diesen Reihen ein Abstand von etwa 2 mm für den Wasserdurchtritt befindet.

Die Kurve 3 gibt die Werte für einen Luftröhrchenkühler mit vierkantigen horizontalen Röhrchen (Querschnitt 6×6 mm). Die Röhrchen, welche eine Wandstärke von 0,15 mm haben, liegen in vertikaler Richtung aneinander (wie in Fig. 101 dargestellt). Zwischen den Reihen liegen Zwischenräume für den Wasserdurchfluß von etwa 2 mm Weite. Je zwei Seiten der Röhrchen wirken also nur als indirekte Kühlfläche. Der Kühlerblock hat eine Tiefe von 200 mm.

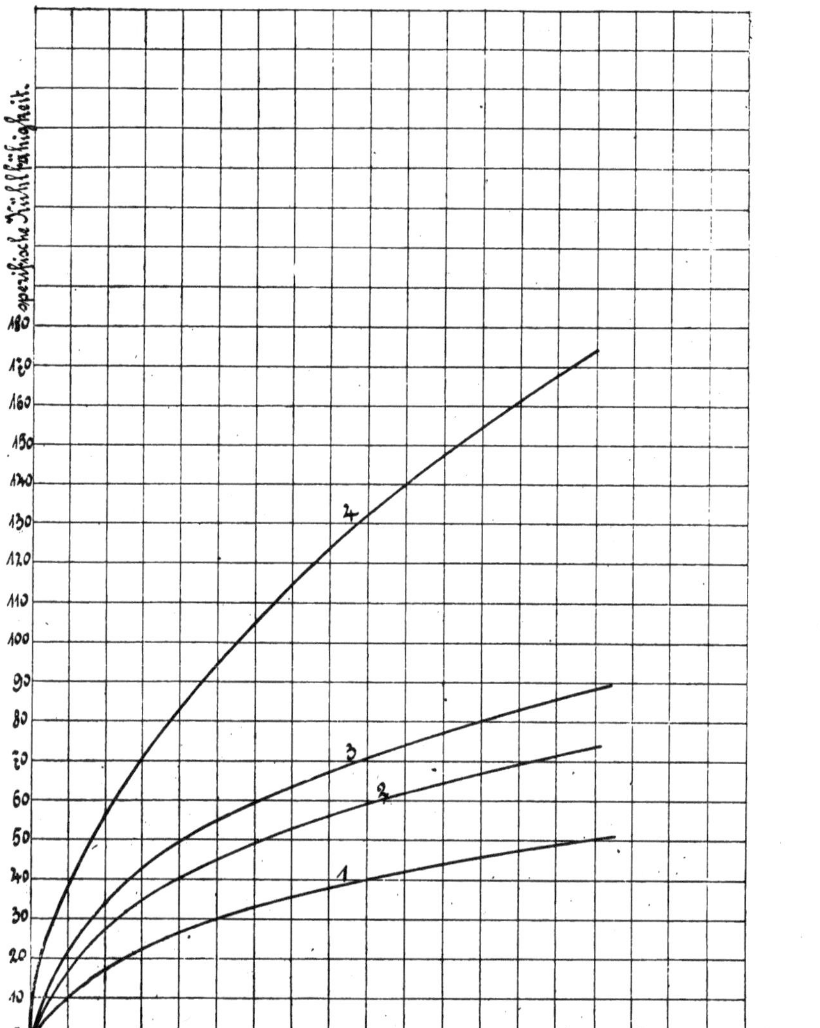

Fig. 117. (Nach Versuchen beim Luftfahrarsenal in Wien.)

Die in 4 enthaltenen Werte gelten für einen Kühler mit horizontalen Luftröhrchen und 118 mm Blocktiefe. Auf 1 m^2 Kühlfläche kommen 475 Röhrchen (das Gewicht von 1 m^2 Kühlfläche beträgt 3,42 kg). Die Röhrchen sind an den Enden konisch aufgedornt und allseitig von Kühlwasser umspült. Die spezifische Kühlfähigkeit steigt hier sehr steil an. Wegen der Kleinheit dieses Kühlers kann jedoch das Resultat nicht ohne weiteres mit den übrigen verglichen werden.

C. Kühlerkonstruktionen.

Es seien zunächst einige allgemeine Richtlinien für die Konstruktion eines Kühlers erwähnt. Die Tiefe des Kühlerblocks schwankt zwischen 80 und 150 mm. In ganz vereinzelten Fällen findet man eine Tiefe bis zu 200 mm und bei einzelnen Flugzeugkühlern auch bis 300 mm. Eine besondere Regel für die Wahl der Tiefe läßt sich nicht aufstellen, jedoch ist es günstiger, den Kühler flach zu bauen, da dann eine intensivere Abführung der Wärme durch die Luft stattfindet.

Das Material, aus welchem die Kühler hergestellt werden, war früher in der Hauptsache Messing und Zinn. Neuerdings wird auch verbleites bezw. verzinktes Eisenblech verwendet und auch Aluminiumblech. Letzteres gewinnt gegenüber Messing für die Kühlerfabrikation immer mehr Bedeutung und zwar einerseits wegen seines geringen spezifischen Gewichts und andererseits, weil es ein einheimisches Rohmaterial ist. Aluminium eignet sich ganz besonders für Kühler, da es sich von selbst durch eine Oxydschicht gegen zerstörende Einflüsse schützt. Bei Berührung zweier verschiedener Metalle, wie z. B. von Messing und Zinn, entstehen durch Vermittlung des Kühlwassers galvanische Ströme, welche einen zerstörenden Einfluß haben. Besonders stark tritt eine derartige Zerstörung bei Aluminium in Erscheinung, weshalb man einen Kühler entweder nur aus Aluminium herstellen darf oder letzteres in Verbindung mit nicht leitenden Stoffen verwendet.

Während Aluminium sich durch eine Oxydschicht schützt, so wirkt beim Eisenblech die Oxydbildung sehr schnell zerstörend. Wird ein galvanisch verzinktes Eisenblech verwendet, so entsteht der bereits erwähnte elektrische Spannungszustand, bei welchem sich auf dem Eisen Wasserstoff ansetzt und dasselbe so vor dem Rosten schützt. Anders liegen die Spannungsverhältnisse bei verzinntem Eisen, bei welchem sich auf der Eisenfläche Sauerstoff absetzt, welcher die durch das Wasser bewirkte Rostbildung in hohem Maße unterstützt. Man darf daher bei der Herstellung von Kühlern aus Eisenblech als Schutzmaterial Zink verwenden, wogegen man jedoch Zinn vermeiden muß.

Nach Mitteilungen von Seeger in der Auto-Technik Nr. 2, 1919 werden aus diesen Überlegungen heraus bei der Vakraft Versuche mit Eisenkühlern vorgenommen. Als Kühlelemente werden eiserne Kühlerscheiden nach Seppeler verwendet, welche aus gepreßten und nach dem Pressen galvanisch verzinkten Blechen bestehen, deren Ränder gefalzt sind. Ein Löten ist hierbei nicht erforderlich. Die Scheiden werden zur Bildung des Kühlerblocks aneinandergereiht. Die Versuche sind noch nicht abgeschlossen.

Bei dem Aufbau des Kühlers selbst muß darauf geachtet werden, daß sich keine Wassersäcke bilden können und alles Kühlwasser aus dem Kühler abgelassen werden kann, desgleichen aus den zum Kühler führenden Leitungen, um ein Einfrieren zu vermeiden. An der Wassereinfüllöffnung muß ein Filter vorgesehen werden, damit stets nur filtriertes Wasser in den Kühler gelangt.

Zwecks Spannungsausgleich bei Dampfbildung wird ein Entlüftungsrohr vorgesehen (wie z. B. in Fig. 123 dargestellt), damit bei Dampfbildung während des Betriebes keine Beschädigung des Kühlers entsteht. Dieses Entlüftungsrohr dient gewöhnlich gleichzeitig als Überlauf, indem es beim Einfüllen von Wasser anzeigt, wenn der Kühler genügend Wasser erhalten hat.

Es ist unzweckmäßig, die Kühlfläche zu streichen, da hierdurch die Wärmeausstrahlung erheblich behindert wird. Am besten läßt man sie blank oder überzieht sie höchstens mit einem gut wärmeleitenden metallischen Oxydschutz wie z. B. mit Zinn und dergleichen.

Um den Inhalt des Kühlers voll auszunutzen, wird der Wasseraustritt an seiner untersten Stelle angebracht. Die Zuleitung des Wassers geschieht namentlich bei Thermosyphonkühlung nicht an der obersten Stelle des Kühlers, da sonst, wenn ein Teil des Kühlwassers verdampft ist und die Zuflußöffnung nicht mehr von Wasser bedeckt ist, ein Stocken des selbsttätigen Kreislaufs stattfinden würde.

Vorteilhaft ist ein Wasserkasten, welcher wie in Fig. 123 oben am Kühler angebracht ist und in den das Zuflußrohr mündet. Dieser Kasten wirkt auch günstig auf die gleichmäßige Verteilung des Wassers über die ganze Kühlerbreite.

Wird das Zuflußrohr aus baulichen Gründen einseitig am Kühler angeschlossen, so muß vor der Eintrittöffnung eine Zunge angebracht werden, welche das Wasser nach der Kühlermitte ablenkt und für eine möglichst gleiche Verteilung über die ganze Kühlerbreite sorgt, da anderenfalls eine ungleichmäßige Erwärmung des Kühlers und eine schlechte Ausnutzung der Kühlfläche stattfindet.

Bei langsam laufenden Lastwagen, wo die Fahrgeschwindigkeit weniger von Bedeutung ist als die Ventilatorwirkung, ist eine runde Form des Kühlkörpers angebracht, da dieselbe dem Wirkungskreis des Ventilators mehr entspricht als eine eckige. Bei Personenwagen und Flugzeugen spielt die Außenlinie des Kühlblocks eines Stirnkühlers infolge der hohen Luftgeschwindigkeit keine derartige Rolle.

Die Blechwände, welche den Rahmen des Kühlers bilden, werden durch Falzen, Nieten und Löten miteinander verbunden. Die Kühlelemente, welche den oberen und unteren Wasserkasten miteinander verbinden, werden an ihren Enden gewöhnlich eingestemmt und eingelötet. Wird der Kühlerblock aus horizontalen Luftröhrchen gebildet, so werden die Enden derselben entweder in die Stirnwände eingestemmt und eingelötet, oder die Verbindung der Röhrchen geschieht auf die im vorigen Kapitel beschriebene Weise.

Bei Anordnung der Elemente muß darauf geachtet werden, daß die Wasserkanäle überall gleichen Querschnitt haben, damit einerseits Drosselungen und Verstopfungen vermieden werden und eine gleiche Wärmeverteilung über die gesamte Fläche stattfindet. Desgleichen müssen die Luftkanäle überall gleichen Querschnitt haben, da anderenfalls eine ungleichmäßige Wärmeabfuhr erfolgt.

Der Stirnwiderstand des Kühlerblocks muß so niedrig wie möglich sein und der Wasserwiderstand, namentlich bei Thermosyphonkühlung in geringen Grenzen gehalten werden.

Bei der Konstruktion eines Kühlers muß auf leichte Reparaturmöglichkeiten besondere Sorgfalt gelegt werden, damit man nicht in die Zwangslage versetzt ist, den Betrieb wegen eines Kühlerdefektes zu unterbrechen, sondern denselben wenigstens notdürftig aufrecht erhalten kann.

Nach Einlöten des Kühlerblocks in den Rahmen muß der Kühler auf Dichtigkeit hin geprüft werden.

Die Kühlwassermenge, für welche die Kühler bemessen werden, schwankt bei den verschiedenen Bauarten ziemlich erheblich. Das Diagramm Fig. 118 gibt einen annähernden Mittelwert für den Wasserinhalt von Kühlern bekannter Firmen, welche für Personenwagen bestimmt sind; jedoch findet man mitunter erhebliche Abweichungen hiervon.

Für die Wahl eines Flugzeugkühlers lassen sich keine bestimmten Normen festlegen, sondern es muß hierbei die Bauart des Flugzeuges und die Anordnung des Kühlers (ob im Propellerwind oder im freien Luftstrom) berücksichtigt werden. So ist es z. B. nicht ausgeschlossen, daß von zwei verschiedenen Kühler-

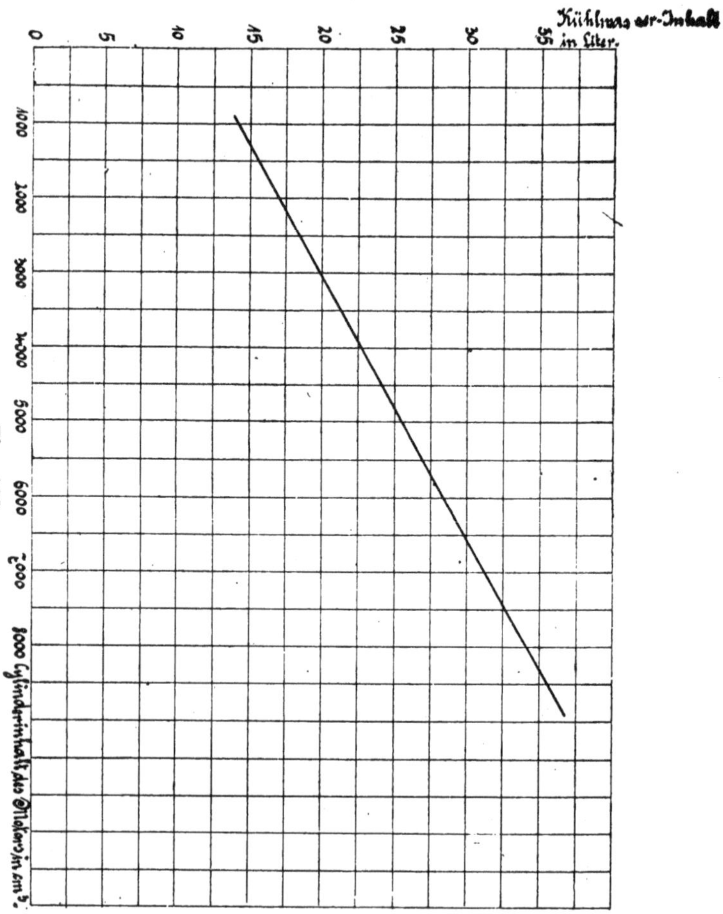

Fig. 118.

bauarten sich die eine für einen schnellfliegenden Apparat eignet und die andere für einen langsamer fliegenden. Desgleichen können zwei gleichwertige Kühler von einem erheblichen Gewichtsunterschiede sein, wenn z. B. der schwerere Kühler bei gleicher Kühlfähigkeit einen kleineren Luftwiderstand bietet als der andere Kühler.

Als Ausgangspunkt für die Bewertung eines Flugzeugkühlers kann man die Überlegung anwenden, daß derjenige Kühler der zweckentsprechendste ist, welcher die geringste Motorleistung für sich verbraucht. Die bereits in Kapitel III B erwähnte spezifische Kühlfähigkeit K_s wird als Maßstab für die Kühlwirkung des Kühlers benutzt.

Motorleistung wird verbraucht:

1. zum Tragen des Kühlergewichtes mit Wasserinhalt,
2. zur Überwindung des Durchflußwiderstandes des Wassers im Kühler,
3. zur Überwindung des Luftwiderstandes.

Die Überwindung des Durchflußwiderstandes kann vernachlässigt werden, da sie im Verhältnis zu den beiden anderen Verlusten sehr gering ist. Es brauchen also nur 1 und 3 berücksichtigt zu werden.

Das zu tragende Kühlergewicht rechnet man zur Nutzlast hinzu, desgleichen das durch die Kühleranordnung bedingte Mehrgewicht der Motorenanlage. Auf dem Prüffeld des Luftfahrarsenals in Wien wurden auf Grund eingehender Studien und in Verbindung mit entsprechenden Versuchen zur Bewertung des Gütegrades eines Kühlers folgende Formeln aufgestellt:

$$G = \frac{K_s \cdot F}{\frac{1}{y} \cdot P + W \cdot \frac{a + b + \alpha}{\alpha}}$$

Hierin stellen dar:

K_s = spezifische Kühlfähigkeit,
F = Kühlfläche,
P = Gewicht des wassergefüllten Kühlers,
a = Gewicht des Motors in kg/PS,
b = Menge des Betriebsstoffes in kg/PS für die vorgeschriebene Flugdauer,
$\frac{1}{\alpha}$ = Verhältnis von Motorleistung zu Nutzlast für gegebene Flugbedingungen bei kühlerlosem Flugzeug,
$\frac{1}{y} = \frac{75 \cdot \eta}{\alpha \cdot v}$ worin v die vorgeschriebene Fluggeschwindigkeit und η der Gesamtwirkungsgrad der Treibschraube ist,
W = Luftwiderstand des Kühlers.

Derselbe errechnet sich aus:

$$W = f \cdot F \cdot h$$

h ist die Geschwindigkeitshöhe in mm. W S, f eine durch Versuche zu ermittelnde Konstante des Kühlers und für F ist nicht die Stirnfläche, sondern die gesamte Kühlfläche gesetzt.

$$h = \frac{\gamma}{2\,g} \cdot v^2$$

γ = spezifisches Gewicht der Luft.

Für f wurden an einigen Versuchskühlern folgende Werte ermittelt:

Art der Kühlerelemente	1 m² Kühlfläche bestehend aus	Gewicht des ganzen wassergefüllten Kühlers	Gewicht pro m² Kühlfläche	f
1. Vierkant-Luftröhrchen mit zwei aneinanderstoßenden Seiten. Zwei Seiten von Wasser bespült. Röhrchenquerschnitt 6 × 6 m m von 0,15 m m Wandstärke. Zwei Seiten sind also direkte und zwei Seiten indirekte Kühlfläche.	145 Röhrchen	48 kg	2,345 kg	0,00505
2. Vertikale Wasserscheiden mit horizontalen indirekten Kühlflächen. Luftwege 6 × 6 m/m. Tiefe des Kühlerblocks 300 m/m.	134 Luftwegen		2,34 kg	0,00517
3 Runde horizontale Luftröhrchen von 6 m/m ø und 0,1 m/m Stärke, Tiefe des Blocks 300 m m.	182 Luftröhrchen		2,95 kg	0,00643

Bei anderen Kühlern ähnlicher Bauart fand man f bis 0,008.

Ist der Kühler unmittelbar hinter dem Propeller angeordnet, so trifft ihn ein Luftstrom, welcher die Geschwindigkeit $v + w$ hat (w = relative Austrittsgeschwindigkeit der Luft).

In Fig. 119 sind Ergebnisse dargestellt, welche auf dem erwähnten Prüffeld an Kühlern mit Vierkant-Luftröhrchen (mit je zwei aneinanderliegenden Seitenflächen wie oben beschrieben) gewonnen wurden. Die Kühler hatten 480 mm Breite und 280 mm Höhe. Wie aus dem Diagramm hervorgeht, waren die Kühler mit nur 200 mm Blocktiefe denen von 300 mm Tiefe überlegen.

Der Untersuchung war eine Nutzlast von 230 kg und eine Geschwindigkeit von 115 km/Std. zugrunde gelegt. Es war ein Motor von 100 PS Leistung für das Flugzeug (zunächst kühlerlos

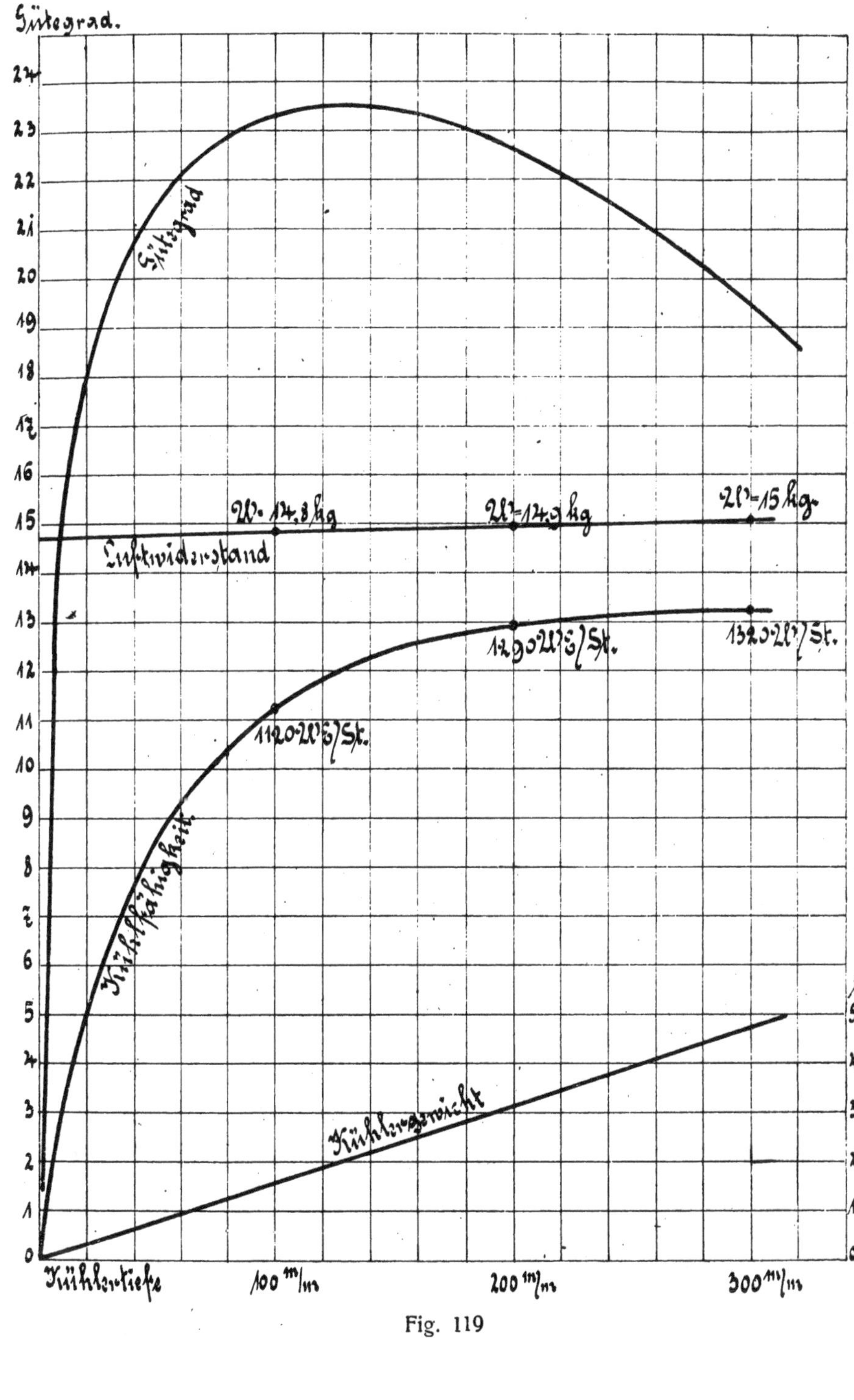
Gütegrad.
Gütegrad
W = 14,8 kg
W = 14,9 kg
W = 15 kg
Luftwiderstand
1120 WE/St.
1290 WE/St.
1320 WE/St.
Kühlfähigkeit
Kühlergewicht
kg
Kühlertiefe
100 m/m
200 m/m
300 m/m

Fig. 119

angenommen) vorgesehen. $\frac{1}{a}$ betrug $\frac{1}{2,3}$. Das Gewicht des flugbereiten Flugzeuges wurde zu 900 kg angenommen.

Der Kühler stand hinter dem Propeller. Die Geschwindigkeitshöhe war 147 mm WS. Als Motorgewicht war angenommen 1,8 kg/PS und für 5 Stund. Betriebsdauer ein Betriebsstoffgewicht von 1,3 kg/PS. Die Größe des Luftwiderstandes war 15 kg. Der Gesamtwirkungsgrad des Schraubenantriebes war $\eta = 0,68$. Als erforderliche Motorleistung wurden 143 PS errechnet.

Für die Beurteilung der Größe von Kühlern für Flugzeuge gibt die Flugzeugmeisterei folgende Richtlinien an:

Die Kühlerwirkung ist abhängig:

1. von der Größe des Kühlers,
2. von der Anordnung des Kühlers im Flugzeug bezw. von den Luftströmungsverhältnissen,
3. von der stündlich für jede Motorpferdestärke durchfließenden Wassermenge.

Diese Wassermenge beträgt 80 l für die PS-Std.

Die stündlich abzuführende Wärmemenge für 1 PS beträgt im allgemeinen 400—450 WE. Hieraus ergibt sich eine notwendige Rückkühlung von 5—6° C.

Zur Beurteilung eines Kühlers sind bei dem vorgeschriebenen Dreistundenflug in verschiedener Höhe beim Steigen, Horizontalflug und Gleitflug folgende vier Temperaturen zu messen:

1. **Temperatur des Wassers beim Eintritt in den Kühler** t_{we}
2. **„ der Luft „ „ „ „ „** t_{le}
3. **„ des Wassers „ Austritt aus dem „** t_{wa}
4. **„ der Luft „ „ „ „ „** t_{la}

Bei der Abführung der Wärme durch den Kühler spielt der Unterschied zwischen der Wassertemperatur und der Temperatur der durchstreichenden Luft eine wesentliche Rolle. Je niedriger die Außentemperatur ist, um so günstiger liegen die Verhältnisse. Dieser Umstand erschwert die Beurteilung der Kühlergröße.

Die Differenz zwischen der Kühlwasseraustrittstemperatur und **der Lufteintrittstemperatur** (t_{wa}—t_{le}), **die sogenannte Kühlercharakteristik** oder die Hitze des Kühlers bietet jedoch ein Mittel zu dieser Beurteilung.

Ein Kühler, bei welchem diese Differenz beim Horizontalflug 60—65° nicht übersteigt, kann im allgemeinen als ausreichend angesehen werden. Beim Steigen liegt diese Differenz 5—6° höher.

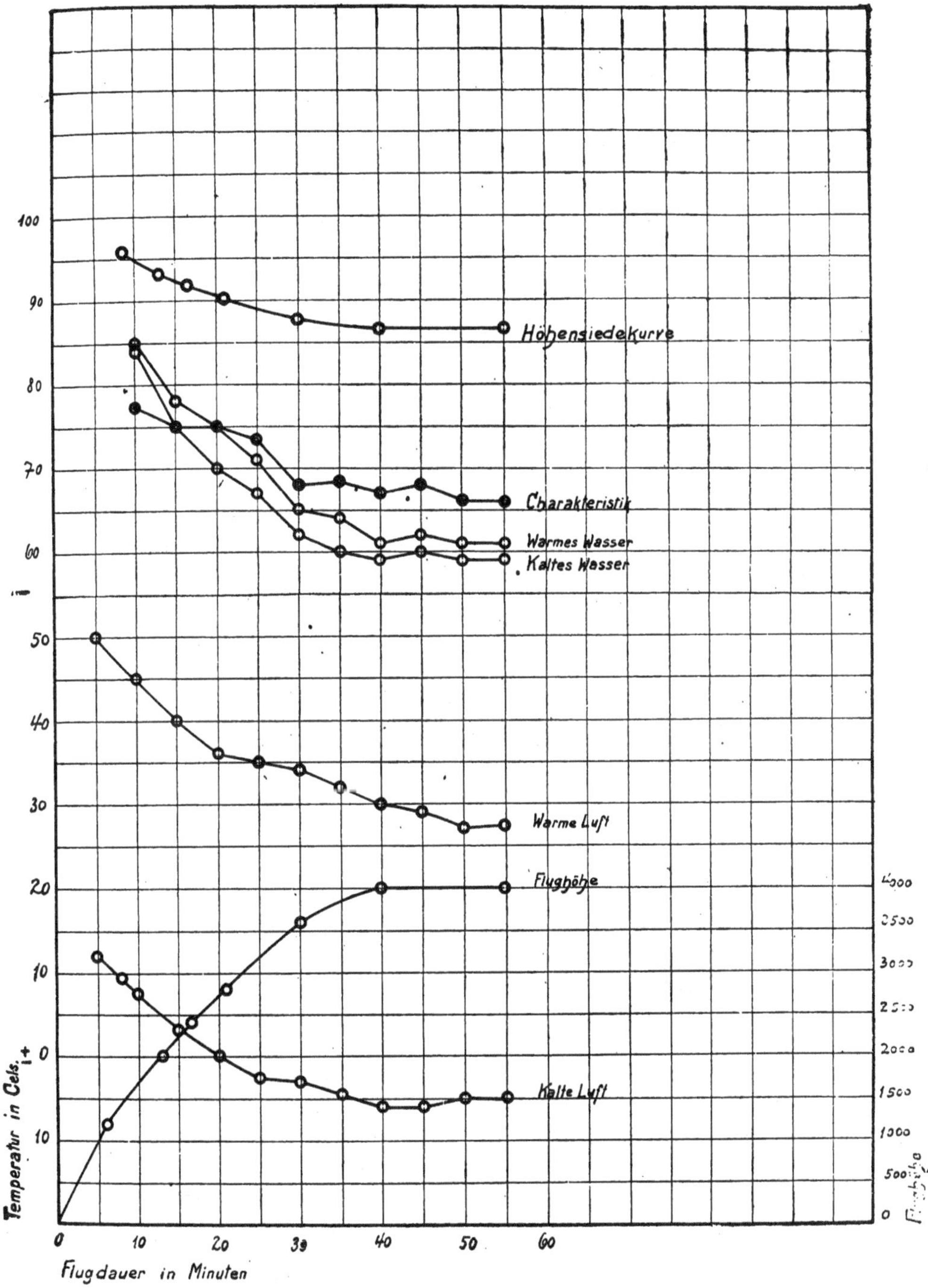
Höhensiedekurve
Charakteristik
Warmes Wasser
Kaltes Wasser
Warme Luft
Flughöhe
Kalte Luft
Temperatur in Cels.
Flugdauer in Minuten
100
90
80
70
60
50
40
30
20
10
0
10
0
10
20
30
40
50
60

Das Verfahren sei an Hand einiger Beispiele näher erläutert:

1. $t_{wa} = 75^0$, $t_{le} = -20^0$, $t_{wa} - t_{le} = 95^0$ C.

   Der Kühler ist zu klein.

2. $t_{wa} = 75^0$, $t_{le} = 20^0$, $t_{wa} - t_{le} = 55^0$ C.

   Der Kühler ist voll ausreichend.

3. $t_{wa} = 60^0$, $t_{le} = -5^0$, $t_{wa} - t_{le} = 65^0$ C.

   Der Kühler ist ausreichend bis zu einer Lufttemperatur von 25° C.

Wie bereits erwähnt, soll die Abkühlung des Wassers $t_{we} - t_{wa}$ 5—6° betragen. Eine wesentliche Steigerung dieses Wertes läßt auf große Wasserwiderstände bezw. auf zu geringen Wasserumlauf schließen. Wird die Differenz zu klein und reicht der Kühler trotzdem aus, so ist anzunehmen, daß der Kühler zu groß ist.

Die Erwärmung der Luft beim Durchgang durch den Kühler ($t_{la} - t_{le}$) soll im Mittel 20° C betragen. Wächst diese Differenz erheblich, so finden zu große Luftstauungen statt. Ist diese Temperaturdifferenz kleiner, so ist der Kühler in Flugrichtung zu klein, also nicht tief genug, während seine Stirnfläche zu groß ist.

Nach den Vorschriften der Flugzeugmeisterei sind vor der Vorführung eines jeden Typenflugzeuges die Kühlerabmessungen nach diesen Richtlinien zu ermitteln.

Ein Beispiel aus der Praxis für eine derartige Beurteilung von Kühlern geben die von Seppeler aufgestellten Kurven Fig. 120.

Die Aufnahme wurde bei einem militärischen Abnahmeflug mit 450 kg Ballast und Brennstoff für 1 $^1/_2$ Std. vorgenommen. Der Motor war ein 120 PS Argus. Der Propeller war eine 120er Mercedesschraube von 2,70 m Durchmesser, 182 Steigung und 22 cm Blattbreite. Der Motor leistete auf der Erde bei n = 1366 bis 136,9 PS. Der leere Kühler wog 11,5 kg, der volle 19,5 kg. Das Wassergewicht betrug 9 kg. Der Kühler hatte eine Kühlfläche von 3,9 m². Der Flug wurde bei einem Barometerstand von 745 mm Hg. vorgenommen, bei klarem Wetter. Es zeigten sich starke Wolkentürme mit Löchern. Die Kurve für das Charakteristikum des Kühlers $t_{wa} - t_{le}$ steigt beim Anflug bis auf 78° an und sinkt dann beim horizontalen Flug auf 65°, woraus ersichtlich ist, daß der Kühler den Bedingungen entspricht.

In dem Diagramm ist noch eine Höhensiedekurve eingetragen, welche die Siedepunkte des Wassers für die verschiedenen Flughöhen angibt. Wie man sieht, liegt die Temperatur des aus dem Kühler austretenden Wasser wesentlich unter dieser Siedekurve.

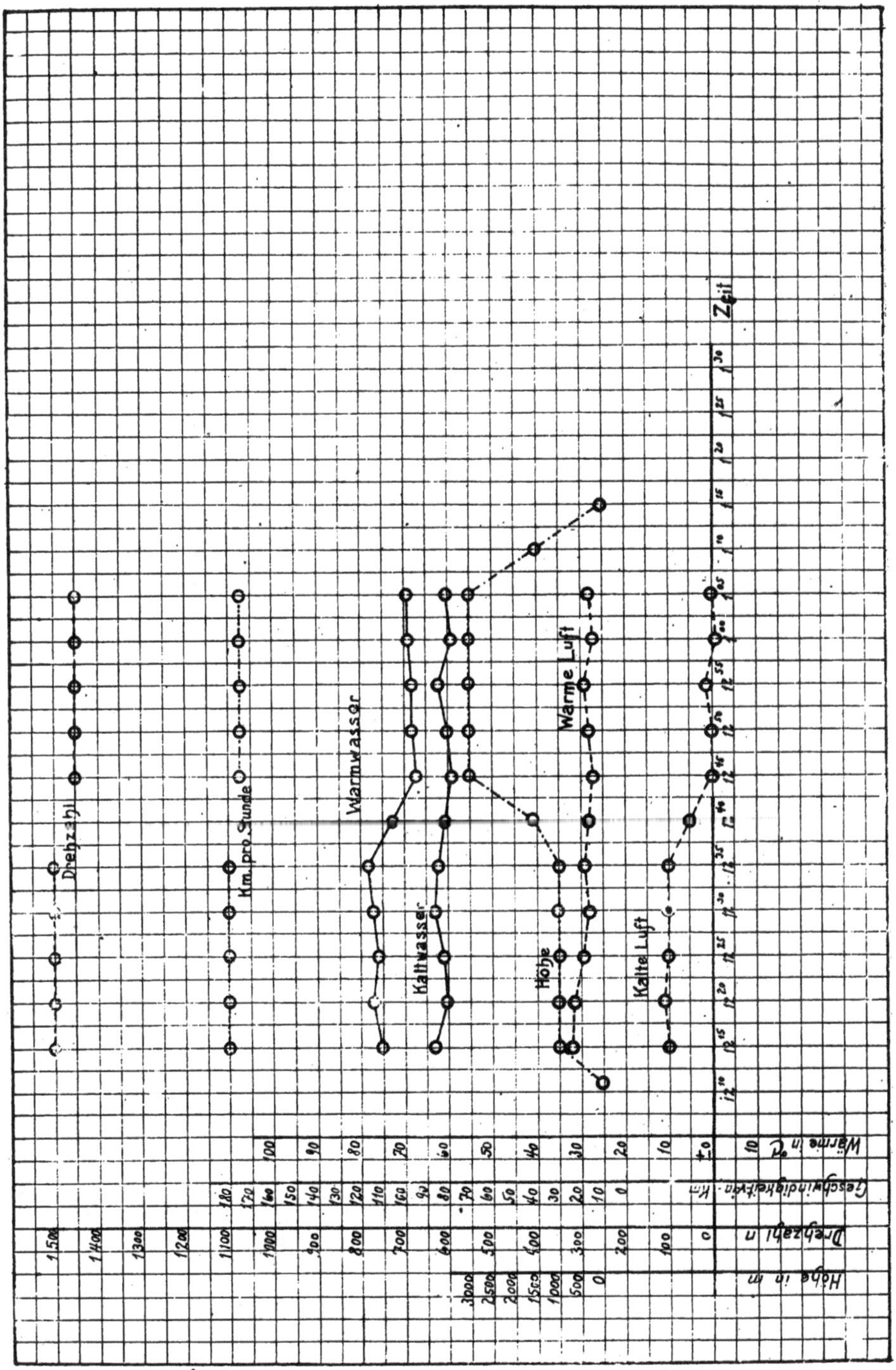
Drehzahl
Km. pro Stunde
Warmwasser
Kaltwasser
Höhe
Warme Luft
Kalte Luft
Zeit
Wärme in °C
Geschwindigkeit in Km
Drehzahl n
Höhe in m

Das Ergebnis eines anderen Versuches von Seppeler ist in Fig. 121 zu sehen. Man fasse zunächst den Temperaturabfall der kalten Luft beim Anstieg von 1000 bis 3000 m Höhe ins Auge. Analog hierzu findet ein Temperaturabfall des warmen Wassers von 78° auf 67° statt. Man könnte nun annehmen, daß bei dem kalten Wasser und besonders bei der warmen Luft ebenfalls ein nicht unbedeutender Temperaturwechsel stattfinden müsse und zwar bei letzterer einerseits wegen der kälteren Außentemperatur und andererseits wegen der sinkenden Wärmeaufnahmefähigkeit der Luft in höheren Zonen. Das ist jedoch nicht der Fall, sondern die beiden Kurven verlaufen annähernd konstant. Bei dem Kaltwasser kommt in diesem Fall die geringer werdende Wärmeaufnahmefähigkeit der Luft zur Geltung. Die Temperatur des Warmwassers und der warmen Luft würde noch mehr sinken, wenn nicht in

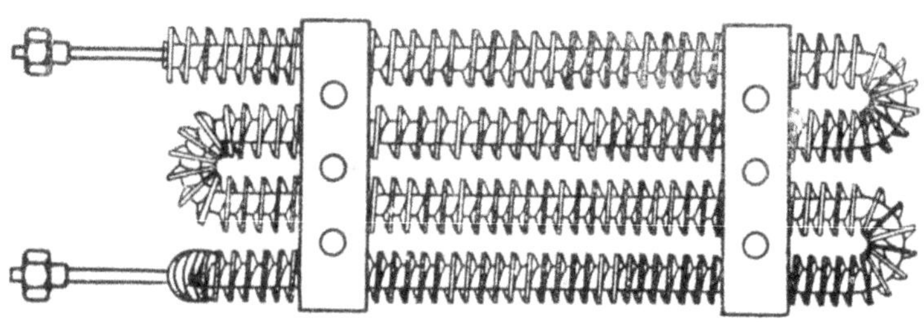

Fig. 122. Sauerbier-Kühler.

den größeren Höhen ein erhöhter Brennstoffverbrauch stattfinden würde (hier in 1000 m Höhe = 0,450 kg/PS/Std.).

Die Kühlercharakteristik drückt sich von 12^{45} annähernd durch die Warmwasserkurve aus, da t_{le} fast auf der Nullinie liegt.

Betrachten wir nun im folgenden die wesentlichsten Kühlerkonstruktionen.

Als eine der ältesten Bauarten sei der Sauerbier-Kühler Fig. 122 erwähnt. Das Prinzip desselben war bereits an Hand von Fig. 93 erläutert. Der Kühler besteht im Grunde genommen aus einem einzigen fortlaufenden Element, der mit einer Blechspirale umwickelten Rohrschlange. Es ist vorteilhaft, die Stirnfläche dieser Kühler möglichst groß zu wählen und den Kühler parallel zur

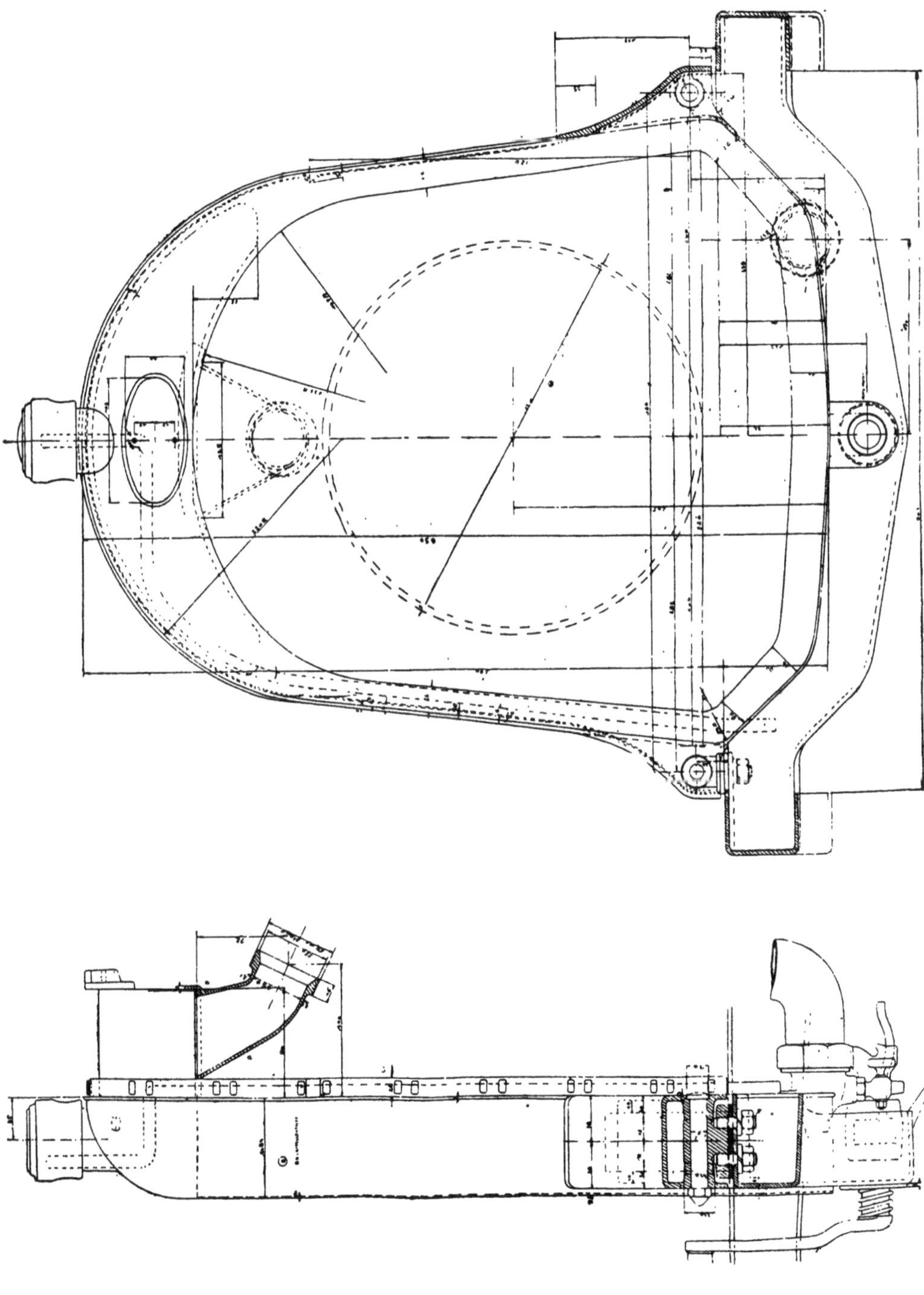

Fig. 123. Stoewer-Kühler.

Vorderradachse so breit als möglich zu machen, um die Anzahl der Krümmungen zu verringern und damit den Strömungswiderstand zu verkleinern. Das Wasser soll von oben nach unten durch den Kühler strömen, wie dies ja auch bei anderen Kühlern der Fall ist und sich bei der Thermosyphonkühlung selbsttätig ergibt.

Fig. 124. Protoswagen mit Spitzkühler.

Wie bereits im vorigen Kapitel erwähnt, kommt dieser Kühler hauptsächlich nur für Fahrzeuge in Betracht, bei denen besonderer Wert auf große Stabilität gelegt ist.

Einen typischen Automobilkühler (des 6/18 PS Wagens von Gebr. Stoewer) zeigt Fig. 123. Der Vierzylinder-Motor hat 75 mm Bohrung und 88 mm Hub. Der Kühler faßt 14 l Wasser. Das Temperaturgefälle beträgt bei größter Beanspruchung des Motors und kleinster Wagengeschwindigkeit nicht mehr als 50—60°. Die Ausflußgeschwindigkeit an der unteren Kühleröffnung läßt durchschnittlich in der Minute einen zweimaligen Kreislauf des ganzen Wasserinhaltes in Kühler und Zylinder zu. Bei dem Wagen, für welchen der Kühler verwendet wird, ist Thermosyphonkühlung vorgesehen.

Der vorn am Kraftwagen angeordnete Kühler hat Einfluß auf die ganze Linie des Wagens. Da namentlich bei Luxusfahrzeugen besonderer Wert auf das Aussehen des Wagens gelegt wird, so spielt die Form des Kühlers eine nicht geringe Rolle.

Es liegt nicht im Rahmen vorliegender Arbeit, auf die verschiedenen Linien, nach welchen die äußeren Formen der Kühler (auch strahlenförmige Lamellenanordnungen und dergl.) gebildet

Fig. 125. Windhoff-Rundröhrchenkühler.

werden näher einzugehen. Es sei nur auf eine Kühlerform hingewiesen, welche ursprünglich bei Rennwagen angewendet wurde und eine besonders charakteristische Form hat. Es ist dies der Spitzkühler, welcher auch neuerdings für Personenwagen in weiteren Kreisen Eingang findet. Die Form eines derartigen Spitzkühlers ist in Fig. 124 zu sehen in Verwendung an einem Protoswagen.

Fig. 125 zeigt einen Rundröhrchenkühler von Hans Windhoff, Berlin-Schöneberg. Der oben liegende Wasserkasten hat eine gewölbte Form.

Ein Aluminiumkühler derselben Firma ist in Fig. 126 zu sehen. Die Elemente, aus denen derselbe zusammengesetzt ist, waren in Fig. 98 dargestellt. Dieselben sind zweimal in Quervorrichtung versteift, und der obere Wasserkasten ist gegen den unteren durch vier Rohre abgestützt.

Eine besondere Bauart weist der Kühler von Tintemann Fig. 127 auf. Der Lamellenblock ist aus dem Rahmen herausnehmbar ausgeführt und mit einem Flansch versehen, mittels dessen er durch Schrauben in dem Rahmen befestigt wird. Die Abdichtung geschieht durch Dichtungsschnuren, welche in Nuten in der vorderen

Fig. 126 Windhoff-Aluminiumkühler.

und hinteren Stirnwand des Rahmens eingelegt werden. Um ein Austreten des Wassers an den Befestigungsschrauben zu verhindern, sind im Rahmen Rohre eingelötet, durch welche die Schraubenbolzen geführt sind. Der Zweck dieser Bauart ist der, eine Möglichkeit zu geben, die Kühlerlamellen bequem reinigen zu können, wenn dieselben durch von der Wasserpumpe herrührendes Fett oder durch einen Fettansatz von der Glyzerinkühlung verunreinigt sind.

Einen Scheidenkühler mit kreisförmig angeordneten Scheiden konstruierte Ekehorn (Fig. 128). Die Scheiden a liegen in Fahrtrichtung und sind einerseits mit einer Zuleitung b und andererseits mit einer Ableitung c verbunden. Das ganze System ist von einer Kappe i umgeben. Die Ventilatorachse e ist an dem Zuleitungs- und Ableitungsrohr gelagert.

In ihrem Aufbau von den bisher gezeigten Bauarten grundsätzlich verschieden sind die Wasserröhrenkühler, bei denen die Belüftung der Kühlelemente von innen her erfolgt. Fig. 129 und 130 zeigen einen derartigen Kühler, wie er an den Lastwagen der Protos-Automobile G. m. b. H. zur Verwendung gelangt. Die Kühlelemente bestehen aus einem kreisförmig angeordneten Wasserröhrensystem, welches den Zufluß- mit dem Abflußbehälter

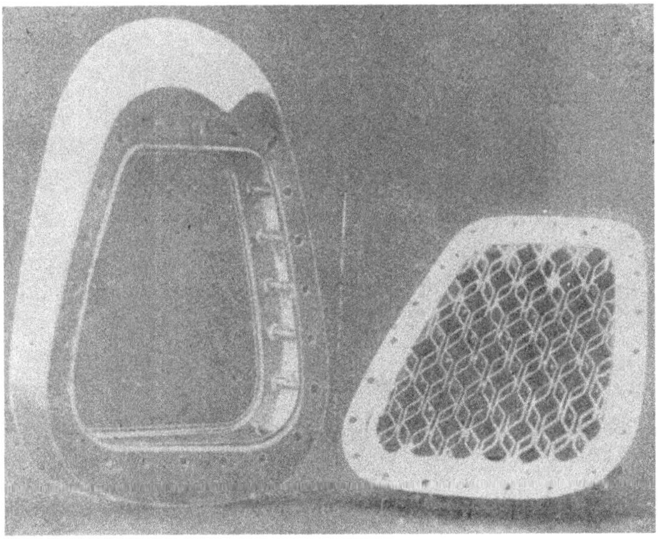

Fig 127. Kühler von Tintemann.

verbindet. Auf die Röhren sind Blechlamellen, welche eine indirekte Kühlfläche bilden, aufgesetzt. Innerhalb des Röhrensystems ist ein Zentrifugalventilator, auf Kugellagern laufend, angebracht, welcher die Luft radial durch das Röhrensystem wirft. Aus Fabrikationsrücksichten ist auf dem oberen Wasserkasten und unter dem unteren Wasserkasten je ein Deckel angeordnet. An letztgenanntem Deckel ist der Ablaßhahn vorgesehen, während der obere Deckel den Einfüllverschluß trägt. Das Überlaufrohr mündet in der üblichen Weise im oberen Wasserkasten. Die Stirnseiten des Kühlers sind mit je einem Blech abgedeckt, von denen das vordere einen runden Ausschnitt für den Zutritt der vom Ventilator angesaugten Luft trägt. An dem hinteren Stirnblech ist der Ventilator aufgehängt. Der Ventilator ist aus Aluminium angefertigt. Auf der vorderen Seite des Kühlers ist ein weitmaschiges Luftfilter angebracht. Derartige Kühler sind in der Hauptsache auf die vom Ventilator geförderte Luft angewiesen und finden daher gewöhnlich nur bei langsam laufenden Fahrzeugen, wie z. B. bei Lastwagen, Verwendung.

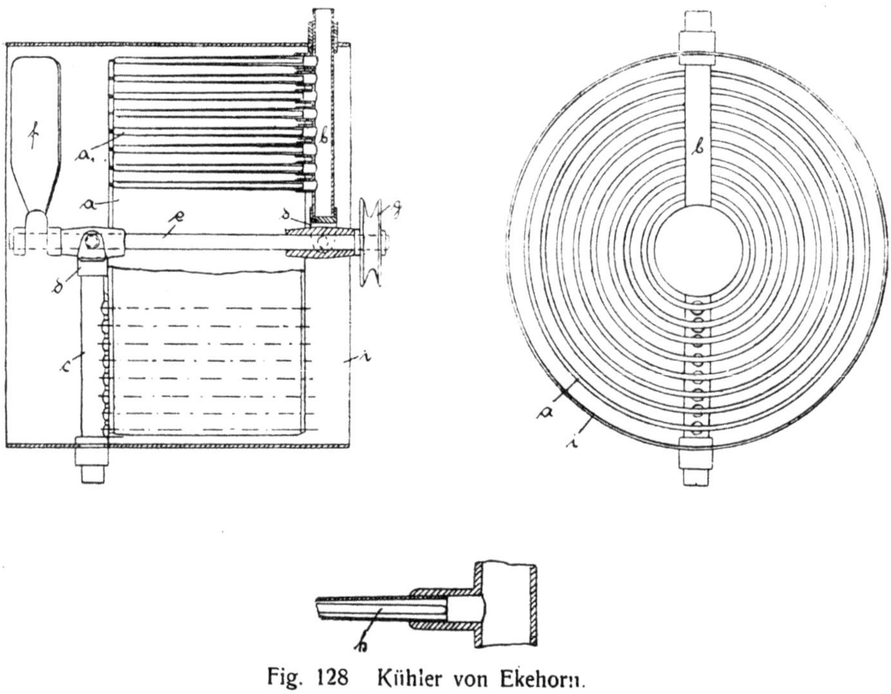

Fig. 128 Kühler von Ekehorn.

Für Personenfahrzeuge und Flugzeuge hat sich in neuerer Zeit der sogenannte Elementenkühler in größerem Maßstabe eingeführt Der Kühlblock desselben besteht aus einer Anzahl in sich abgeschlossener Elementegruppen, von denen jede Gruppe unabhängig von der Nachbargruppe den oberen Wasserkasten mit dem unteren verbindet. Diese Kühler sind wohl teurer in der Herstellung, sie haben jedoch den einen großen Vorteil, daß bei einer etwaigen Beschädigung des Kühlers die betreffende Gruppe

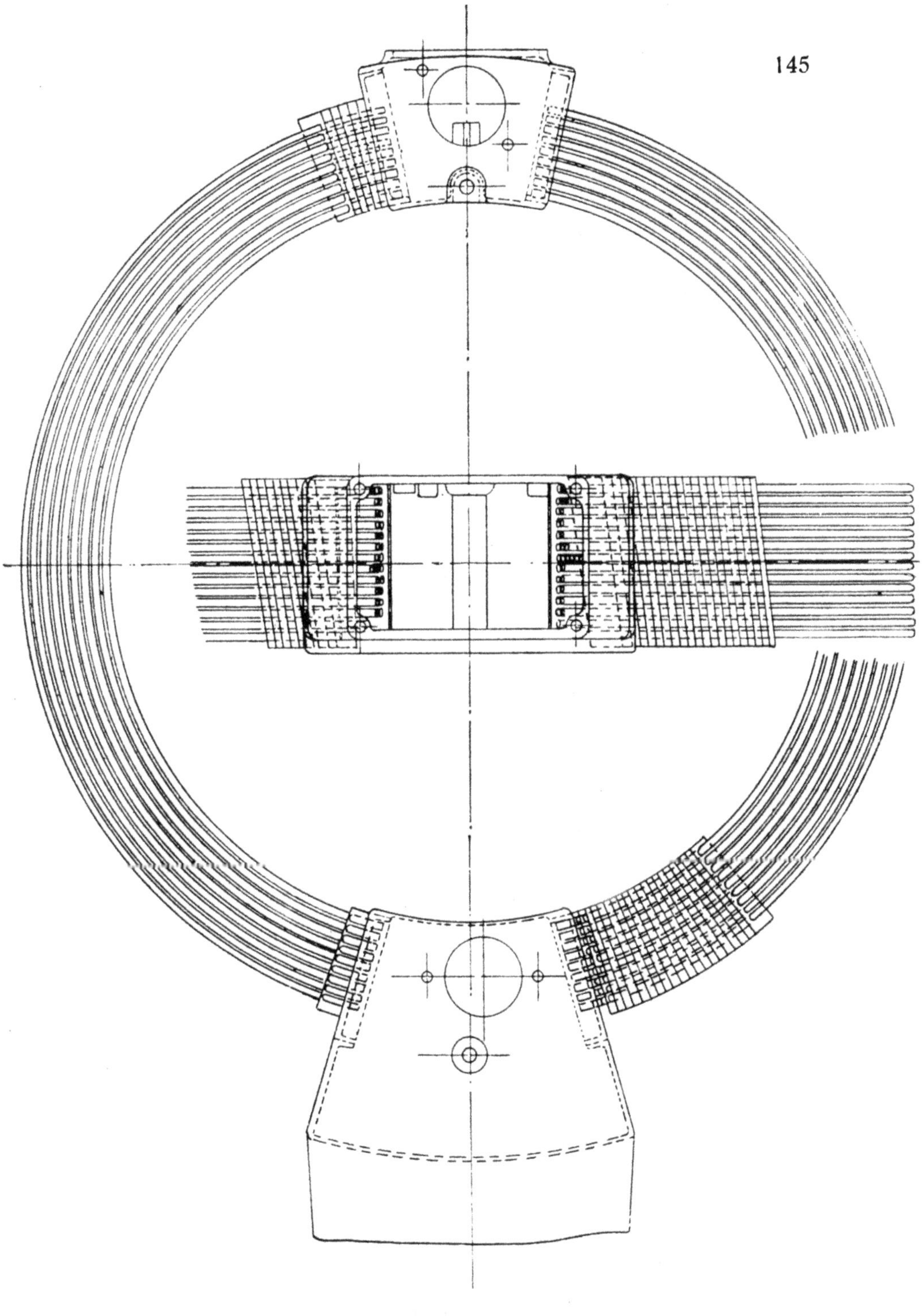

Fig. 129. Protos-Lastwagenkühler.

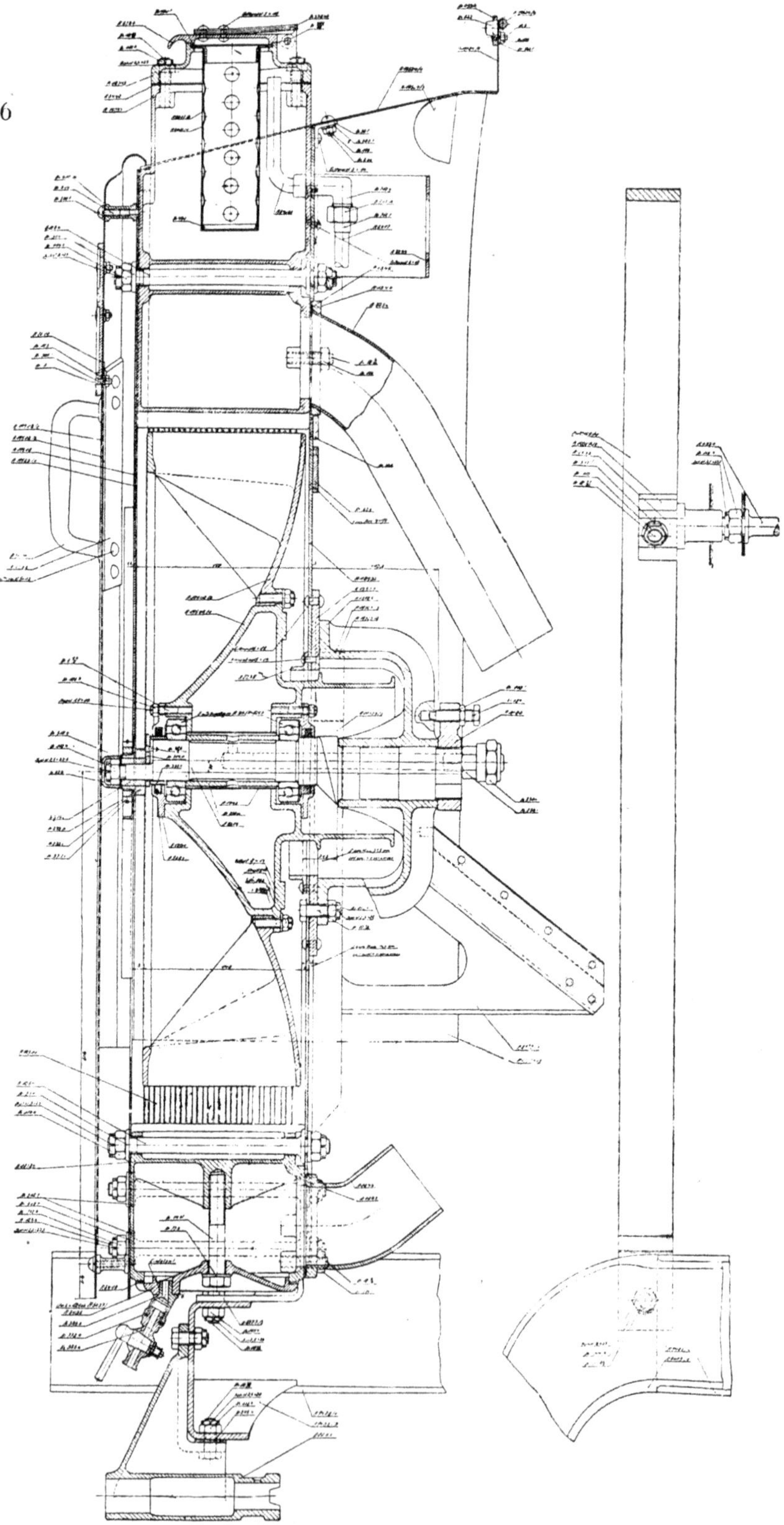

Fig. 130 Protos-Lastwagenkühler.

verhältnismäßig schnell gegen eine neue ausgewechselt werden kann, ohne daß zur Wiederaufnahme des Betriebes eine provisorische Reparatur notwendig ist. Auch liegt die Möglichkeit vor, bei einem derartigen Kühler durch eine Schiebervorrichtung oder dergleichen der jeweiligen Temperatur entsprechend eine oder mehrere Gruppen auszuschalten und die Kühlwirkung des Kühlers dadurch zu beeinflussen. Eine derartige Elementegruppe wurde bereits in Fig. 94

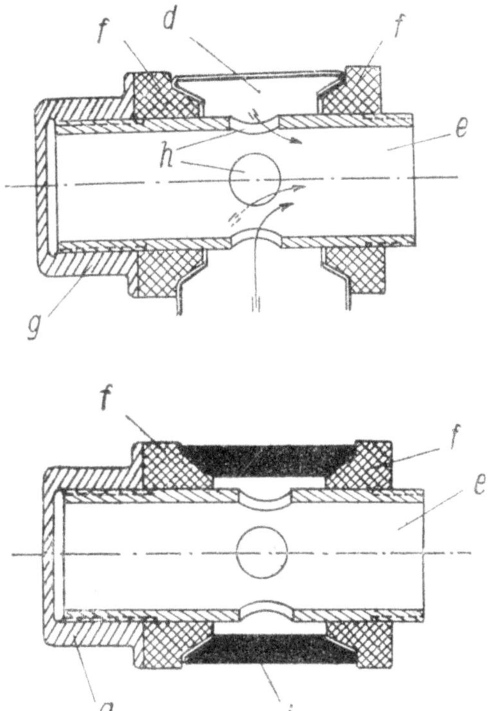

Fig. 131. Aufhängung der SKF Elementegruppen.

gezeigt (Süddeutsche Kühlerfabrik, Feuerbach). Die Befestigung dieser Gruppen ist in Fig. 131 dargestellt. In dem Wasserbehälter ist für jede Gruppe ein Rohrstutzen e eingeschraubt. Auf diesen wird zunächst ein Dichtungsring f geschoben, hierauf der Kopf d der Gruppe und ein zweiter Dichtungsring f. Der Konus, mit welchem die Dichtungsringe in den Kopf d eingreifen, leistet nach Festziehen der Überwurfmutter g Gewähr für eine wasserdichte

Aufhängung. Das Überströmen des Wassers geschieht durch die Bohrungen h in Pfeilrichtung, bezw. entgegengesetzt dieser, d. h. je nachdem, ob man den oberen oder unteren Anschluß betrachtet. Der Gesamtaufbau des Kühlers ist in Fig. 132 zu sehen. Der Rahmen besteht aus Stahlblech und ist autogen geschweißt, verzinnt und gegen Rost präpariert. Weichlötstellen sind vermieden. Die Seitenteile des Rahmens, an denen der Kühler aufgehängt wird, sind aus U-Eisen hergestellt und enthalten kein Kühlwasser.

Fig. 132. SKF Kühler.

Soll eine Gruppe aus dem Kühler entfernt werden und der Betrieb ohne Einsetzen einer neuen Gruppe weitergehen, so wird über die betreffenden Rohrstutzen e an Stelle des Kopfes d je ein Rohr i geschoben und zwischen den Dichtungen festgezogen.

Eine andere Aufhängung von Elementegruppen (von Beringer) zeigt Fig. 133. Die beiden Wasserbehälter sind mit 2 und 3 bezeichnet. An den Enden der Gruppen sind die Köpfe 9 und 11 angebracht, welche mittels der Stutzen 13 und 14, bezw. 15 und 16 mit den Wasserbehältern in Verbindung stehen. Rechts ist der

Stutzen 13a geschlossen gedacht, und der Anschluß findet nur durch 14 statt.

Soweit über die wesentlichsten Ausführungsformen der Kraftwagenkühler.

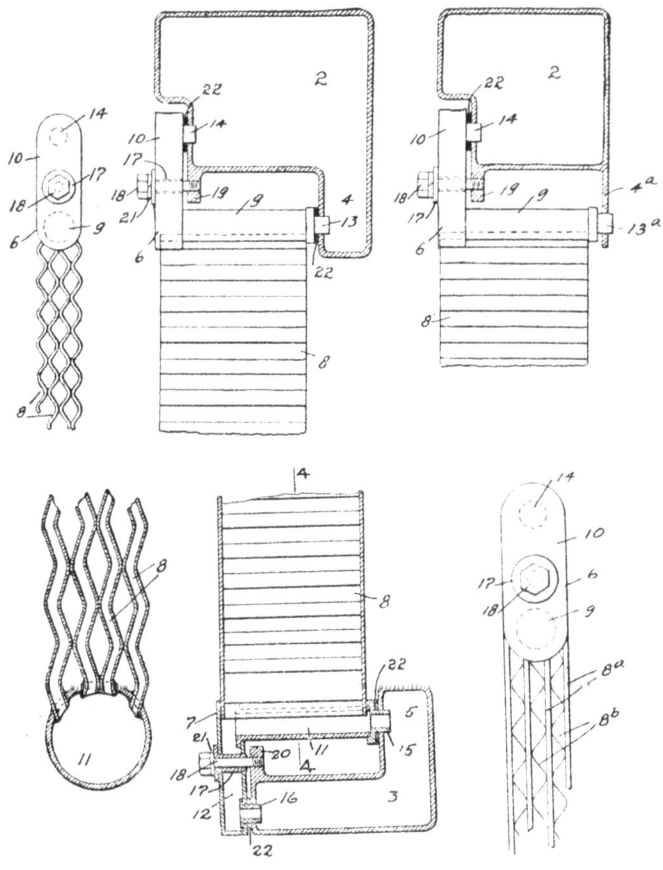

Fig. 133. Kühler von Behringer.

Die Flugzeugkühler lassen sich in drei Hauptgruppen einteilen: In Stirnkühler, Seitenkühler und Tragflächenkühler.

Bei Stern-Motoren findet man verschiedentlich rund ausgebildete Stirnkühler, welche in ihrem äußeren Umfange dem äußeren Umfang des Motors entsprechen und sich an die Haube anschließen.

Die Kurbelwelle wird mitten durch den Kühler geführt, wie dies z. B. bei dem Salmson-Motor der Fall ist. Die Zufuhr der Kühlluft wird durch sternförmig angebrachte Jalousieklappen geregelt, welche vom Führersitz aus verstellt werden können.

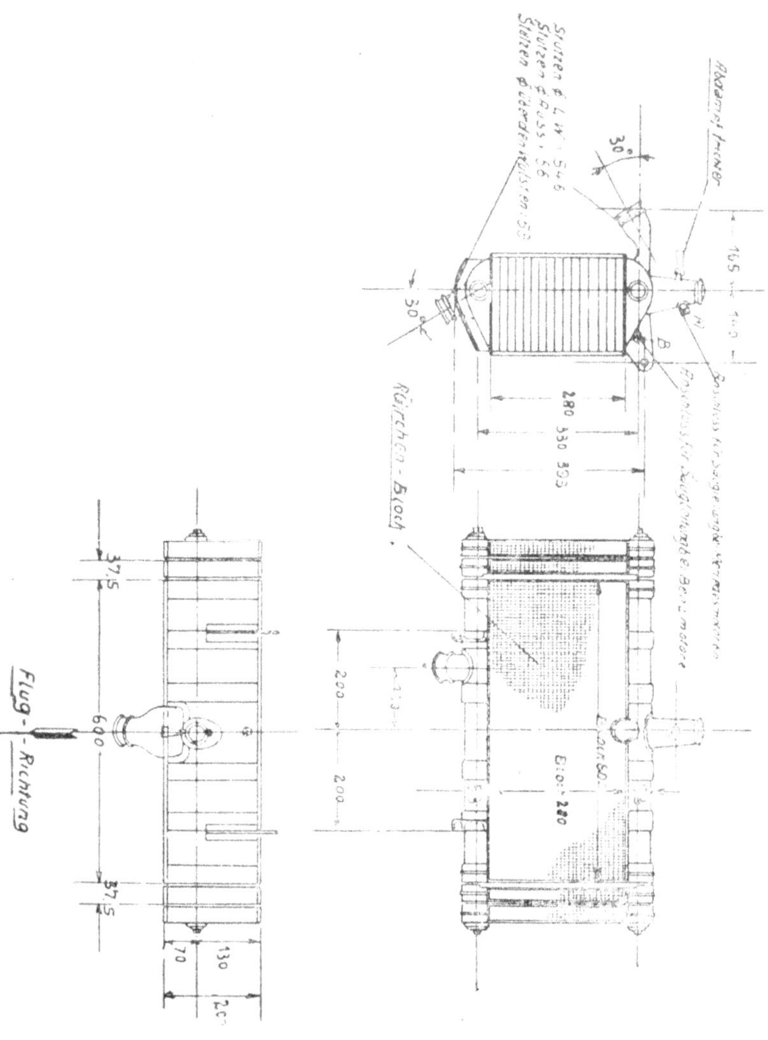

Fig. 134. Windhoff-Stirnkühler.

In Fig. 134 ist ein Stirnkühler von W i n d h o f f zu sehen. Fig. 135 zeigt Seitenkühler, ausgeführt von derselben Firma, in Ausführung für beide Seiten des Flugzeuges. Die Stirnfläche des

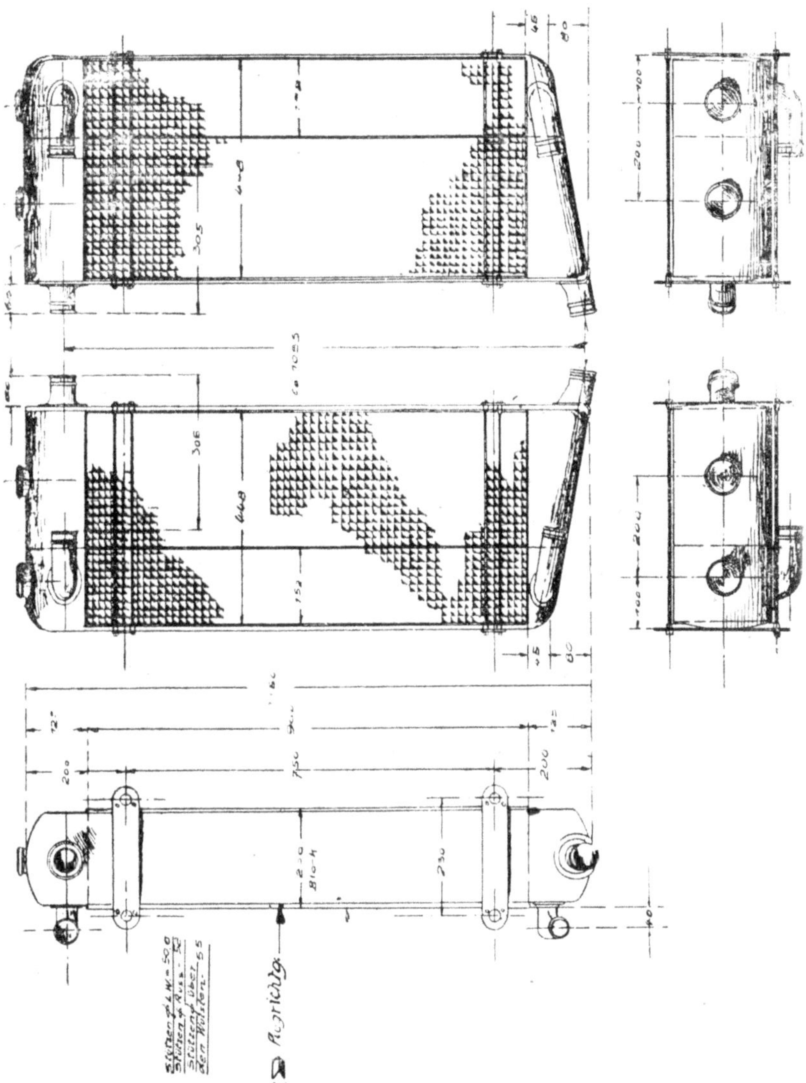

Fig. 135. Windhoff-Seitenkühler.

Kühlers hat eine Größe von 80,4 dm² und die Kühlfläche von 67,4 m². Das Leergewicht beträgt 57,5 kg und das Vollgewicht 84,5 kg. Jeder der beiden Kühler ist in zwei Teile geteilt, welche unabhängig voneinander mit ein und derselben Wasserzuführung verbunden werden und von denen der eine Teil durch eine am

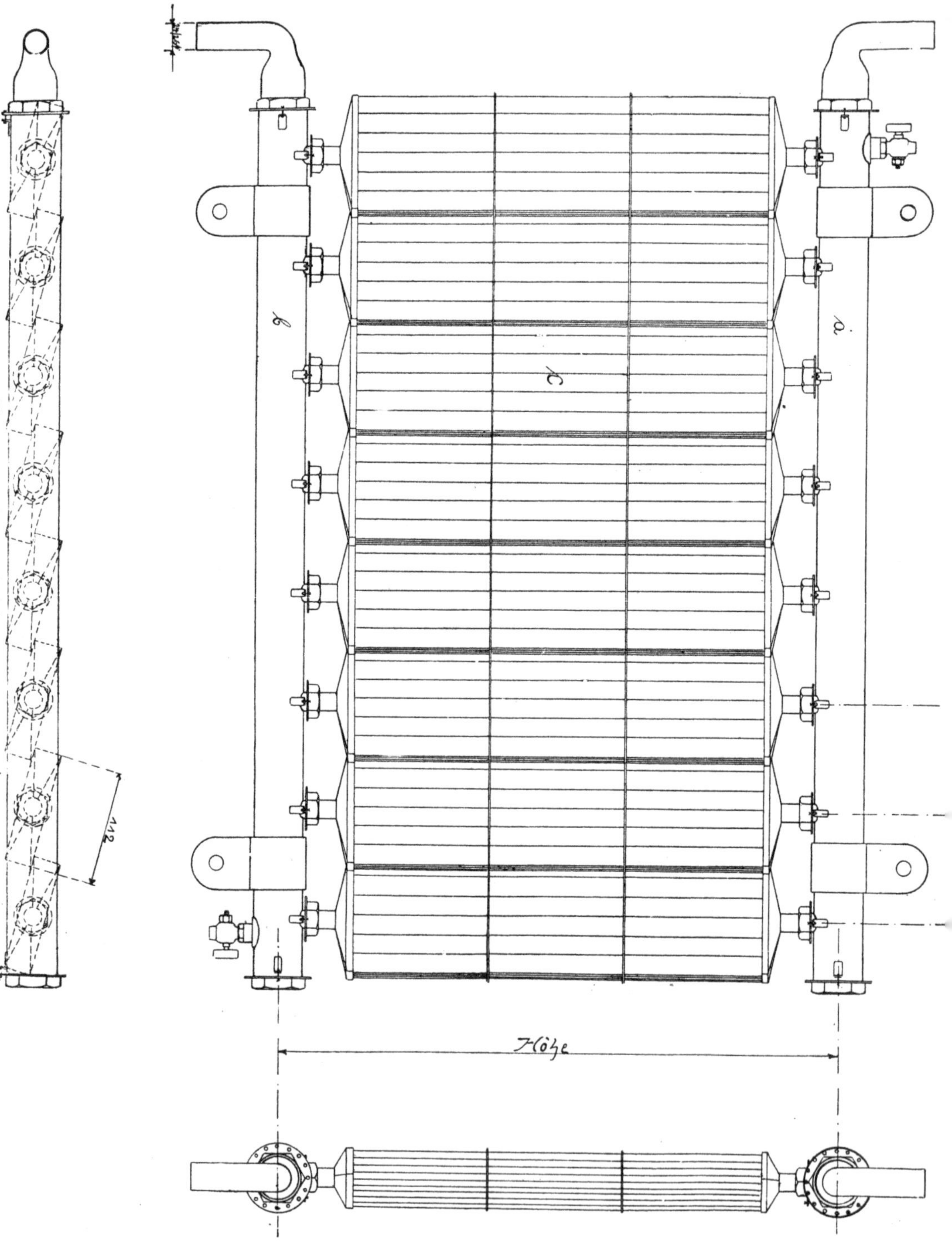

Fig. 136. Flugzeugkühler von Teves und Braun.

Zuleitungsrohr angebrachte Vorrichtung zeitweise ausgeschaltet werden kann. Näheres über derartige Veränderungen der wirksamen Kühlfläche ist in Kapitel V zu finden.

Auch bei Flugzeugkühlern finden die sogenannten Elementenkühler neuerdings häufig Verwendung. Einen derartigen Flugzeugkühler von Teves und Braun zeigt Fig. 136. Die Sammelrohre a und b, welche durch die Gruppen c verbunden werden, sind am Flugzeug angebracht.

Die Gruppen c sind durch Überwurfmuttern an den Sammelrohren befestigt. Die Elementegruppen bestehen aus Flachrohren, wodurch eine gute Widerstandsfähigkeit gegen Durchbiegen erzielt wird. Die einzelnen Elementegruppen sind verstellbar angeordnet, so daß sie derart eingestellt werden können, daß je nach Bedarf das Bestreichen der Kühlfläche durch Luft eingestellt werden kann.

Das Verkleinern der Kühlfläche kann auch durch Herausnehmen einer oder mehrerer Gruppen erfolgen. Bei etwaiger Beschädigung einer Gruppe schneidet man die betr. Elemente durch und falzt sie durch Umbiegen nach oben und unten zu.

Eine andere Ausführung eines Elementenkühlers (Neue Industrie-Werke, Oberursel) ist in Fig. 137 zu sehen. Auch hier ist oben und unten ein langgestreckter Sammelbehälter angeordnet, welche je zwei Anschlußstutzen besitzen. Der Anschluß der Gruppen an den Sammelbehältern a und b geschieht dadurch, daß an letzteren eine Anzahl mit mehreren Löchern versehener Stutzen angebracht sind, über welche die rohrförmig ausgebildeten Enden der Elementegruppen c geschoben sind. Dieselben werden auf der einen Seite durch Gummi und auf der anderen durch eine Fiberscheibe abgedichtet und durch eine Mutter auf dem Stutzen festgezogen.

Die Aufhängung der Gruppen ist in der Abbildung dargestellt.

Soll ein Kühler im Tragdeck angebracht werden, so bedingt dies eine besondere Anordnung seiner Elemente. Fig. 138 zeigt einen derartigen Kühler von Seppeler (Berlin-Neukölln, Saalestraße), bei welchem die Kühlelemente aus flachgedrückten Wasserröhren im Querschnitt schräg nach hinten geneigt sind. Die entgegen der Flugrichtung zuströmende Luft tritt in der Richtung h zwischen die Kühlerelemente und wird zwischen diesen in Wirbel versetzt, wodurch der Widerstand im Kühler erhöht wird und ein intensives Bestreichen der Kühlfläche stattfindet. Ein Längsschnitt durch den Kühler ist in Fig. 139 dargestellt. Es ist hier der Nebenschluß an den Vorratsbehälter, welcher auf Seite 183

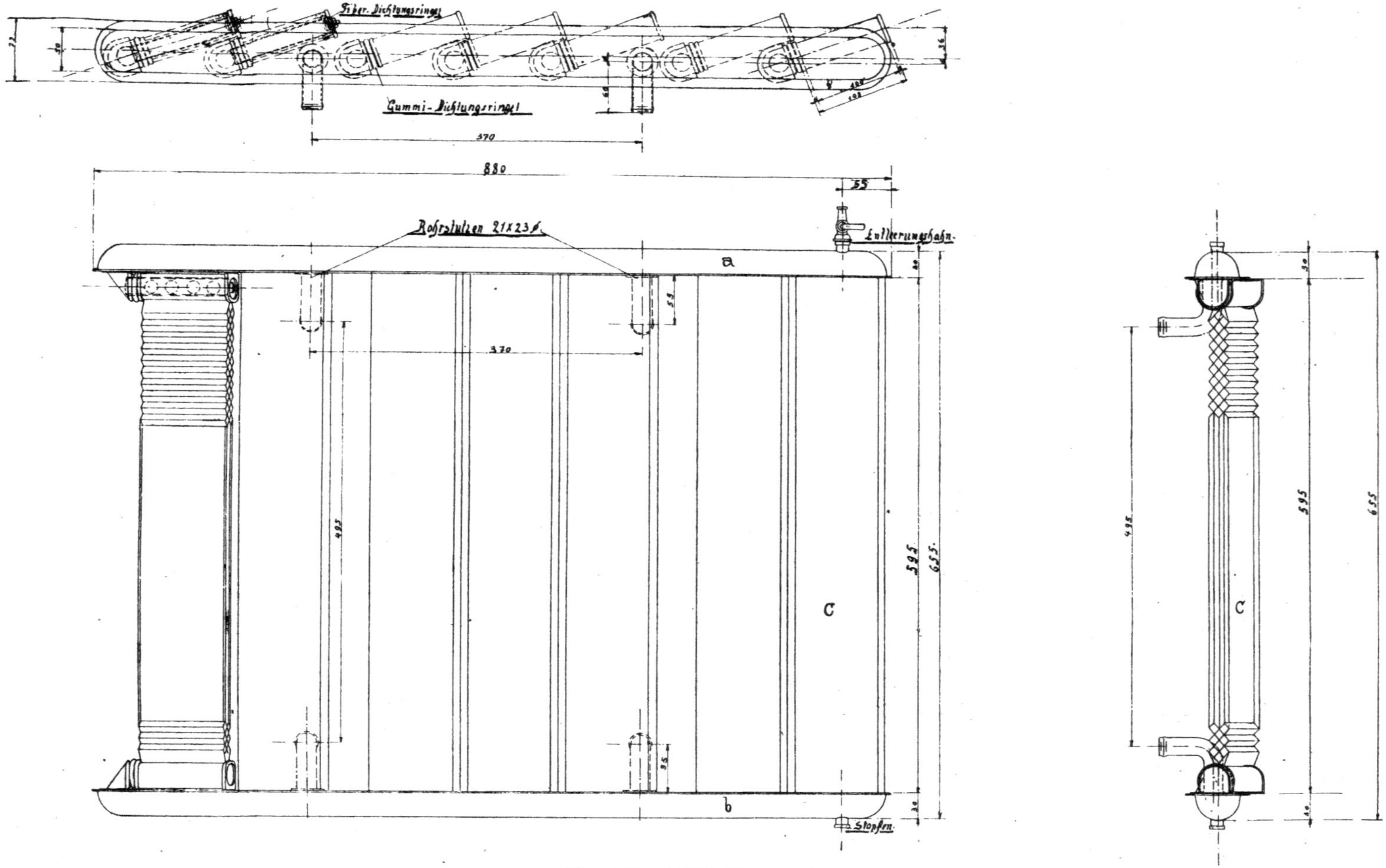

Fig. 137. NIW Flugzeugkühler.

näher beschrieben ist, in Anwendung gebracht. Zur Regelung der Kühlwirkung ist der Drosselschieber r vorgesehen.

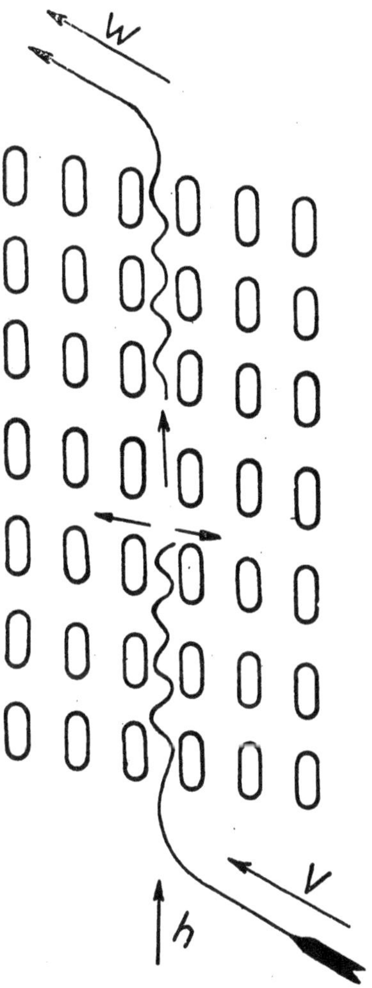

Fig. 138. Seppeler-Tragflächenkühler.

Eine andere Tragflächen-Kühler-Konstruktion (von Windhoff) ist in Fig. 140 veranschaulicht. Der Kühlerblock ist nach Art der bekannten Windhoff-Kühler ausgebaut und hat schräge Luftkanäle.

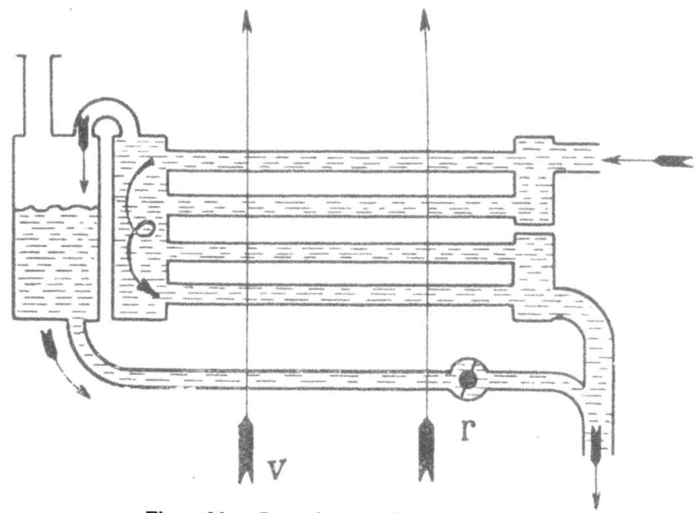

Fig. 139. Seppeler-Tragflächenkühler.

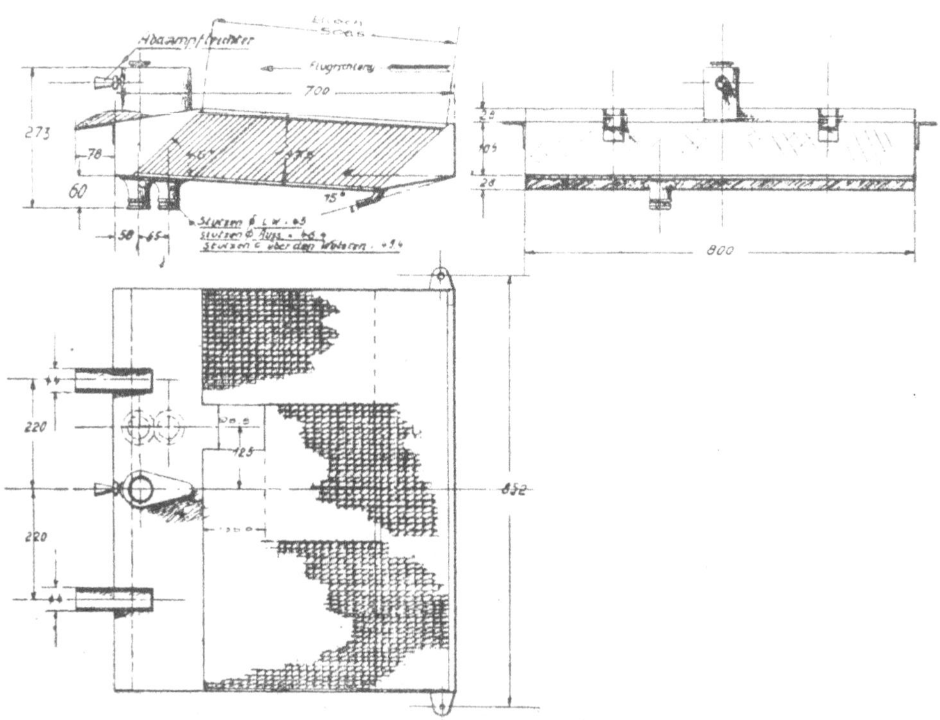

Fig. 140. Windhoff-Tragflächenkühler.

Von Interesse dürfte es sein, noch einige besondere Einrichtungen an Kühlern kurz zu betrachten. So wird z. B. nach einer Konstruktion von Michael und Franke, Fig. 141, das Wasser durch einzelne nebeneinander liegende Röhren geleitet, durch welche Luft hindurch getrieben wird. In dem Rahmen a ist zu den Röhren e senkrecht ein horizontales Rohr n angeordnet. Es sind drei Röhren hintereinander angebracht, von denen zwei als Kühlerelemente und eine als Rückleitung zum Sammelraum dienen.

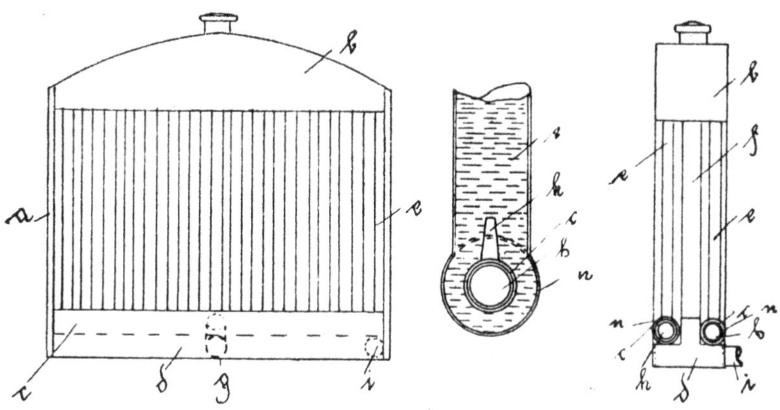

Fig. 141. Kühler von Michael und Franke.

In dem Rohr n ist ein Luftrohr c vorgesehen, welches unterhalb jeder Röhre eine Düse k trägt. Zur Regelung der die Düsen k durchstreichenden Luftmenge ist ein Schieber h vorgesehen, welcher einige der Düsen k ganz bezw. teilweise abschließen kann. Das Wasser strömt vom Motor zunächst durch g nach n. Infolge seines spezifisch leichteren Gewichtes hat das warme Wasser das Bestreben nach oben zu steigen, und tritt in die Röhren e ein. Durch die Düsen k strömt unter Druck in feinverteiltem Zustande Luft in die Röhren e und nimmt einen Teil der Wärme in sich auf. Das oben im Kühler ankommende Wasser soll somit eine für den Betrieb ausreichende Temperatur erhalten, sinkt durch die Röhren f in den Sammelraum d, von wo aus dasselbe durch den Rohrstutzen i dem Motor wieder zugeführt wird. Der Abkühlungsgrad des Kühlers soll durch Vermehrung bezw. Verminderung der Luftzufuhr geregelt werden. Die Luftdüsen wirken außerdem den Kreislauf des Wassers fördernd als Injektorpumpen.

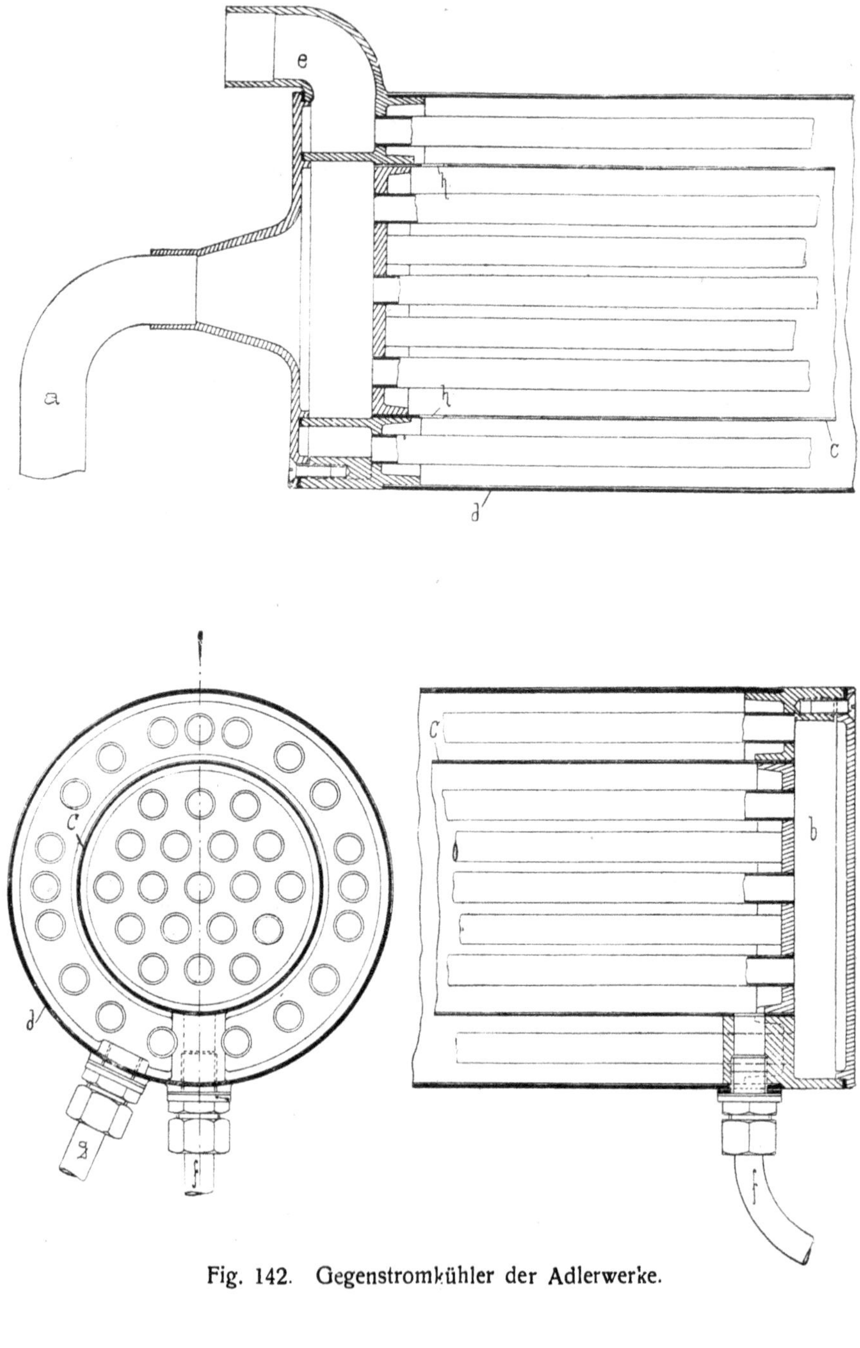

Fig. 142. Gegenstromkühler der Adlerwerke.

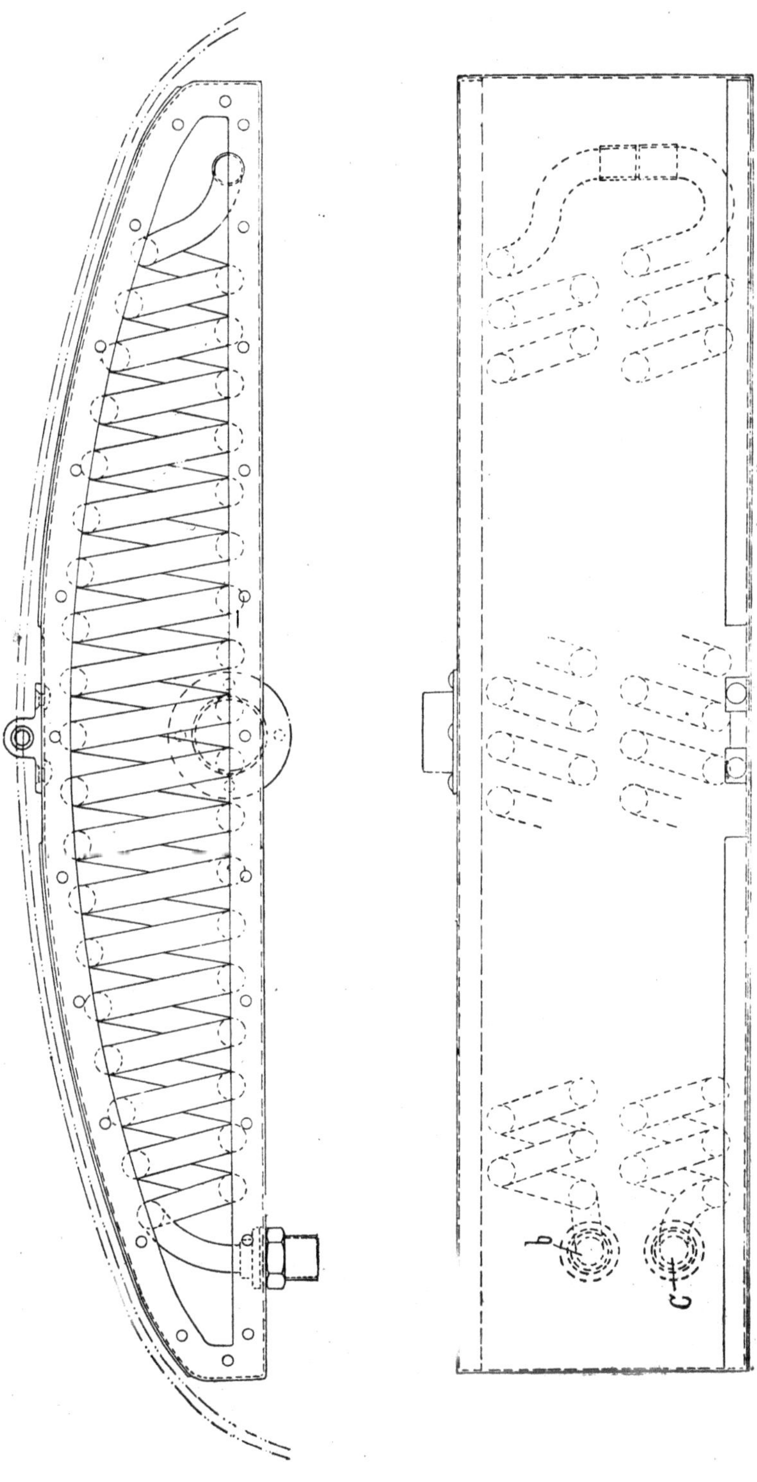

Fig. 14[illegible]a Zusatzkühler der Adlerwerke.

In Fig. 142 ist ein Gegenstromkühler der Adler-Werke dargestellt. Der Kühler wurde als Zusatzkühler bei Feuerwehrfahrzeugen benutzt und zwischen Zylinder und Kühler eingeschaltet.

Das warme Wasser strömt dem Gegenstromkühler durch das Rohr a zu. Es durchfließt das innere achsiale Rohrnetz, welches innerhalb des Mantels c liegt, nach dem Raum b hin. Von hier strömt das Wasser durch das äußere Rohrnetz, welches zwischen den Mänteln c und d liegt, in entgegengesetzter Richtung und tritt durch den Stutzen e aus, um dem normalen Kühler zugeführt zu werden. Als Kühlmittel wurde dem Druckstutzen der Feuerspritzenpumpe kaltes Wasser entnommen und durch den Anschluß

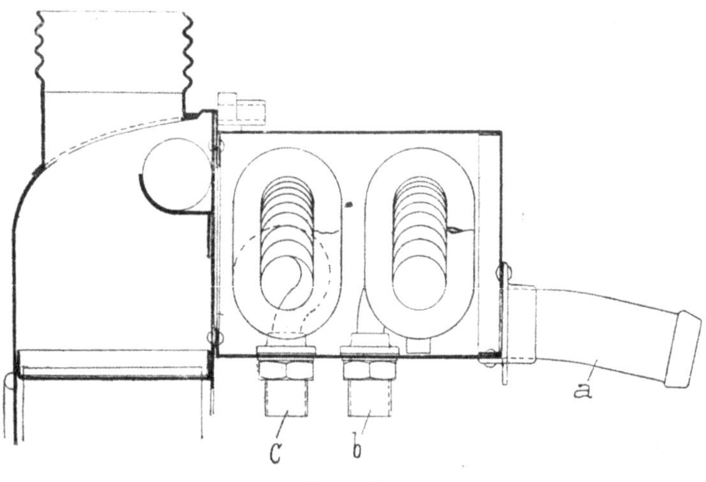

Fig. 143 b.

f in den vom Mantel c umgebenen Raum geschickt. Diesen Raum durchfließt das Kühlmittel in achsialer Richtung, tritt durch zwölf im Mantel c vorgesehene Löcher h in den Raum zwischen c und d und strömt in diesem wieder nach dem anderen Ende des Kühlers zurück, wo es durch g austritt.

Eine andere Zusatzkühlung der Adler-Werke ist in Fig. 143 veranschaulicht. Dieselbe ist für den Zweck gedacht, daß der Motor ausreichend gekühlt wird, wenn das Fahrzeug still steht, der Hauptkühler daher nicht den Luftzug wie während der Fahrt bekommt und der Motor dabei als stationäre Maschine Verwendung findet. Derartige Fälle können z. B. bei automobilen Feuerspritzenpumpen oder anderen landwirtschaftlichen Kraftstationen eintreten. Wird eine Kaltwasserpumpe angetrieben, so ist natürlich die Zuführung des Zusatzkühlmittels senr einfach. Die obere Wasserkammer des Kühlers hat einen kastenförmigen Anbau. Derselbe wird von dem aus dem Zylinder zugeleiteten warmen Wasser, welches bei klein a eintritt, durchströmt, ehe es in den normalen Kühler fließt. In diesem Anbau liegen zwei Rohrspiralen, welche

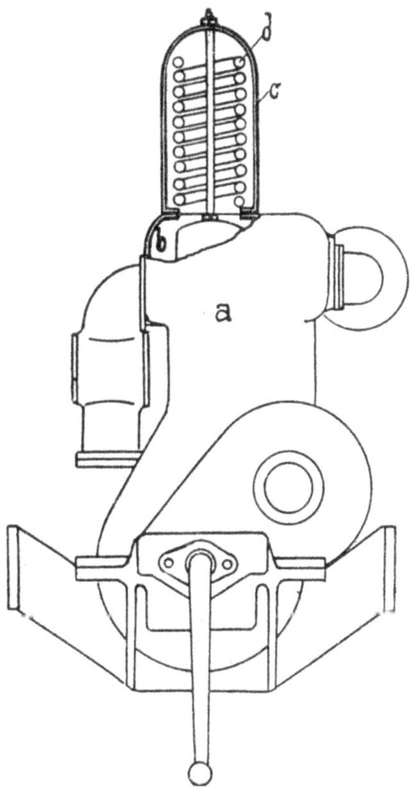

Fig. 144.

von den Rohranschlüssen b und c ausgehen und an ihrem anderen Ende miteinander verbunden sind. Durch diese Rohrspiralen wird bei stationärem Verwendungszweck des Motors ein Kühlwasserstrom geschickt, welcher das bei a eintretende warme Wasser vorkühlt.

In Fig. 144 ist eine geschützte Konstruktion der Internationalen Rotations-Maschinen-G. m. b. H. dargestellt, bei welcher der Kühler c unmittelbar auf dem Zylinderblock a aufgebaut ist. Durch die Vereinigung des Kühlers mit dem Wassermantel des Zylinderblocks findet bei dem eintretenden Kreislauf des Wassers bei dieser Termosyphonkühlung ein freier unvermittelter Übertritt des Kühlwassers vom Kühlwassermantel b in den Kühler statt. Im Gehäuse des Kühlers ist eine Kühlschlange d angebracht, welche kaltes Wasser durch den Kühler führt. Diese Anordnung ließe sich ebenfalls als Zusatzkühlung für Feuerwehrfahrzeuge verwenden.

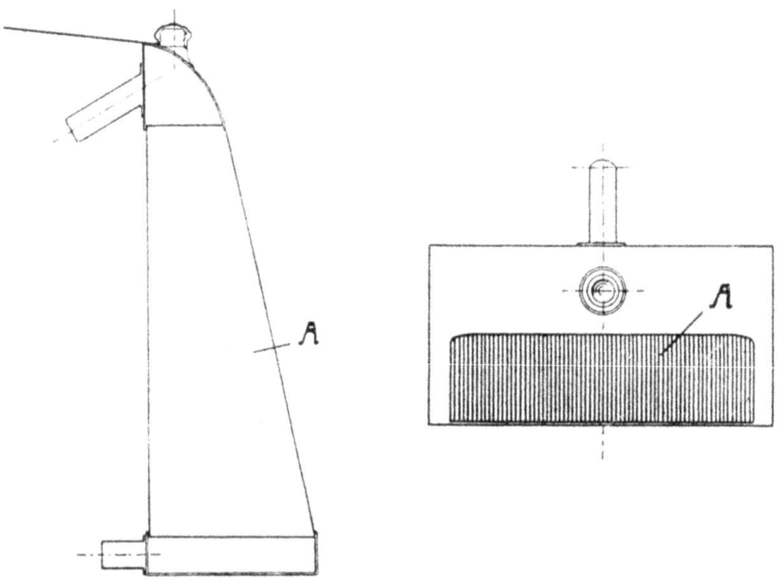

Fig. 145.

Der Anbau des Kühlers unmittelbar auf dem Zylinderblock verlangt eine sehr solide Bauart des Kühlers, da durch die ständigen vom Motor ausgehenden Erschütterungen leicht Undichtigkeiten hervorgerufen werden.

Dem in Fig. 145 dargestellten Patent von Stern liegt folgende Überlegung zugrunde: Die gebräuchlichen Kraftwagenkühler haben oben und unten denselben Querschnitt, so daß die Kühlfläche oben und unten dieselbe ist. Da nun zwischen dem oberen und unteren Teil des Kühlers infolge der Kühlwirkung desselben ein Temperaturunterschied besteht, so findet in dem unteren Teil, welcher bedeutend kühler als der obere ist, ein verhältnismäßig geringer Temperaturausgleich statt, da die Querschnitte, wie bereits erwähnt, die gleichen sind. Die Kühlung ist in dem unteren Teil infolgedessen eine relativ schlechtere als im oberen Teil, zumal, da zu dem erwähnten Punkt noch der kommt, daß durch den konstruktiven Aufbau des vorderen Wagenteils das Durchströmen der Luft durch die untere Gegend des Kühlers gegenüber dem oberen Teil desselben erheblich behinderd wird. Dem will Stern dadurch vorbeugen, daß er entsprechend dem Temperaturabfall nach unten hin dem Kühler eine wachsende Kühlfläche gibt. Die

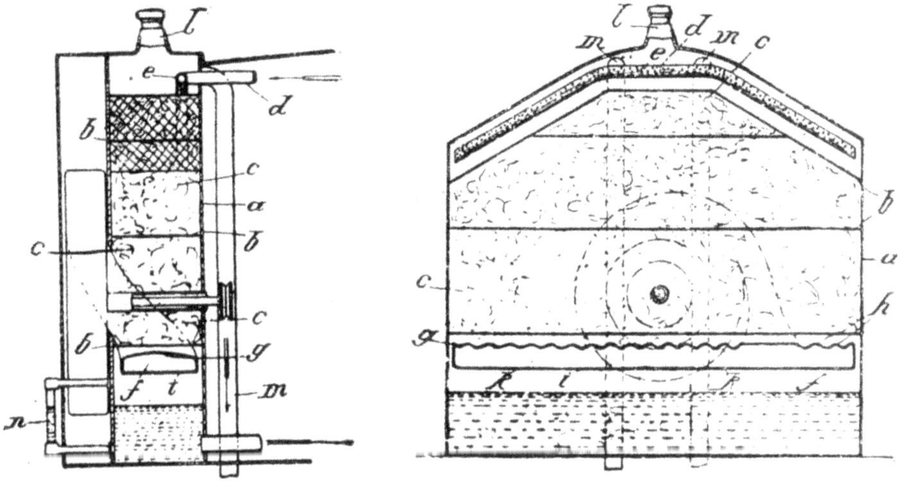

Fig. 146.

durch diese Bauart erzielten Vorteile dürften kaum die dadurch entstehenden Mehrkosten in der Fabrikation aufwiegen.

Eine von den üblichen Bauarten gänzlich abweichende Konstruktion hat sich die Kühlerfabrik L ä n g e r e r u n d R e i c h patentieren lassen (Fig. 146). Die Kühlung soll dadurch erzielt werden, daß man das zu kühlende Wasser unmittelbar mit der Kühlluft in Berührung bringt, indem man das Wasser in fein verteiltem Zustande durch den mit einer Filtermasse gefüllten Kühlraum hindurch leitet, während dem Wasserstrom entgegen ein auf künstlichem oder natürlichem Wege erzeugter und ebenfalls auf die ganze Kühlerfläche verteilter Luftstrom entgegengeführt wird. Der

Kühler ist von der üblichen Form und besteht aus dem Gehäuse a, welches durch Siebe b in eine Anzahl kleiner Räume unterteilt ist. Diese sind mit einer Filtermasse, z. B. mit Aluminiumspänen c angefüllt. Oben am Kühler strömt das zu kühlende Wasser vom Motor her durch ein Rohr d zu und gelangt in eine quer im Kühler liegende Wasserzerstäubungsvorrichtung e, deren feine Öffnungen so angeordnet sind, daß sich das Kühlwasser über den Kühlerquerschnitt gleichmäßig verteilt. Im unteren Raum des Kühlers ist ein Luftzerstäuber f angeordnet, dessen obere Fläche g in der Quervorrichtung gewölbt und in der Längsrichtung wellenförmig gestaltet ist, wobei in den Wellenbergen Schlitze h angeordnet sind, während sich an der unteren ebenen Fläche i des Luftzerstäubers f Öffnungen befinden. In dem Luftzerstäuber mündet die Druckleitung eines vom Motor aus angetriebenen Ventilators. Das zu kühlende Wasser wird in dem Zerstäuber e verteilt und strömt durch die Siebe b über die Filtermasse c langsam nach unten, wo es sich sammelt und zum Motor zurückfließt. Die vom Ventilator in den Luftzerstäuber eingesperrte Luft tritt durch die Schlitze h gleichmäßig verteilt in den Kühlraum und strömt nach oben, wobei sie mit dem Wasser in Berührung kommt und dieses abkühlt. Die verbrauchte Luft tritt durch die Abzugskanäle m ins Freie. Um eine ausreichende Kühlwirkung zu erzielen, dürfte bei dieser Bauart wohl ein starkes Gebläse notwendig sein, da der Luftwiderstand nicht unerheblich ist.

Eine Konstruktion (von A. Meister), welche den Zweck hat, einen Teil des Kühlwassers zu kondensieren und dem Kühlwasserkreislauf wieder zuzuführen, ist in Fig. 147 veranschaulicht. Der Kondensator b ist ein kielflossenartiger Aufbau auf dem Kühler, welcher mit dem Verteilerraum und dem Lamellenraum derart unmittelbar in Verbindung steht, daß ein Teil des durch den Verteilerraum eintretenden Kühlwassers den Kondensator durchströmt, so daß der im höchsten Teil des Kühlers sich sammelnde Dampf gezwungen ist, durch den Kühlwasserstrom hindurchzutreten und sich hierbei wieder zu verflüssigen. Der Eintritt und Austritt des Kühlwassers geschieht in Pfeilrichtung durch die Öffnungen f bezw. g. An dem Kondensator ist ein Luftzuleitungsrohr l angebracht.

Bei einem Vergleich der verschiedenen Kühlwassersysteme untereinander kann man nicht von einer absoluten Überlegenheit eines Systems dem anderen gegenüber sprechen. Der Schlangenrohrkühler hat z. B., obwohl er eine verhältnismäßig geringere

Kühlwirkung hat, verschiedenen anderen Systemen gegenüber den Vorteil größerer Stabilität und neigt nicht so leicht zum Verstopfen wie z. B. Kühler mit horizontalen Luftrohren. Stellt man den Lamellenkühler dem Luftröhrchenkühler gegenüber, so findet man, daß der Lamellenkühler in seiner Herstellung gewöhnlich geringere Kosten verursacht als der Luftröhrchenkühler, dagegen ist bei

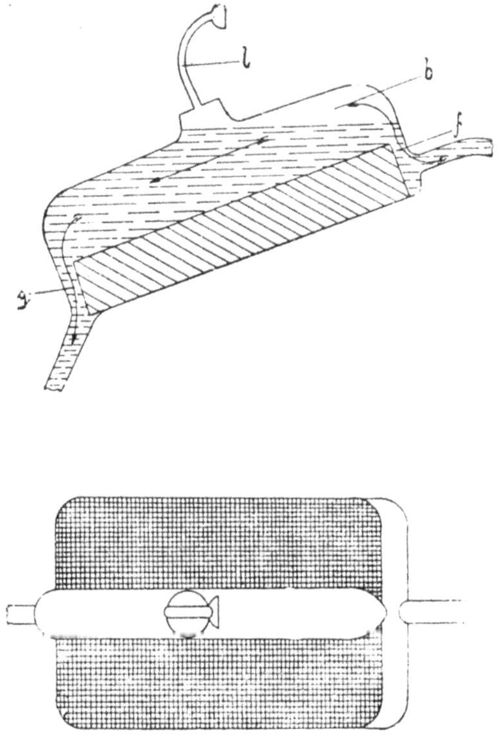

Fig. 147.

den Lamellenkühlern eine rasche provisorische Reparatur während des Betriebes gewöhnlich nicht so leicht möglich wie bei dem Luftröhrenkühler. Bei der Wahl eines Kühlsystems wird man also stets nicht nur die Bauart des Fahrzeuges berücksichtigen, sondern auch die Art und Weise, unter welcher der Betrieb vor sich gehen soll.

Die Prüfung der Kühler erstreckt sich gewöhnlich nur auf die Untersuchung der Dichtigkeit derselben durch Abdrücken.

Der fertige Kühler wird in ein Wasserbad gelegt, nachdem sämtliche Öffnungen verschlossen sind. Eine Öffnung ist an eine Druckluftleitung angeschlossen, durch welche der Kühler ungefähr eine Viertelstunde lang unter drei Atmosphären Druck gehalten wird. Undichte Stellen kennzeichnen sich hierbei durch aufsteigende Luftblasenströme. Bei einigen amerikanischen Gesellschaften findet auch eine Prüfung der Kühler auf ihre Wirksamkeit hin im Laboratorium statt, und zwar durch eine künstliche Belüftung der Kühler unter Zuführung von heißem Wasser aus einem geheizten Wasserkessel, wobei die Aus- und Eintrittstemperaturen beobachtet werden. Für die Kühler ortsfester Kraftquellen kann man hierdurch wohl ein richtiges Bild gewinnen, jedoch nicht für Fahrzeugkühler. Bezüglich der erforderlichen Kühlfläche liegen nunmehr auch genügend praktische Erfahrungen für die einzelnen Zwecke vor, daß sich derartige Untersuchungen erübrigen dürften, ausgenommen natürlich, wenn die Prüfung aus wissenschaftlichen Gründen vorgenommen wird. Eine andere Untersuchung der Kühler ist die Prüfung auf Festigkeit hin. Die Kühler werden auf einem besonderen Prüfstand angebracht, und man läßt durch eine Pumpvorrichtung heißes Wassers durch sie laufen. Gleichzeitig werden sie einer fortgesetzten starken Erschütterung in senkrechter Richtung unterworfen, welche durch einen Elektromotor in Verbindung mit einer Exzenterwelle hervorgerufen wird. Jeder einzelne Prüfstand macht in der Minute etwa 300 Vibrationsbewegungen. Die Probe dauert ungefähr eine halbe Stunde (näheres über diesen Prüfstand ist aus der Motor-Welt vom 26. 1. 1919 zu ersehen).

D. Kühleraufhängung.

Bei Kraftwagen wird der Kühler gewöhnlich, falls er vor dem Motor liegt, über der vorderen Traverse angeordnet. Da mitunter ganz erhebliche Verwindungen im Rahmen des Fahrzeuges auftreten, darf der Kühler mit demselben nicht starr verbunden werden. Um die Erschütterungen, welche sich auf den Kühler übertragen könnten, zu dämpfen, bringt man unter seiner Auflage auf dem Rahmen eine Leder-, Filz- oder Gummizwischenlage an. Man macht dies sogar bei ortsfesten Maschinensätzen, bei denen der Kühler mit dem Motor zusammen auf einem Rahmen aufgebaut ist.

Die ständigen Verwindungen des Rahmens während der Fahrt

verursachen leicht ein Undichtwerden des Kühlers und müssen daher nach Möglichkeit unschädlich gemacht werden.

Gewöhnlich werden am Fußende des Kühlers rechts und links je eine Pratze angeordnet, welche auf dem Rahmen aufliegt. Vielfach werden diese Pratzen abgefedert aufgelegt. Fig. 148 zeigt

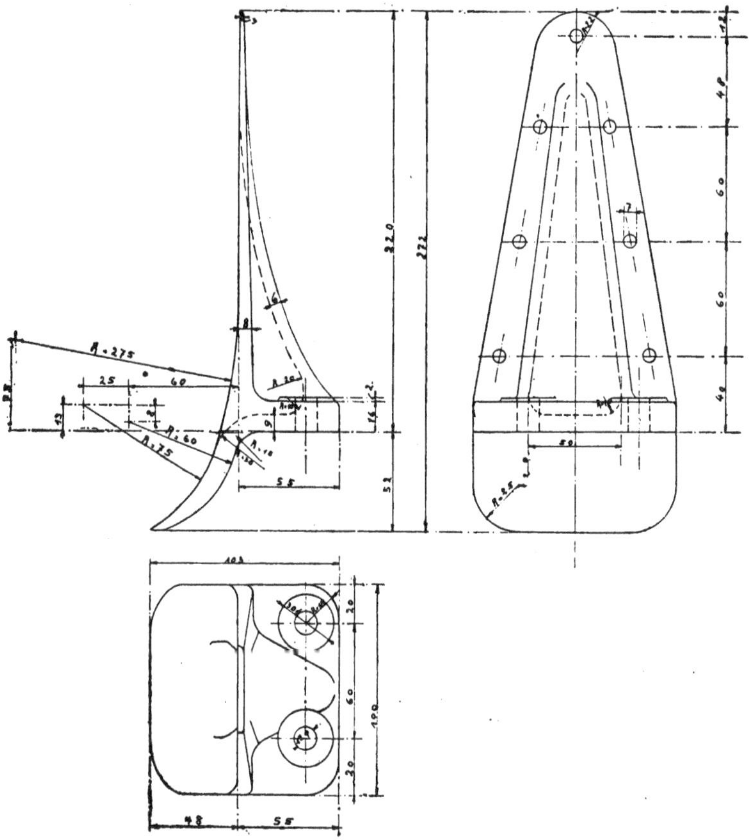

Fig. 148.

eine Pratze von Kühlern der Neuen Industrie-Werke, welche für eine starre Aufhängung vorgesehen ist und durch zwei Schraubenbolzen am Rahmen befestigt wird. Vorteilhaft dürfte es sein, hierbei federnde Unterlegscheiben zu verwenden, oder unter die Befestigungsmuttern Federn zu legen, so daß die Pratzen durch diese auf den Rahmen gedrückt werden.

Fig. 149 zeigt eine Kühlerstütze derselben Firma, bei welcher am Fahrzeugrahmen ein Scharnier angebracht ist, an dessen Zapfen die Stütze hängt. An Stelle des Scharniers kann auch eine Blattfeder verwendet werden, welche stoßdämpfend wirkt und außerdem gewissen Schwingungen nachgibt.

Vorteilhaft ist auch die Anwendung balliger Zapfen an Stelle der Pratzen. Eine derartige Kühlerstütze zeigt Fig. 150 (N. I. W.).

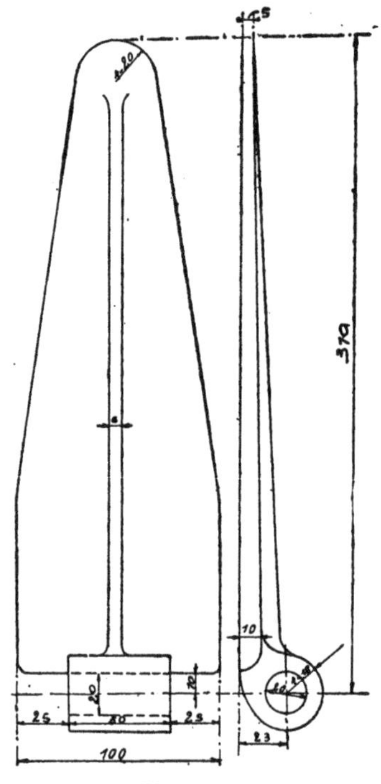

Fig. 149.

Der ballige Zapfen liegt in einer auf dem Rahmen befestigten entsprechenden Lagerung und gibt sowohl seitlichen als auch achsialen Verwindungen nach. Eine kastenförmig ausgebildete Stütze (N. I. W.) ist in Fig. 151 zu sehen. Die Befestigung am Fahrzeug geschieht durch je einen senkrecht zur Längsachse des Wagens eingesetzten Bolzen, um den der Kühler in gewissen Grenzen schwingen kann, d. h., soweit dies die Rohranschlüsse erlauben. Dasselbe ist möglich bei der Konstruktion von Windhoff, Fig. 152, bei welcher die Stützen als hohe Zapfen ausge-

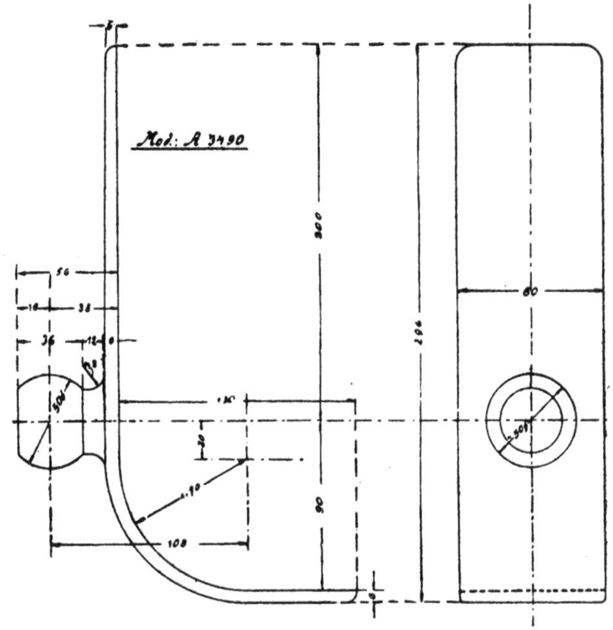

Fig. 150.

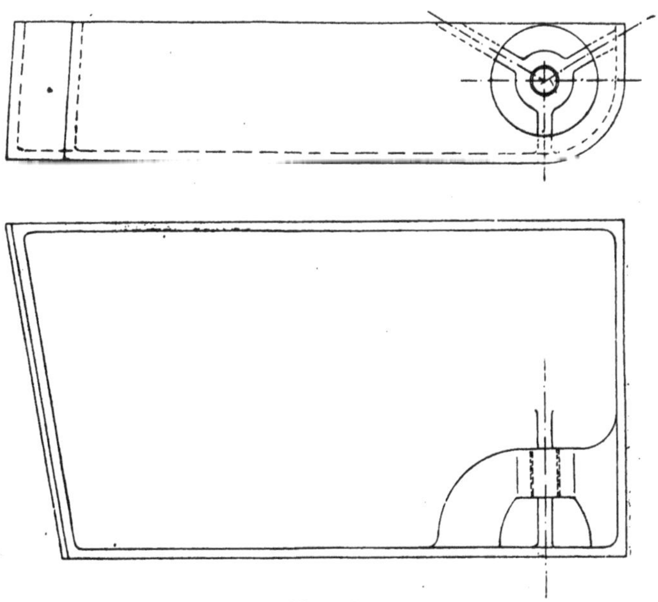

Fig. 151.

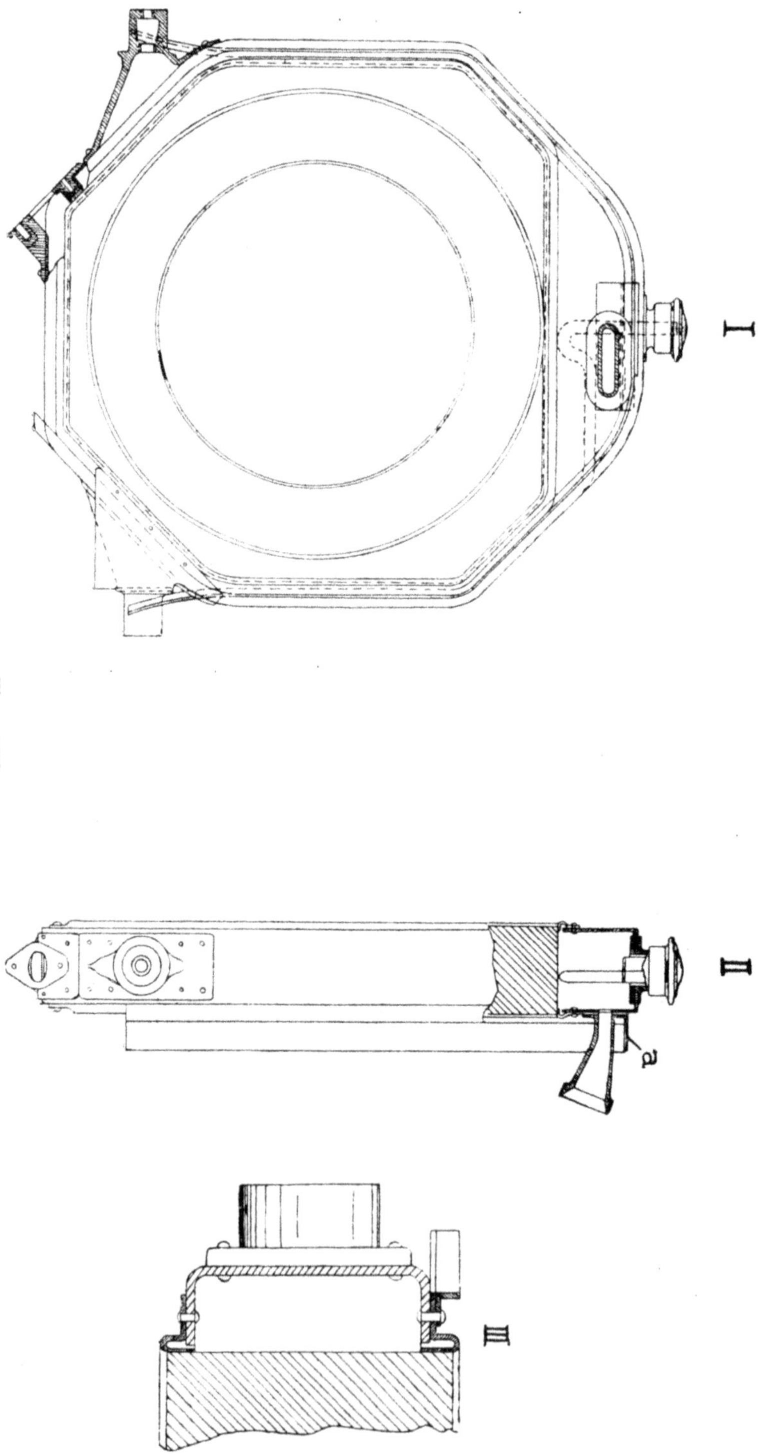

Fig. 152.

bildet sind. Der dritte Punkt, an dem der Kühler mit dem Fahrzeug verbunden ist, liegt an dem Winkelblech bei a, wo dasselbe an der Haube befestigt ist. Aus III ist der Zusammenbau des Kühlerblocks mit dem Stahlrahmen und der seitlichen Aufhängung zu ersehen. Wie aus der Abbildung hervorgeht, ist dieser Zusammenbau sehr elastisch und geeignet, die Schwingungen vom Kühlerblock fern zu halten. Diese Bauart findet namentlich bei Lastwagen viel Verwendung und hat sich bei den Automobilomnibussen der Allgemeinen Berliner Omnibusse A.-G. gut bewährt.

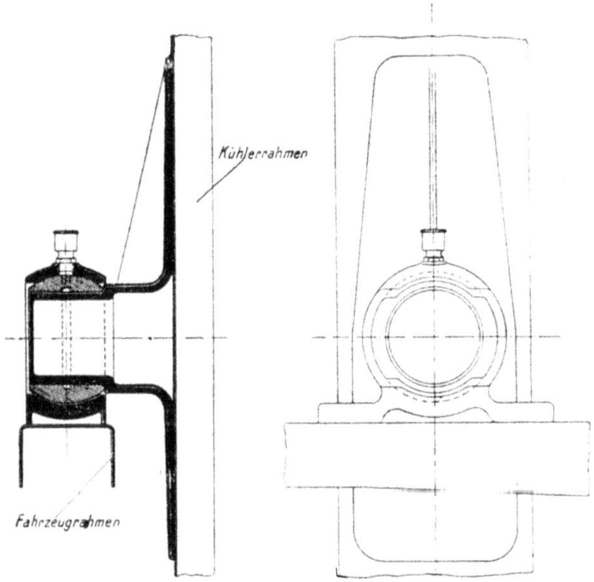

Fig. 153.

Eine sehr sinnreiche, wenn auch teuere Aufhängung ist die in Fig. 153 dargestellte (Süddeutsche Kühlerfabrik). Die Kühlerstützen haben hohle Zapfen, welche sich in einer Lagerschale drehen können, die außen kuglig abgedreht ist und in einem entsprechend ausgebildeten Lagerbock ruht. Bei Verwindungen im Fahrzeugrahmen kann sich einerseits der Zapfen in der Lagerschale und andererseits die kugelige Lagerschale im Lagerblock verstellen. Am oberen Ende ist der Kühler an einem dritten Punkt an der Haube befestigt.

Auch bei Flugzeugen, bei denen starke Erschütterungen beim Anflug und beim Landen vorkommen, muß eine elastische Aufhängung des Kühlers vorgenommen werden.

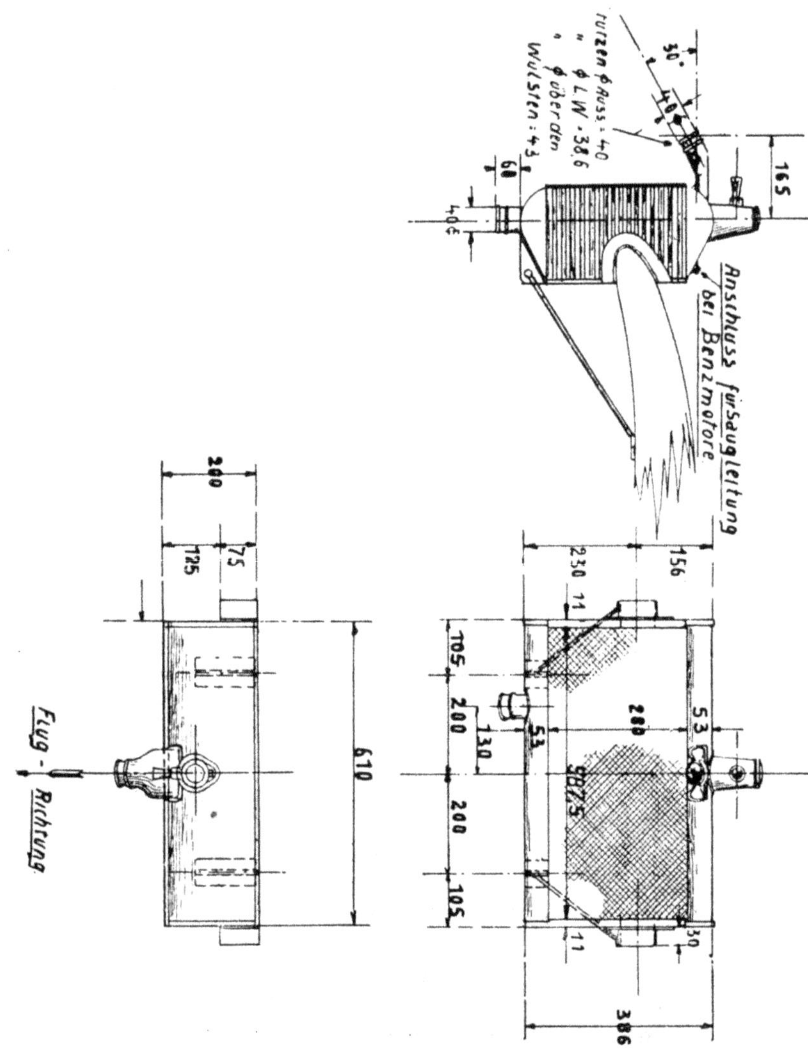

Fig. 154.

In Fig. 154 ist die Aufhängung eines W i n d h o f f-Stirnkühlers an einem Flugzeug dargestellt. Die vorderen Enden der Tragholme fassen den Kühler rechts und links. Außerdem ist derselbe von seiner unteren Seite aus beiderseitig gegen die Tragholme abgestützt.

Im allgemeinen ist es vorteilhaft, um schädliche Verwindungen im Kühler selbst, d. h. in dem wasserdurchströmten Teil zu vermeiden, die Seitenteile des Kühlerrahmens derart auszuführen, daß sie nicht mit dem Kühlwasser in Berührung kommen, sondern lediglich als Stützen dienen, wie dies z. B. bei dem S. K. F.-Kühler, Fig. 132 der Fall ist.

E. Einfüllverschlüsse und Wasserstandsgläser.

Die zum Einfüllen des Kühlwassers dienende Öffnung im Kühler muß durch einen leicht lösbaren Verschluß geschlossen werden, unter dem ein Filter in den Kühler eingehängt ist. Am häufigsten vertreten findet man die in Fig. 155 dargestellte Verschlußschraube, deren Kopf aus einem wärmeisolierenden Material besteht. Diese Schraube hat die unangenehme Eigenschaft, beim Einfüllen von Frischwasser leicht herab zu fallen und leicht ver-

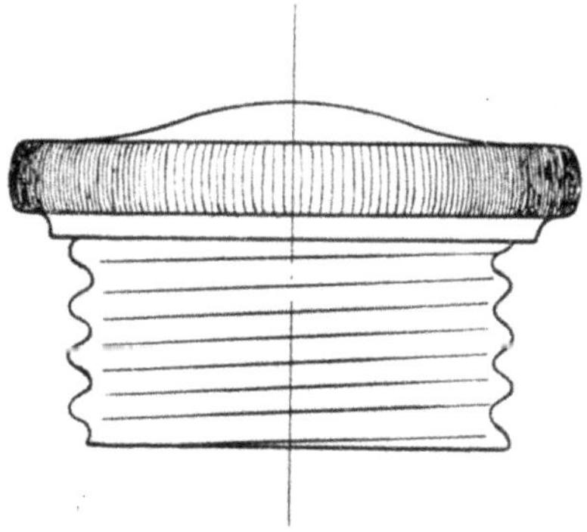

Fig. 155.

loren zu gehen. Deswegen hat man versucht, sie durch ein Kettchen im Kühler zu befestigen, jedoch ist dies wieder beim Lösen der Schraube hinderlich. Neuerdings geht man vielfach zu Schnappverschlüssen über. Ein solcher ist bei dem Protos-kühler in Fig. 129 zu sehen.

Fig. 156 zeigt einen Deckelverschluß der Norddeutschen Kühlerfabrik G. m. b. H., Berlin. Der Deckel trägt eine Dichtungsscheibe a aus elastischem Material, welche durch eine napfartige Halterscheibe befestigt ist. Eine am Scharniergelenk sitzende Feder drückt den Deckel in seinen Sitz.

Der in Fig. 157 dargestellte Einfüllstutzen ist der bequemen Zugänglichkeit halber nach vorn geneigt. Der hohle Blechdeckel

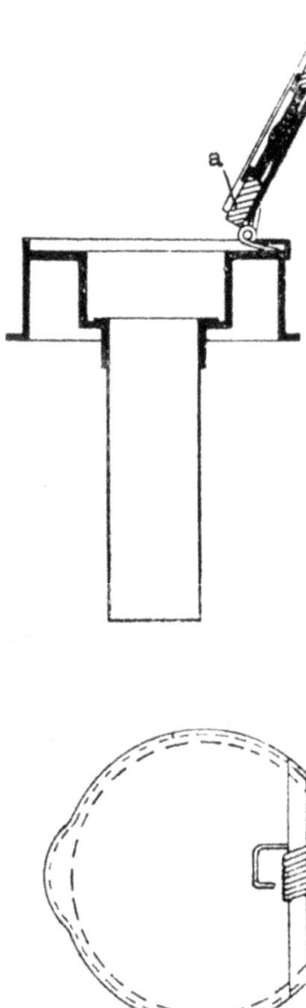

Fig. 156.

ist ebenfalls an einem Scharniergelenk befestigt. Auf der nach unten geneigten Innenseite ist eine Feder vorgesehen, welche beim Zudrücken des Deckels hinter den Rand des Einfüllstutzens schnappt und den Deckel geschlossen hält.

Der in Fig. 158 dargestellte Verschluß besteht aus einem Führungsstutzen b mit einem nach innen ragenden Ansatz, in welchem der Einfüllstutzen c steckt. Der Mantel des letzteren trägt eine Einfüllöffnung d. Die obere Öffnung des versenkbaren Stutzens c ist durch einen Klappdeckel e verschlossen. Wird zum Einfüllen ein Trichter verwendet, so bleibt der Stutzen c in der Versenkung und das Einfüllen geschieht durch die obere Öffnung. Wird dagegen eine Kanne verwendet, so wird der Stutzen c herausgezogen und das Kannenrohr in die Öffnung d eingeführt.

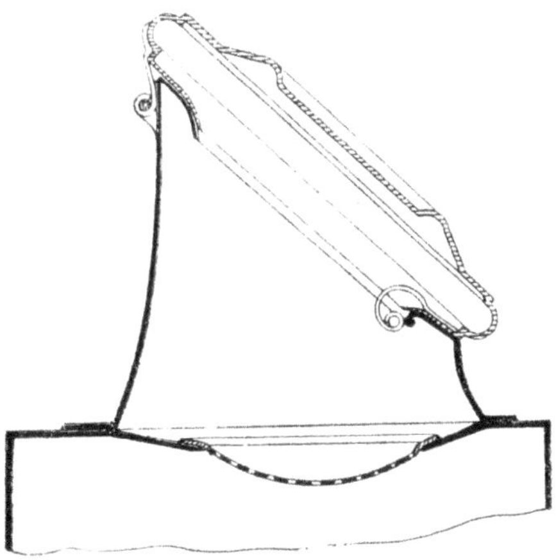

Fig. 157.

In Fig. 159 ist ein Schieberverschluß dargestellt. Das kuppelartige Gehäuse a hat nach der Vorderseite des Kühlers einen Ausschnitt, welcher die Einfüllöffnung darstellt. In diesem Gehäuse ist der kugelförmige Drehschieber c gelagert, welcher ebenfalls einen Ausschnitt hat. Der Drehschieber wird von einem um das Gehäuse a drehbaren Handring d aus mittels der Schraube e bewegt, und zwar derart, daß bei geöffnetem Verschluß die beiden Ausschnitte über einander liegen.

Wasserstandsgläser und sonstige Vorrichtungen, welche die Höhe des Wasserstandes anzeigen sollen, sieht man wegen der Bruchgefahr verhältnismäßig selten an Kühlern. Bei einigen Ausführungen findet man eine im oberen Wasserkasten eingesetzte Glasscheibe, welche eine Beobachtungsmöglichkeit für die Höhe des Wasserspiegels gibt.

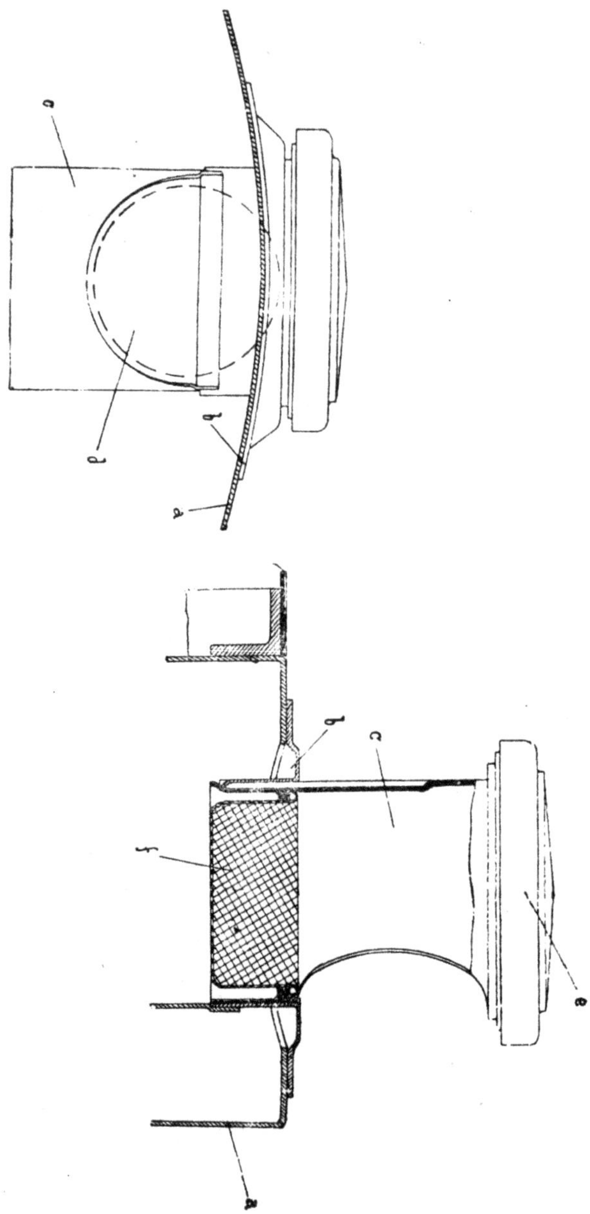

Fig. 158.

Fig. 160 zeigt eine Vorrichtung, welche die bequeme Beobachtung des Wasserstandes vom Führersitz aus ermöglichen soll. Die Schaukapsel besteht aus einem durchsichtigen Hohlzylinder d,

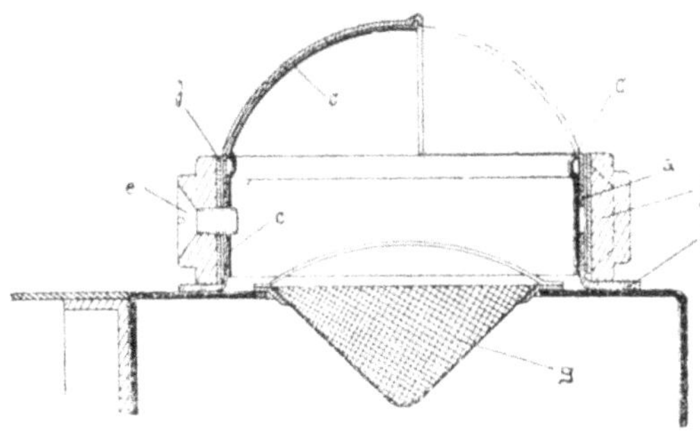

Fig. 159.

welcher zwischen einem Deckel und einem Flansch am Kühler abgedichtet eingespannt ist. Im Innern des Schauglases mündet ein mit Löchern versehenes Entlüftungsrohr g, welches nach der

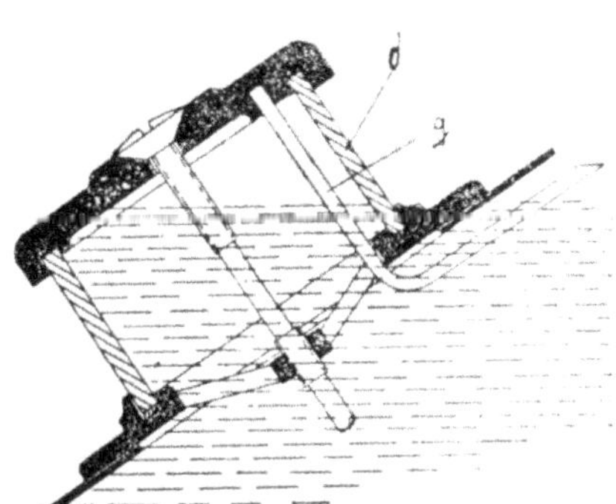

Fig. 160.

höchsten Stelle des Kühlers führt, was ein Entweichen, bezw. ein Zuströmen der Luft über dem Wasserspiegel in dem Beobachtungsstutzen ermöglicht.

F. Kühlerreparaturen

Bei der Konstruktion eines Kühlers muß darauf geachtet werden, daß es möglich ist, im Fall einer Beschädigung innerhalb kurzer Zeit eine provisorische Instandsetzung des Kühlers vornehmen zu können, so daß der Betrieb wenigstens eine Zeitlang weiter stattfinden kann. Wie bereits in Kapitel III C erwähnt, ist eine derartige Instandsetzung bei einem Luftröhrchenkühler gewöhnlich einfacher als bei einem Lamellenkühler. Durch das schadhaft gewordene Luftröhrchen wird ein Schraubenbolzen gesteckt und mit einer Mutter festgezogen, wobei vorn und hinten eine Unterlegscheibe mit Dichtung eingelegt wird.

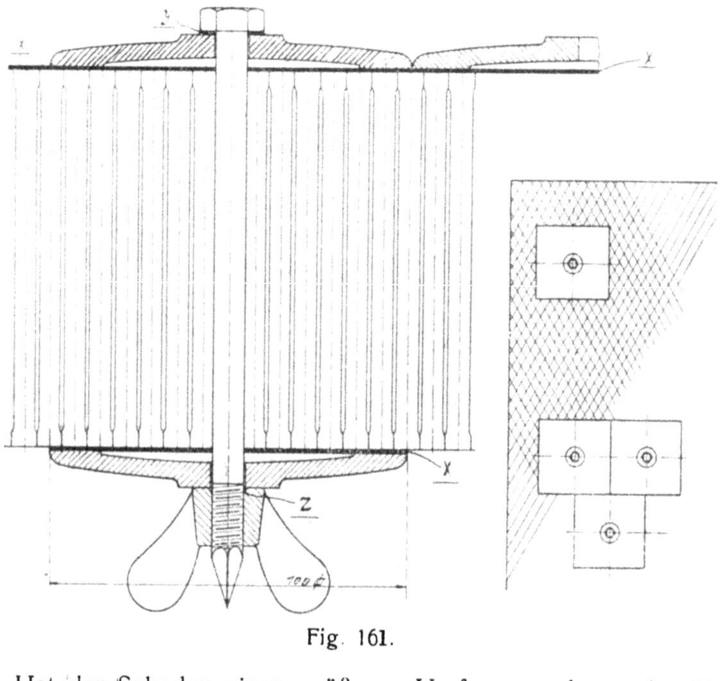

Fig. 161.

Hat der Schaden einen größeren Umfang, so kann eine Vorrichtung verwendet werden, wie sie in Fig. 161 dargestellt ist. Auf die eine Seite des beschädigten Blocks wird über der schadhaften Stelle eine Dichtungsscheibe x aufgelegt, über welche ein gewölbter Deckel gelegt wird. Dasselbe findet auf der gegenüberliegenden Seite statt. Das Ganze wird durch einen Bolzen mit Flügelmutter zusammengehalten, welcher ebenfalls bei y und z abgedichtet ist.

Bei dem Lamellenkühler der Neuen Industrie-Werke ist auch eine einfache provisorische Instandsetzung möglich (Fig. 162). Tritt eine Undichtigkeit innerhalb der Luftkanäle auf, so wird ein Profilrohr a, welches dem Querschnitt der Luftkanäle entspricht, in den schadhaft gewordenen Kanal hineingesteckt. Ist der Wagen nach der Garage zurückgekehrt, so kann das Röhrchen an seinen Enden mit dem Kühlerblock verlötet werden. Wenn dieses Röhrchen in unverlötetem Zustande manchmal auch nicht ganz gut abdichten sollte, so kann der Betrieb wenigstens notdürftig weiter geführt werden.

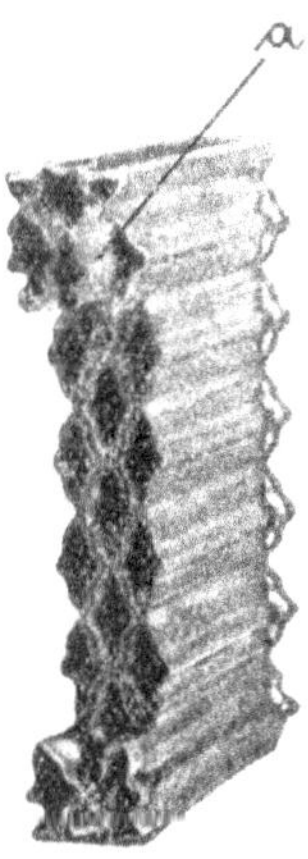

Fig. 162.

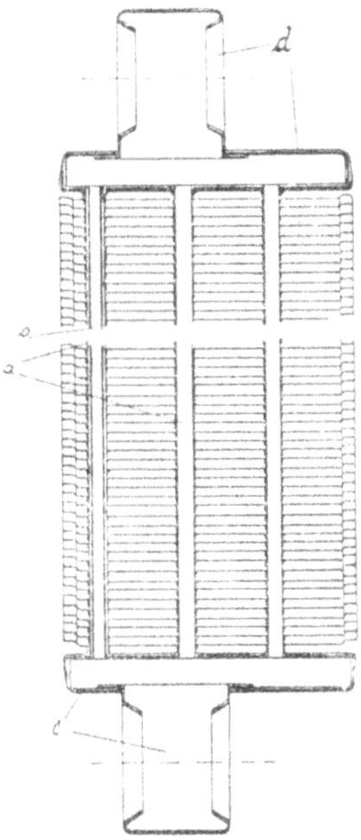

Fig. 163.

Bei Röhren- und Scheidenkühlern mit schmalen Scheiden kann man, falls eine indirekte Kühlfläche dies nicht verhindert, das schadhafte Kühlelement durchschneiden, umbiegen und zukneifen, wie dies z. B. bei einem Windhoff Aluminiumkühler, Fig. 98, möglich ist.

Fig. 163 zeigt die Reparatur eines Elementes des S K F Kühlers, welche allerdings nicht auf der Fahrt vorgenommen werden kann. Eine derartige Möglichkeit ist jedoch bei diesem Kühler auch nicht nötig, da bei einer etwaigen Beschädigung die ganze Gruppe ausgewechselt oder in der in Fig. 131 dargestellten Weise ausgeschaltet wird. In das beschädigte Wasserrohr a wird ein Rohr a_1 gesteckt, welches in das Rohr a genau paßt, und an den Enden verlötet. Bei dieser Instandsetzung müssen natürlich die Köpfe d abgenommen werden.

Eine umfangreichere Instandsetzung eines Kühlers läßt man vorteilhaft in einer Kühlerfabrik vornehmen. Das Auffinden der durchlässigen Stellen findet dadurch statt, daß der Kühler, welcher verschlossen und an eine Druckluftleitung angeschlossen ist, auf einen in einem Wasserbehälter liegenden Holzrost gelegt wird. Der Holzrost ist mittels einer Handkurbel auf- und niederwindbar, so daß dadurch der Kühler in das Wasser getaucht, bezw. über den Wasserspiegel gewunden werden kann. Die aufsteigenden Luftblasen kennzeichnen die schadhaften Stellen. Durch ein langsames Hochwinden des Kühlers über den Wasserspiegel kann man feststellen, in welcher Höhe die schadhafte Stelle liegt, da die Blasenbildung aufhört, sowie diese Stelle den Wasserspiegel erreicht hat. Vor dem Verlöten muß natürlich die Druckluft abgeschaltet werden. Eine derartige Prüfvorrichtung wird in den Werkstätten der Norddeutschen Kühlerfabrik G. m. b. H. verwendet.

IV. Anordnung der Kühler.

A. Im Kraftwagen.

Der Kühler wird am vorteilhaftesten da angebracht, wo er der Zugluft am meisten ausgesetzt ist. Dies ist vorn vor der Motorhaube, welche sich gewöhnlich an den Kühler anschließt.

Bis auf wenige Bauarten findet man diese Anordnung allgemein vertreten. Wie bereits in Kapitel I B c erwähnt, ist es namentlich

Fig 164.

bei Thermosyphonkühlung notwendig, die Höhenlage des Kühlers in bezug auf den Motor derart zu wählen, daß die Schwerpunktachse seiner Wassermassen höher liegt, als die der Wassermassen des Motor-Zylinderblocks.

Bei Lastwagen fand man früher verschiedentlich unter dem vorderen Wagenende hängende Schlangenrohrkühler, wie Fig. 164

zeigt, durch oder über welche die Achse der Andrehvorrichtung lief. Derartige Anordnungen findet man nur noch vereinzelt, da der Kühler auf diese Weise durch Stöße leicht beschädigt werden kann und außerdem die Linie des ganzen Fahrzeuges stört.

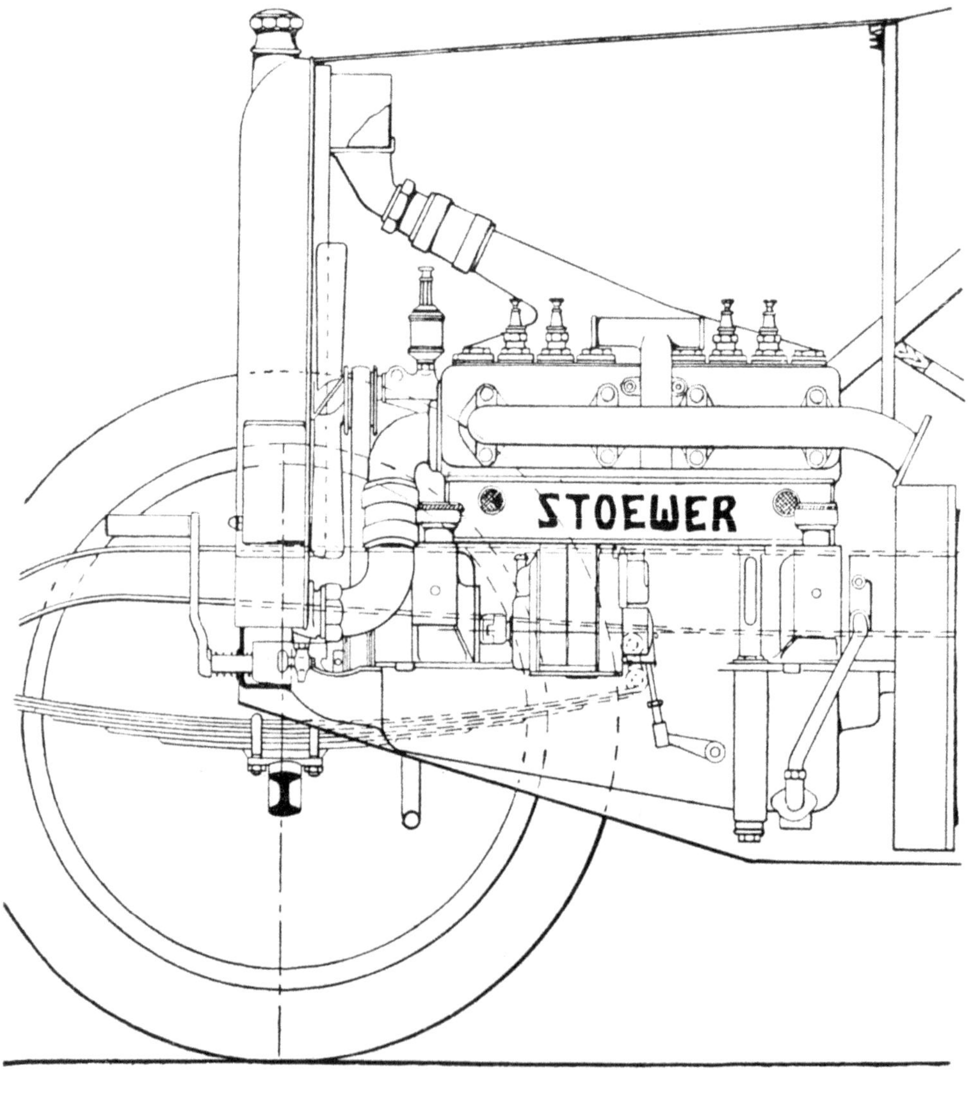

Fig. 165.

Fig. 165 zeigt eine normale Kühleranordnung, wie sie bei dem 16/18 PS Stoewer-Wagen zur Verwendung kommt. Wie aus der Abbildung ersichtlich, liegen die Wassermassen des Kühlers ganz bedeutend höher, als die des Motors (es ist hier Thermosyphonkühlung vorgesehen).

Fig. 166.

Die Konstruktion des Kühlers wurde bereits in Fig. 123 gezeigt. Auf der hinteren Seite desselben läuft an seinem äußeren Umfange eine Leiste, an welche die Motorhaube angeschlossen ist.

Von den wenigen Wagen, bei denen der Kühler hinter dem Motor angeordnet ist, wurde in Fig. 16 die Ausführung des Renault-Wagens gezeigt. Ähnlich ist der Kühler bei dem 8 PS Chassis von Clément-Bayard angebracht, Fig. 166.

Die Steuersäule ist durch den Kühlerblock geführt. Man verbessert durch diese Anordnung die Linie des Fahrzeuges auf Kosten der Kühlwirkung, d. h. durch Erhöhung des Kühlergewichtes.

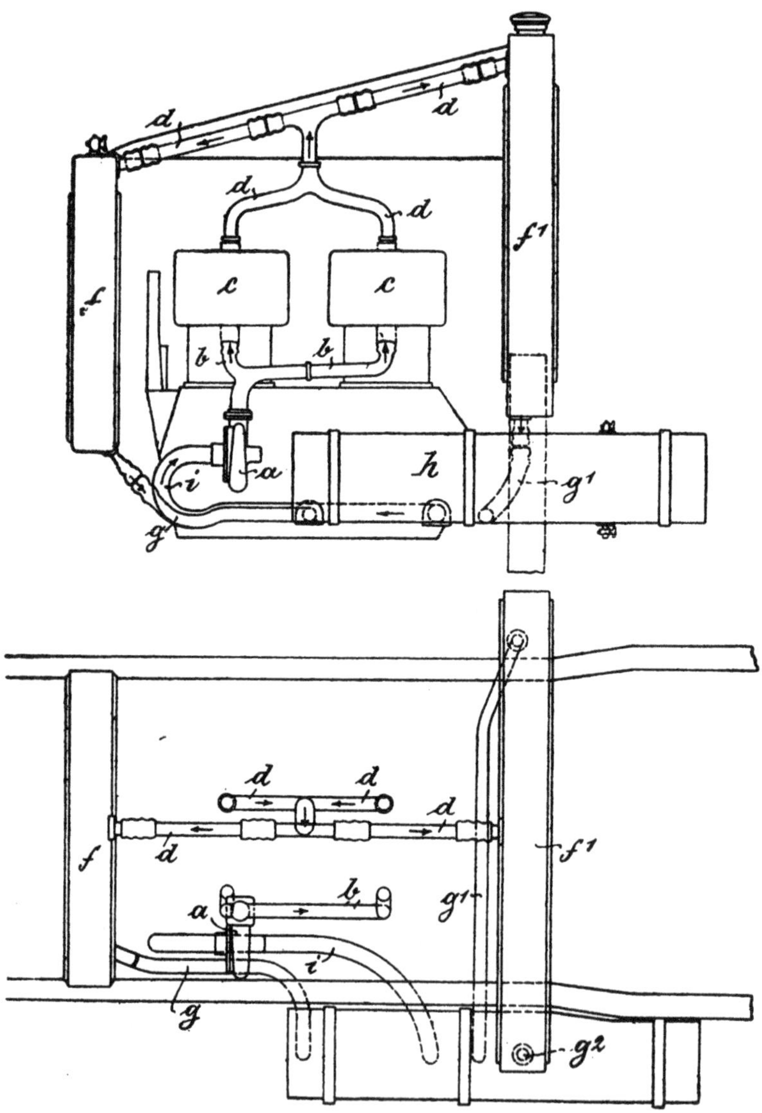

Fig. 167.

Bei Kraftwagen, welche in heißen Gegenden oder auch sehr langsam fahren, und für welche selten Gelegenheit vorhanden ist, sich hin und wieder mit frischem Kühlwasser zu versorgen, ist es ratsam, außer dem Hauptkühler noch einen besonderen Vorratswasserbehälter mitzunehmen. Dieser Behälter kann als Nebenkühler ausgebildet sein und in der Weise angeordnet werden, wie das in Fig. 167 dargestellte Patent von Daimler zeigt. Die beiden Kühler sind mit ihrem unteren Ende an der nach den Zylindern führende Abflußleitung angeschlossen. Ihre oberen Teile sind durch eine Leitung miteinander verbunden. Da der Hilfskühler f_1 höher liegt, als der Hauptkühler f, steigt die obere Verbindungsleitung nach dem Hilfskühler an, wodurch erreicht wird, daß sich etwa entstehende Dämpfe im Hilfskühler ansammeln, während sich im Hauptkühler f keine Dämpfe halten können. Ist die Steigung der Verbindungsleitung genügend groß, so wird auch beim Befahren von steilen Steigungen eine Dampfansammlung im Hauptkühler und in der Verbindungsleitung vermieden. Infolge der verschiedenen Größe und Anordnung der beiden Kühler ist die Temperatur des in den Kühlern rückgekühlten Wassers verschieden. Um hierin einen Ausgleich zu schaffen, wird der untere Teil des Kühlers an einen Sammelbehälter angeschlossen, in dem sich das Wasser mischt. Aus diesem Behälter wird dann das den Zylindern zugeführte Kühlwasser entnommen. Die Kreiselpumpe a führt das Wasser durch die Leitung b in die Zylindermäntel c. Das hier sich erwärmende Wasser strömt dann durch die Rohre d nach den Kühlern f und f_1. Aus Kühler f strömt das gekühlte Wasser durch g in den Sammelbehälter h. Das in f_1 gekühlte Wasser strömt durch g_1 und g_2 in den Behälter h. In letzterem mischt es sich und wird von der Pumpe a wiederum entnommen, worauf sich der Vorgang wiederholt.

Es wurden früher verschiedene Versuche unternommen, den Kühler unmittelbar auf den Zylinderblock aufzubauen und zwar in ähnlicher Weise wie der in Fig. 144 dargestellte Hilfskühler angebracht ist. Von einer derartigen Anordnung ist namentlich für Luftröhrchenkühler und Lamellenkühler mit vielen Lötstellen unbedingt abzuraten, da die ständigen vom Motor ausgehenden Erschütterungen rasch Undichtigkeiten im Kühlerblock hervorrufen.

B. Im Flugzeug.

Es ist naheliegend, im Flugzeuge für die Wärmeabfuhr den von der Luftschraube erzeugten Luftstrom zu benutzen. Man baut daher die Kühler im Flugzeug derart ein, daß sie im Wirkungsbereich der Luftschraube möglichst intensiv von der Luft getroffen werden. Hierbei ist darauf Sorgfalt zu legen, daß die Kühler sowohl in ihrer Bauart, als auch in ihrer Anordnung einen möglichst geringen Luftwiderstand bieten. Das Erstgesagte bezieht sich natürlich auf einen Zugpropeller. Gelangt ein Druckpropeller zur Verwendung, so muß der Kühler so liegen, daß der von der Luft, gegen welche er geschoben wird, voll getroffen wird. Im allgemeinen unterscheidet man drei Anbringungsarten des Kühlers im Flugzeuge. Man kann denselben unterteilt an den Seitenflächen des Flugzeugrumpfes anbringen, ferner über dem Motor und an den Tragflächen. Es muß dafür gesorgt werden, daß die Dämpfe nach oben abziehen können. Hierbei muß beachtet werden, daß diese abziehenden Dämpfe den Flugzeugführer nicht belästigen.

Die Mündung der Abdampfleitung muß in der Flugrichtung gekrümmt sein, da bei einer entgegengesetzten Krümmung derselben durch den Luftstrom eine Saugwirkung auf dieselbe erzielt würde. Um Kühlwasserverlusten vorzubeugen, wird ein Sammelbehälter angebracht, in welchen bei dem Betrieb das aus der Kühlanlage austretende Wasser übertreten kann. Bei Verwendung eines einzelnen Stirnkühlers, der über dem Motor angeordnet ist, kann dieser Behälter über dem Motor aufgebaut werden. Von dem Zylinder, welcher entgegengesetzt der Seite liegt, von der das heiße Wasser zum Kühler strömt, wird ein Rohr zum Abzug der Dämpfe von diesem und den benachbarten Zylindern zum Sammelbehälter geführt. Die entgegengesetzt liegenden Zylinder haben einen Dampfabzug durch die zum Kühler führende Kühlwasserleitung. Die in den Sammler gelangten Dämpfe werden durch das bereits vorher erwähnte Abzugsrohr in Flugrichtung ins Freie geführt. Sind zur Kühlung zwei Seitenkühler vorgesehen, so legt man vorteilhaft über den Motor ein Sammelrohr, mit dessen einer Seite die oberen Seiten der Kühler in Verbindung stehen. Die andere Seite ist durch ein Rohr an die Kühlmäntel der Zylinder angeschlossen. Das Wasser strömt von den Zylindern durch den Sammler nach den Kühlern. Auch hier verbindet man den dem Wasseraustritt entgegengesetzten Zylinder mit einem auf dem Sammler angebrachten Dampfdom, von welch letzterem die Abdämpfe in der vorher beschriebenen Weise ins Freie geleitet werden. Für die Abdampfleitungen sind Rohre von mindestens 8 bis 10 mm lichter Weise zu verwenden. Wenn nun das Wasser von der Kühlwasserpumpe in den Kühlwassermantel des Zylinders und von dort nach dem Ausdehnungsgefäße, bezw. Vorratsbehälter gedrückt wird, und von letzterem in den Kühler geleitet wird, um von diesem der Pumpe wieder zuzuströmen, so hat diese Anordnung die unangenehme Eigenschaft, daß sich die vom Wasser mitgeführten Dampfblasen in dem mit der Atmosphäre in Verbindung stehenden Gefäß freimachen und in die Atmosphäre abströmen können, was mit Kühlwasserverlusten verbunden ist. Ferner herrscht in der Saugleitung infolge des Kühlerwiderstandes ein Unterdruck, welcher erstens die Wirkung der Pumpe ungünstig beeinflußt und zweitens Luft in das Kühlwasser eintreten läßt, wodurch die Kühlwirkung beeinträchtigt wird, da der Wirkungsgrad der Pumpe ein schlechterer wird.

Es ist eine eigenartige Erscheinung, daß Kühler, welche nicht im geringsten lecken, also praktisch als wasserdicht zu bezeichnen sind, dennoch luftdurchlässig sind. Dasselbe ist natürlich auch bei den Schlauchverbindungen der Fall. Versuche haben gezeigt, daß daher auf der Saugseite infolge des Unterdruckes Luft in das Kühlwasser gesaugt wird, deren Anwesenheit den Wirkungsgrad der Kühlwasserpumpe nicht unerheblich verschlechtert. Diesen erwähnten Übelständen kann durch eine Anordnung der Kühlanlage nach S e p p e l e r dadurch vorgebeugt werden, daß der Vorratsbehälter an verschiedenen Stellen der Kühlanlage im Nebenschluß angeschlossen wird. In Fig. 168 ist eine derartige Anlage mit parallel geschalteten und in Fig. 169 mit hintereinander geschalteten Kühlern zu sehen. Der Kühlwasserkreislauf ist schematisch dargestellt. Zwischen Druck- und Saugleitung ist der Vorratsbehälter im Nebenschluß zu den Kühlern derart angeordnet, daß von allen Punkten der Druckleitung, die wegen ihrer erhöhten Lage, bezw. der geringen Wassergeschwindigkeit besonders zum Abscheiden von Dampfblasen neigen, Nebenleitungen zu dem obersten Teil des Vorratsbehälters führen. Durch diese Leitungen werden die Abscheidungen nach dem Vorratsbehälter hingeführt, wo sie sich infolge der dort vorhandenen geringen Wassergeschwindigkeit vollends vom Wasser absondern. Letzteres strömt dann von der tiefsten Stelle des Vorratsbehälters in die Saugleitung zurück.

Bei einer derartigen Anordnung wird der Unterdruck zwischen Kühler und Pumpe aufgehoben und die Umlaufgeschwindigkeit des Wassers in der Hauptsache von der Wirkung der Druckseite der Pumpe abhängig. Wegen der in sich geschlossenen Leitung können sich etwaige Dampfblasen nicht in nennenswerter

Weise aus dem Flüssigkeitsstrome abscheiden, sondern werden mit diesem durch die Kühler gefördert, wo sie sich unter Wärmeabgabe wieder zu Wasser verdichten. Ein Ansaugen von Luft auf der Saugseite wird dadurch ebenfalls verhindert. Durch die Neben-

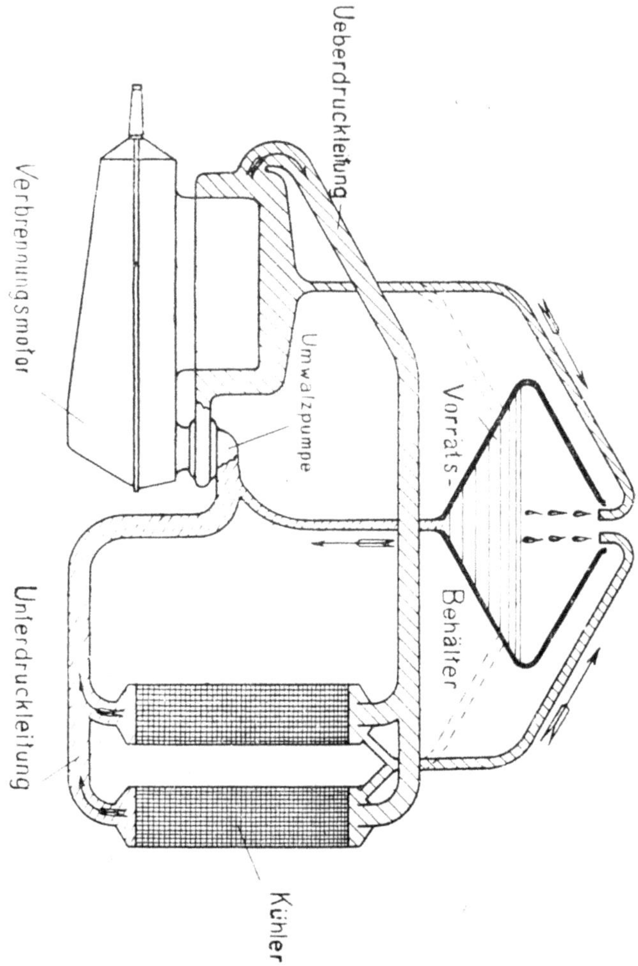

Fig. 168. Kühlanlage nach Seppeler.

leitungen tritt über den Vorratsbehälter ein ständiger Wasserkreislauf ein, da der Widerstand des Kühlers ein größerer ist, als der des Vorratsbehälters. Durch Veränderung des Flüssigkeitswiderstandes kann jeweilig ein größerer oder kleinerer Teil des Kühlwassers unter Umgehung der Kühler direkt in die Saugleitung zurückgeführt werden, was durch entsprechende Drosselvorrichtungen zu erreichen ist. Es kann hierdurch der Wirkungsgrad der Anlage verändert und damit eine Regelung des Kühlvorganges

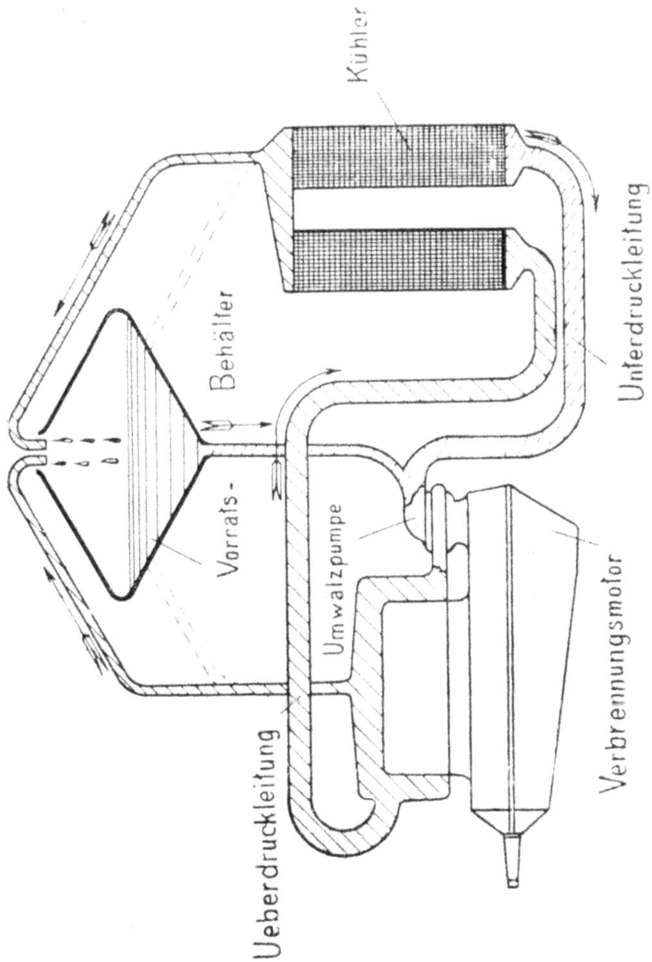

Fig. 169 Kühlanlage nach Seppeler.

ohne wesentliche Beeinträchtigung der Kühlwassergeschwindigkeit im Kühlwassermantel erzielt werden. Letzteres ist wesentlich, da bei einer Veränderung der Kühlwassergeschwindigkeit an dieser Stelle Störungen in der Wärmeabfuhr eintreten können.

Die Anordnung nach Fig. 168 (parallel geschaltete Kühler) ist besonders für Kühlungen geeignet, bei denen ein Überschreiten des Siedepunktes selten vorkommt und kleine Wasserverluste

Fig. 170. Siemens R 1.

geduldet werden können. Ist letzteres nicht zulässig, so ist die Anordnung nach Fig. 169 empfehlenswerter, da bei dieser die Druckleitung zuerst über einen Kühler geführt wird, in dem ein Kondensieren der Dampfbläschen stattfindet. Die Nebenleitungen von der Druckseite können von oben in den Behälter geleitet werden (ausgezogen dargestellt) oder von unten her (gestrichelt dargestellt).

Da im Flugzeug die Entfernung zwischen Kühler und Motor gewöhnlich eine bedeutend größere ist als im Kraftwagen, so muß hier auf eine zweckentsprechende Verlegung der Rohrleitung noch mehr Sorgfalt gelegt werden, als bei letzterem. Es muß möglichst der kürzeste Weg zwischen Motor und Kühler gewählt werden, wobei jedoch scharfe Knicke und Krümmungen tunlichst zu vermeiden sind. Um zu verhindern, daß die Rohre Schwingungen ausgesetzt sind, welche zu Undichtigkeiten und Brüchen führen können, muß bei der Verlegung derselben die Möglichkeit in Betracht gezogen werden, dieselben gut zu befestigen.

Als Beispiel für die Kühlanlage eines Flugzeuges sei die Maschinenanlage des Siemens-R 1 in Fig. 170 wiedergegeben. Dasselbe ist mit drei zentral gelegenen 150 PS Benz-Motoren versehen. Die Kühlanlage besteht aus einem Stirnkühler und zwei Seitenkühlern (Wasserrohrkühlern).

Eine andere Anordnung der Kühler gelangte bei dem mit sechs 300 PS Basse und Selve-Motoren versehenen Siemens-R-Flugzeug zur Ausführung. Ein Schema der Kühlanlage zeigt Fig. 171. Die Hauptkühler von je drei Motoren sind räumlich in ein Ganzes vereinigt, und nach Angaben von Professor Junkers zur Erzielung eines geringen Luftwiderstandes in eine tropfenförmige Aluminiumblechverschalung, Fig. 172, gelegt. Das vordere Ende der Verschalung hat eine mit visierartigen Klappen versehene Öffnung. Durch die Einstellung dieser Klappen läßt sich der Luftzutritt und damit die Kühlwirkung vom Führersitz aus beeinflussen. Bei voll geöffneten Klappen entspricht die freie Öffnung der vollen Stirnfläche des Kühlerblockes. Die Aufhängung der Kühler und der Verschalung erfolgt durch die in der Figur dargestellten Streben.

In dem Schema gehört zu dem Motor M_1 der mit K_1 bezeichnete Teil des Kühlers und so weiter. Der Kreislauf des Wassers ist durch Pfeile gekennzeichnet. Für den Fall, daß einer der Motoren aus irgend einem Grunde während der Fahrt außer Betrieb gesetzt werden muß, ist eine Einrichtung getroffen, um bei

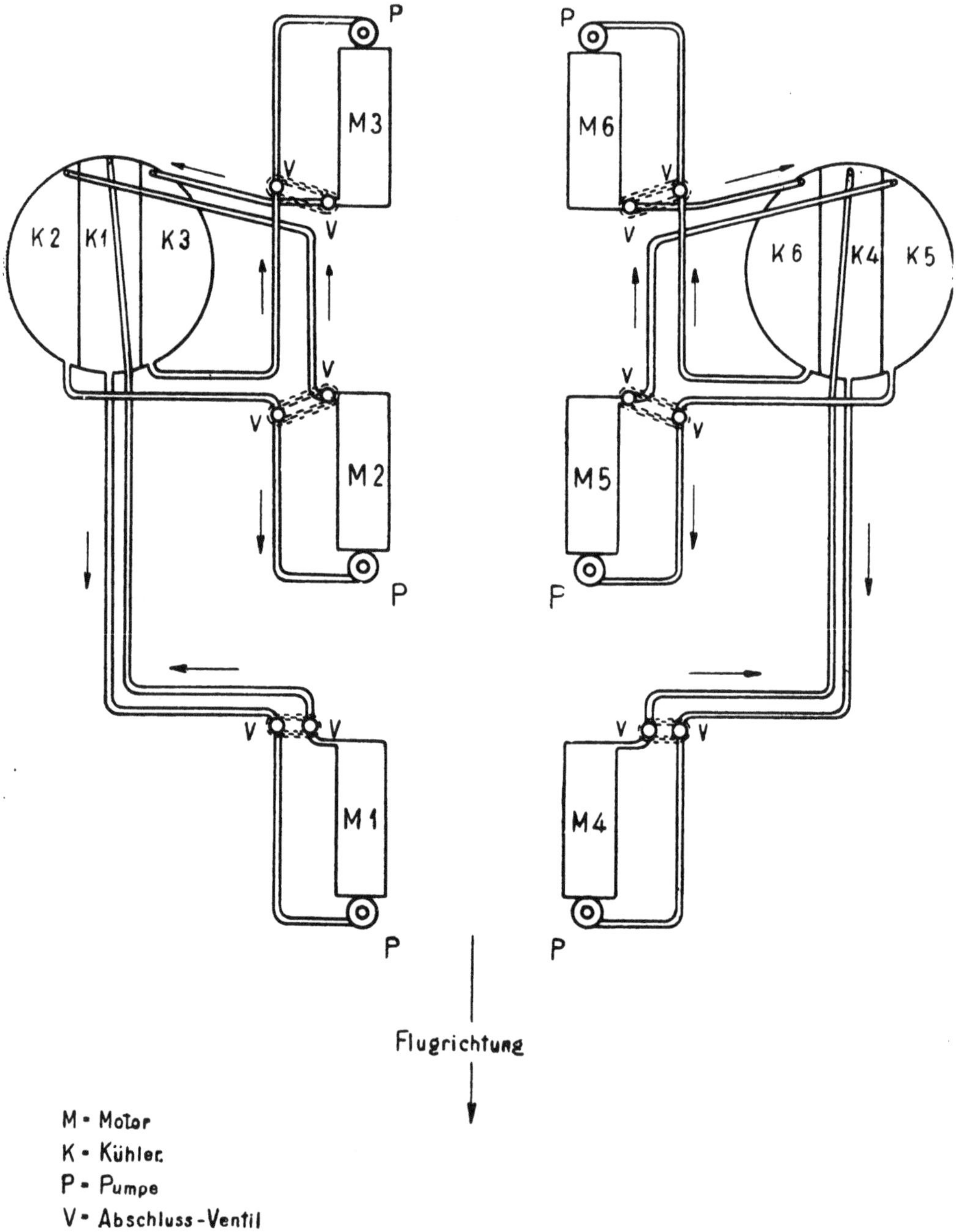

Fig. 171. Kühleranlage im Siemens R Flugzeug.

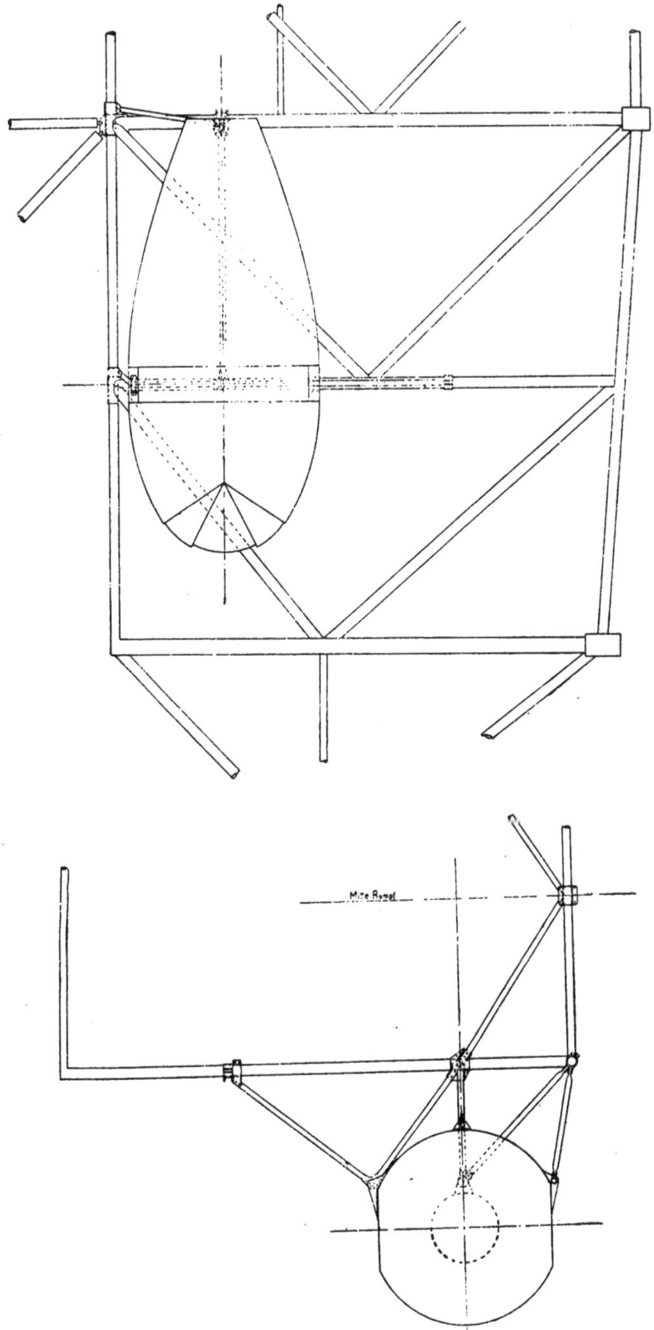

Fig. 172. Kühleranordnung im Siemens R Flugzeug

kalter Witterung das Einfrieren des zu diesem Motor gehörigen Kühlerabschnittes zu vermeiden. Es wird in diesem Falle die Kühlwasserleitung von diesem Motor abgeschaltet und der Kühlerabschnitt durch eine entsprechende Hahnverstellung in den Kühlwasserkreislauf des benachbarten Motors eingeschaltet, so daß der überflüssig gewordene Kühler von dem benachbarten Motor mit geheizt wird.

Die in Fig. 173 dargestellte Kühleranordnung der Kondor-Flugzeug-Werke G. m. b. H., Essen verfolgt den Zweck, bei über den Motoren angeordneten Kühlern zu vermeiden, daß die warme Luft den Insassen ständig ins Gesicht schlägt. Ferner soll der Kühler auf diese Weise von Erschütterungen und von den vom Motor aufsteigenden heißen Gasen möglichst fern gehalten werden. Desgleichen soll er durch seine Anordnung vor den wärmenden Sonnenstrahlen geschützt werden. Um dies zu erreichen, wird der Kühler oberhalb des Motors im Schatten einer oder mehrerer Tragflächen angeordnet. Außer dem erwähnten Zweck wird erreicht, daß die Zylinder noch unter Wasser stehen, wenn der Kühler Wasser verliert. Auch ist die Zugänglichkeit während des Fluges eine bequeme. Der Kühler selbst besteht aus Wasserscheiden, welche zwei Rahmenrohre verbinden. Es ist die Möglichkeit vorgesehen, einzelne Abteilungen des Kühlers auszuschalten.

Durch die Kühleranordnung Fig. 174 nach einem Gebrauchsmuster der Ago-Flugzeug-Werke G. m. b. H., Johannisthal sucht man unerwünschte Wirbelbildungen der Luft zu vermeiden und große Kühlwirkung zu erzielen. Der Wasserverteiler 3 des Kühlers wird vor der Tragfläche angeordnet und zwar derart, daß er mit der Tragfläche ein fortlaufendes zusammenhängendes und ununterbrochenes Profil bildet. Zwischen den beiden Rohren 2 sind die Kühllamellen 1 angeordnet. Der Kühler selbst ist an den Holmen 4 befestigt. Empfehlenswert wäre es bei dieser Bauart, den Wasserverteiler 3 mit der Tragfläche elastisch zu verbinden, damit die Formveränderung der letzteren während des Fluges keinen schädlichen Einfluß auf den Verteiler ausübt.

Eine sehr zweckmäßige Anordnung des Kühlers ist die in der Tragfläche. Die Idee des Tragflächenkühlers stammt meines Wissens von Seppeler. Die Luft tritt bei dieser Anordnung durch die Tragfläche, d. h. durch den in ihr angeordneten Kühler hindurch. Da nun unterhalb der Tragflächen die Luft verdichtet ist, so wird von demselben Luftvolumen mehr Wärme aufgenommen, als dies bei dem Luftdruck in der freien Atmosphäre der Fall ist. In

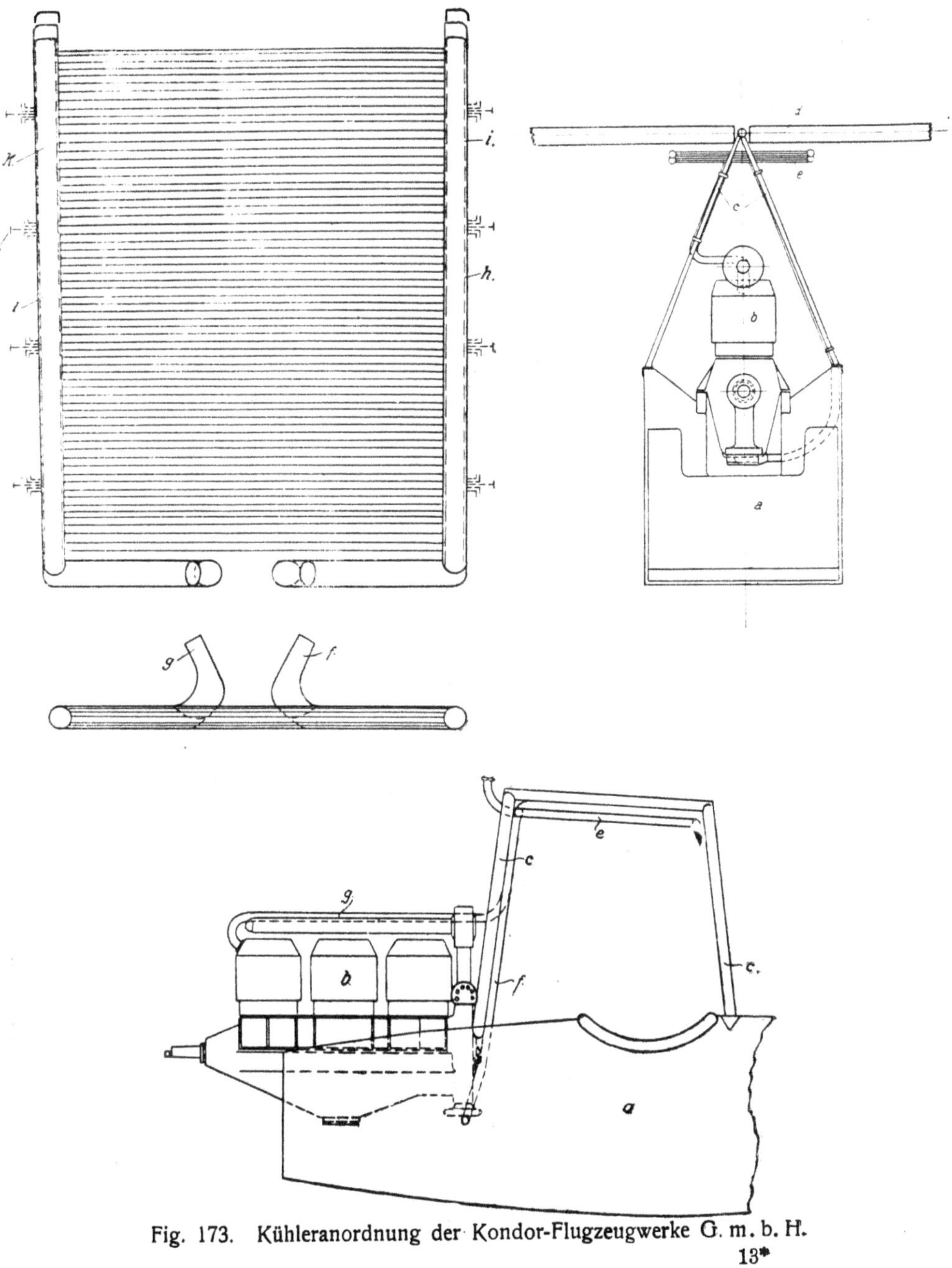

Fig. 173. Kühleranordnung der Kondor-Flugzeugwerke G. m. b. H.

Fig. 175 ist die Anordnung nach Seppeler dargestellt. Der Kühler, dessen Bauart bereits durch Fig. 138 und 139 näher erläutert war, ist mit b gekennzeichnet. Die Tragfläche cd ist an der Stelle a durch den Kühler unterbrochen, durch welchen die Luft in Pfeilrichtung h hindurchströmt. Je nach der Richtung des Luftstromes findet eine mehr oder weniger intensive Belüftung der Kühlfläche statt, so daß

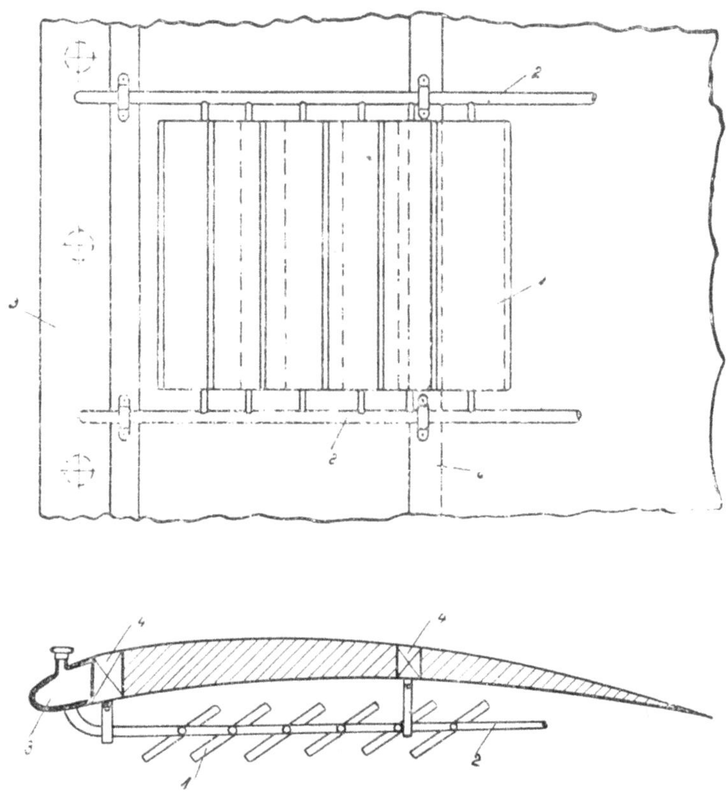

Fig. 174. Kühleranordnung der Ago-Flugzeugwerke G. m. b. H.

z. B. bei einer starken Steigung eine größere Luftgeschwindigkeit im Kühler vorhanden ist, als beim Horizontalflug oder beim Gleitflug. Es findet somit eine selbsttätige Regelung der Belüftung des Kühlers entsprechend der kleineren bezw. größeren Beanspruchung des Motors statt, womit günstiger Weise eine mehr oder weniger erhebliche Verdichtung der wärmeabführenden Luft verbunden ist. Zu dieser selbsttätigen Regelung kommt nun noch die an

Hand von Fig. 139 erläuterte Regelung der Kühlwirkung. Letztere kann durch ein unter dem Kühler angebrachtes Windfangblech erhöht werden, welches an einem Scharniergelenk angebracht den Kühler auch, wenn notwendig, abdecken kann.

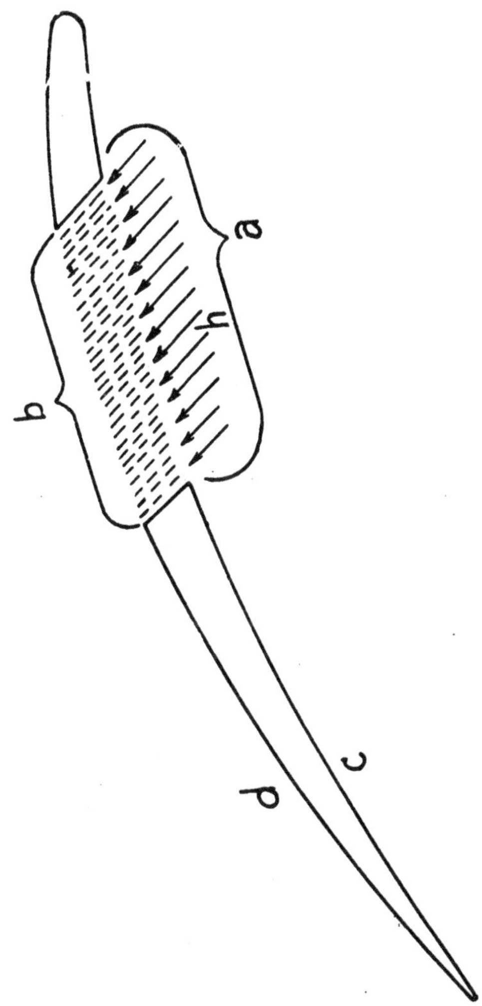

Fig. 175. Tragflächenkühler nach Seppeler.

Man nahm früher auf Grund einiger nicht einwandfreier Versuche an, daß die Gipfelhöhe des Flugzeuges durch den Tragflächenkühler leide. Es ist jedoch das Gegenteil der Fall, da der

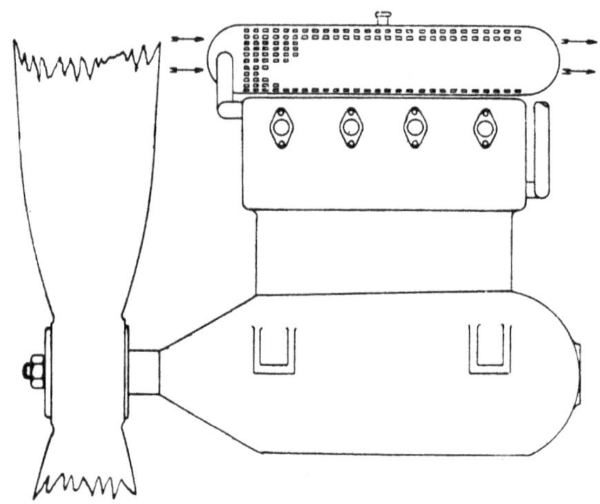

Fig. 176.

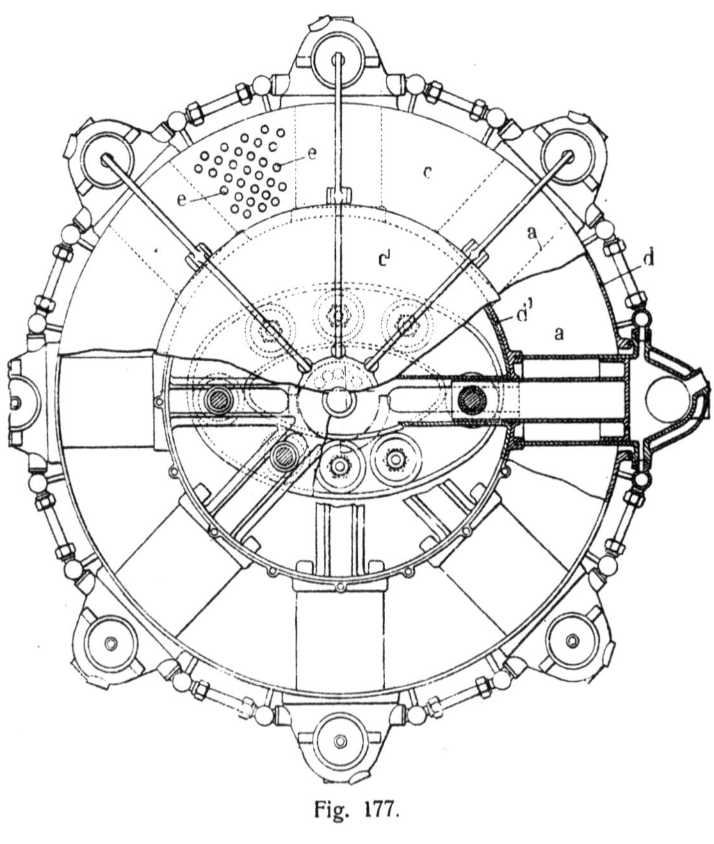

Fig. 177.

Widerstand im Verhältnis zu anderen Flugzeugkühler-Anordnungen sehr gering ist. Infolgedessen sind beim Flug in den oberen Schichten nur geringe Schräglagen der Tragdecke erforderlich, so daß dieselben mit besserem Wirkungsgrad arbeiten, was den geringen Ausfall an Tragflächen nicht nur aufwiegt, sondern noch größere Gipfelhöhen ermöglicht.

Fig. 176 zeigt die Anordnung eines Kühlers von besonderer Form längs über dem Motor nach einem Patent von W i n d h o f f.

Bei Sternmotoren und auch bei einigen Standmotoren findet man mitunter einen kreisförmigen Stirnkühler, welcher unmittelbar vor dem Motor angeordnet ist, wie z. B. bei einigen Flugzeugen, welche mit Salmson-Stern- und Standmotoren ausgerüstet sind. Eine eigenartige Kühleranordnung an einem Sternmotor ist in Fig. 177 zu sehen (Société Générale D'Aéro-Locomotion). Wir wollen die übrigen Einzelheiten des Motors völlig außer acht lassen und nur die Anordnung der Kühlung betrachten. Die ganzen Zylinder sind von einem gemeinsamen Wassermantel umgeben Parallel zur Motorachse wird der Wassermantel von Luftrohren durchzogen, wodurch die Rückkühlung des Wassers im Kühlmantel selbst erfolgen soll. Wenn auch vielleicht die in der Abbildung dargestellte Anordnung eine nicht völlig ausreichende Kühlfläche gibt, so dürfte diese Konstruktion eine Anregung geben, auf deren Grundlage eine Gewichtsersparnis durch Vereinigung eines Sternmotors mit einem Kühler zu erzielen wäre.

V. Regelung der Kühlung.

Wie bereits erwähnt, wird die beste Leistung eines Motors bei einer bestimmten Austrittstemperatur des Kühlwassers erzielt. Bei Flugmotoren liegt diese Temperatur gewöhnlich bei 75 bis 80 ° C, während man bei Kraftwagenmotoren gewöhnlich bis 90 ° und noch höher geht. Durch die Regelung der Kühlung wird nun angestrebt, die Austrittstemperatur unter den verschiedenen Betriebsverhältnissen stets in dieser günstigsten Höhe zu halten.

Da nun die Rückkühlung des Wassers von der Temperatur der Außenluft abhängig ist, so kommt bei Kraftwagen eine derartige Regelung nur für die kältere Jahreszeit in Betracht. Anders ist dies bei Flugzeugen, da bei diesen die Lufttemperatur mit der Höhe wechselt, was auch in der warmen Jahreszeit von Einfluß ist. Aus diesem Grunde ist bei Flugzeugen die Beobachtung der Kühlwassertemperatur durch geeignete Instrumente unerläßlich (siehe Kapitel VIII). Ein bei Flugzeugen in Betracht kommender anderer Gesichtspunkt ist der, daß beim Anflug eine hohe Beanspruchung des Motors stattfindet, und hierbei eine verhältnismäßig geringe Windgeschwindigkeit vorhanden ist, was eine Vergrößerung der wirksamen Kühlfläche erforderlich macht.

Beim horizontalen Flug ist namentlich in größeren Höhen, in denen eine niedrigere Temperatur herrscht, eine kleinere wirksame Kühlfläche erforderlich, um die Austrittstemperatur in der günstigsten Höhe zu halten. Beim Gleitflug, während dessen der Motor abgedrosselt und eine hohe Windgeschwindigkeit vorhanden ist, ist theoretisch ebenfalls eine geringere Kühlfläche notwendig. Die durch diese verschiedenen Betriebsverhältnisse erforderliche Regelung wird gewöhnlich durch Abschalten eines Teils der wirksamen Kühlfläche vollzogen.

Bei Kraftwagen ist ein sehr einfaches Mittel, um dies zu erreichen, das Abdecken eines Teiles der Kühlerstirnfläche. Dies kann z. B. durch eine Art Vorhang, wie Fig. 178 zeigt (Patent von H u e n e), vollzogen werden. Mittels des Windewerkes i und l wird der auf der Welle h aufgewickelte Vorhang a durch ein

Zugorkan k vor die Kühlerstirnfläche gezogen. Gegen den Winddruck wird der Vorhang durch ein aus hochkantigen Blechstreifen bestehendes Gitter g abgestützt. Derartige Vorrichtungen werden auch dazu benutzt, um den Kühler bei starkem Frost während einer Betriebspause vor Einfrieren zu schützen, auch ist es für die Wiederinbetriebsetzung günstig, das Kühlwasser nicht zu stark auskühlen zu lassen, da der Motor sonst schwer anspringt. Verwendet man, um einem Zerfrieren von Zylinder und Kühler vorzubeugen, reines Glyzerin bei Thermosyphonkühlung, so ist ein Warmhalten des Kühlers noch von besonderem Vorteil, da das kalte Glyzerin zu Beginn des Betriebes verhältnismäßig schwer in den Kreislauf eintritt.

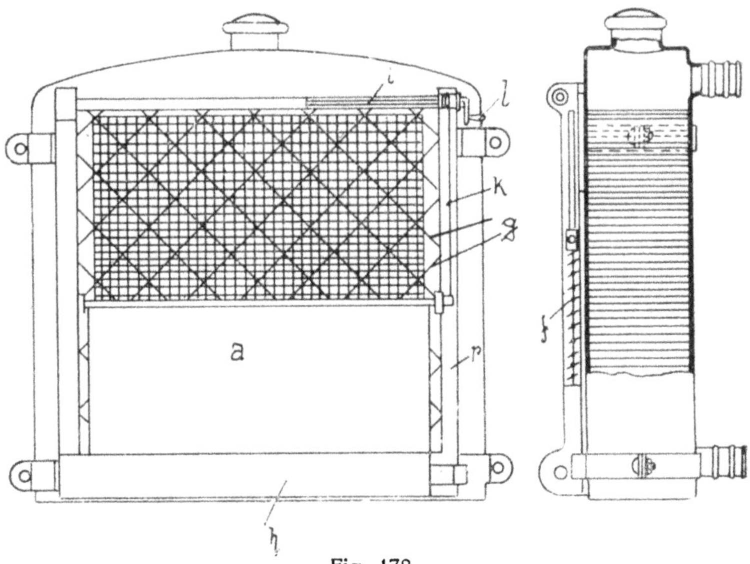

Fig. 178.

Andere Möglichkeiten, um die Stirnfläche abzudecken, werden in Fig. 179 dargestellt (Patent von der H e y d e n). Bei der Konstruktion ist von dem Grundsatz ausgegangen, eine billige und bequem herzustellende Abdeckungsmöglichkeit für verschiedene Kühlerformen zu schaffen. Der in I mit 1 gekennzeichnete Halter wird mit seinem ringförmigen oberen Ende 2 nach Abnahme der Einfüllverschraubung über den Einfüllstutzen geschoben, mit seinem unteren Teil 4 an die Unterseite des Kühlers geklemmt und in

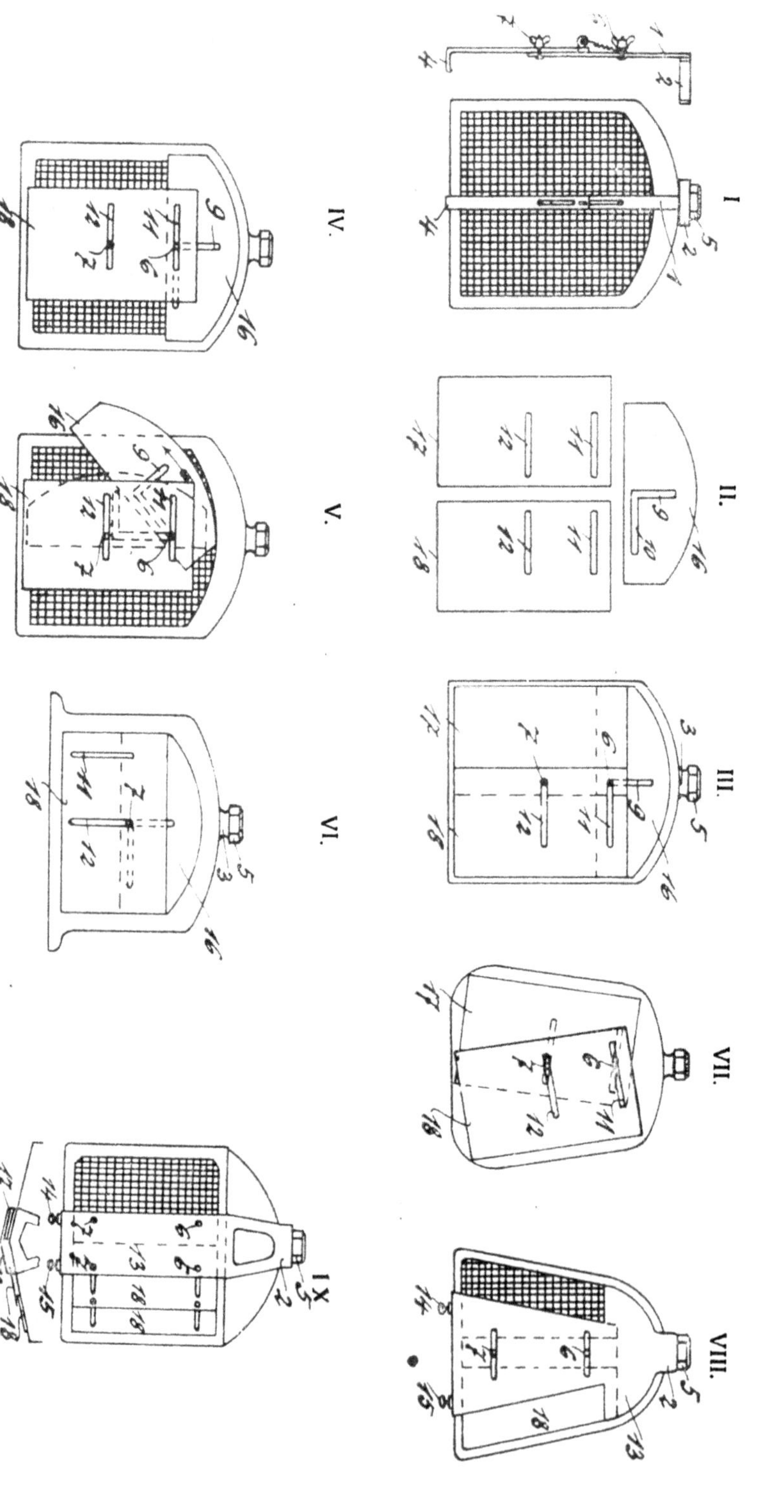

Fig. 179.

seiner Länge durch verstellbare Schrauben, bezw. durch eine Feder zusammengehalten. Am Halter sind die Flügeschrauben 6 und 7 befestigt. Die in II dargestellten Platten, welche nach der Form des Kühlers geschnitten werden und gegeneinander verstellbar sind, werden mit den Schlitzen 9, 10, 11 und 12 in die Flügelschrauben gehängt und sind in diesen verstellbar. In III findet auf diese Weise eine volle Abdeckung der Stirnfläche statt. Je nach der gewünschten Kühlwirkung wird nun durch Verschiebung der Platten die Stirnfläche bloß gelegt, z. B. in der Weise, wie IV zeigt, wo die Platten 17 und 18 übereinander geschoben sind, oder wie in V zu sehen ist, wo die Kühlfläche noch mehr vergrößert wird.

In VI sind die Platten in vertikaler Richtung verschiebbar angebracht. In VII gelangen nur die beiden seitlichen Platten 17 und 18 zur Verwendung. Eine andere Ausführungsform der Platten ist in VIII zu sehen. Die Abdeckungsmöglichkeit für einen Spitzkühler ist in IX veranschaulicht. Es ist gut, die Platten mit einem schlecht wärmeleitenden Material wie Filz oder Linoleum zu bekleiden.

Eine andere Möglichkeit, die wirksame Kühlfläche zu vergrößern bezw. zu verkleinern, ist die, einen Teil des Kühlerblocks abzuschalten, wie z. B. bei dem W i n d h o f f-Kühler Fig. 135. Ein derartiges Abschalten von Kühlelementen kann durch Schiebervorrichtungen, wie z. B. Fig. 180 zeigt (H a e g e l e und Z w e i g l e), geschehen. Zwischen zwei Füllräumen ist ein Verbindungsstück eingesetzt, welches mittels eines Doppelkonusses die Räume verbindet. In diesem Verbindungsstück ist ein von außen durch einen Hebel zu betätigender Rohrschieber eingesetzt, welcher in einem an dem Verbindungsstück festen zylindrischen Gehäuse läuft und mit diesem durch Schlitze den Querschnitt der Durchflußöffnung regelbar bezw. absperrbar macht.

Wird ein Teil des Kühlerblockes abgeschaltet, so liegt namentlich bei voneinander isoliert liegenden Elementegruppen in großen Höhen die Gefahr des Einfrierens der abgeschalteten Gruppe nahe. Das Abschalten ist daher nur dann zulässig, wenn die Bauart des Kühlers eine Heizung des abgeschalteten Teils vorsieht. Das Einfrieren kann auch dadurch vermieden werden, indem keine vollständige Abschaltung stattfindet, sondern nur eine Drosselung des durchfließenden Wassers.

Zur Vergrößerung der wirksamen Kühlfläche kann man bei großer Hitze bezw. in sehr warmen Gegenden Zusatzkühler nach

Fig. 181 verwenden (Mitteldeutsche Kühlerfabrik Teves und Braun). Durch derartige Zusatzkühler kann die gewünschte Kühlwirkung abgestimmt werden. Weniger umständlich ist die Veränderung der

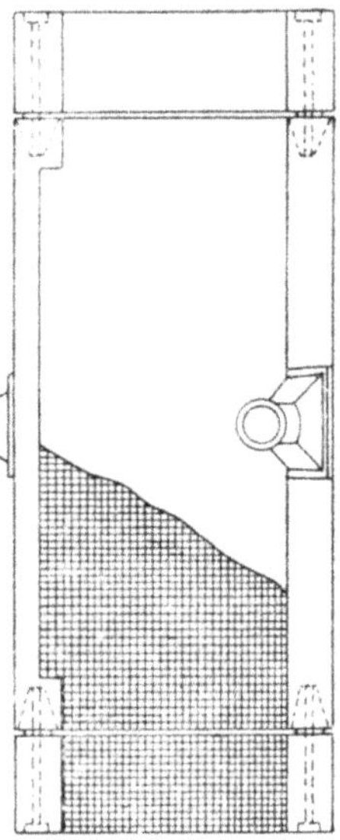

Fig. 181.

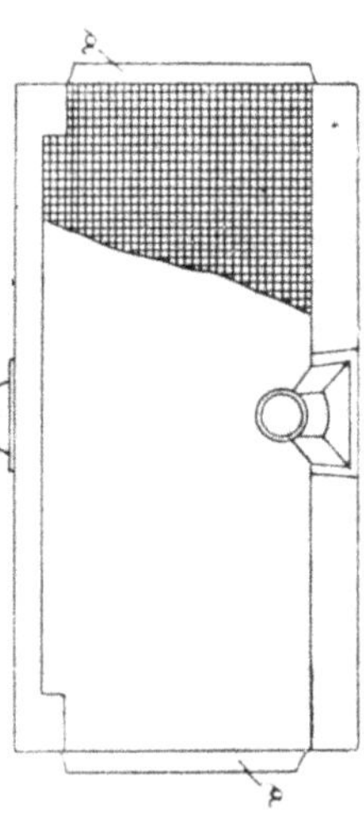

Fig. 182.

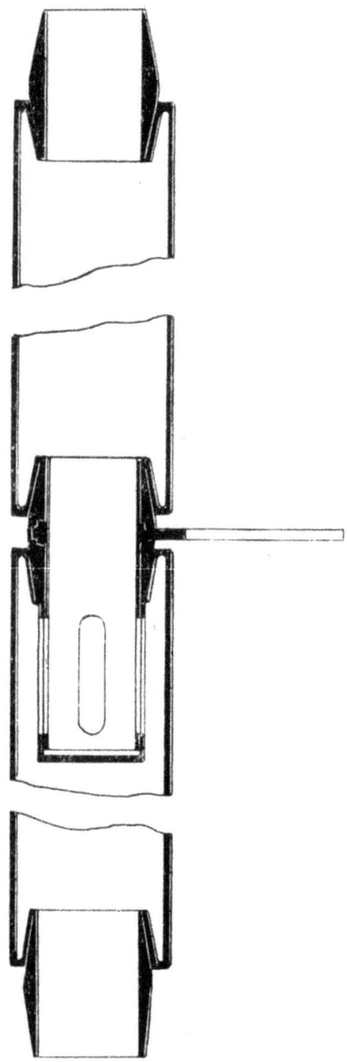

Fig. 180.

Kühlwirkung durch die in Fig. 182 dargestellte Konstruktion derselben Firma. Am Rande der Stirnfläche sind schrägstehende Ablenkflächen a angebracht. Je nach Stellung dieser Ablenkflächen wird nun die Luft vor dem Kühlerblock verdichtet, so daß eine größere Windgeschwindigkeit im Kühler und somit eine erhöhte Wärmeabfuhr stattfindet. Bei einer derartigen Lage der Ablenkflächen wirken dieselben mit ihrer Rückseite auf eine Luftverdünnung hin, welche den von vornher erhöhten Luftdruck unterstützt. Durch Verstellen der Ablenkflächen kann die Kühlwirkung in gewissen Grenzen verändert werden.

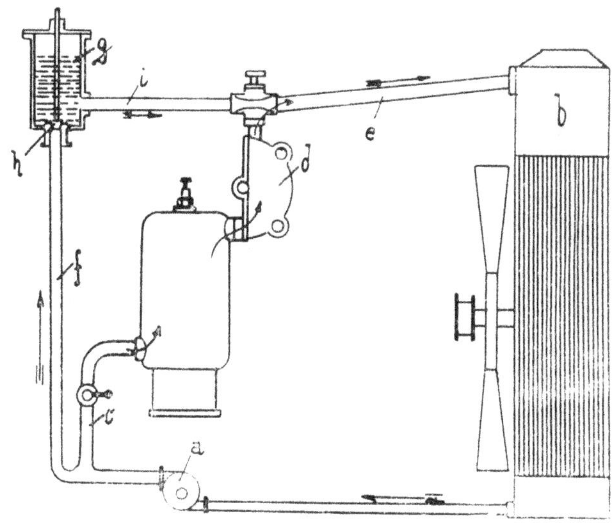

Fig 183.

Eine selbsttätige Regelung nach einem Patent von Sonck ist in Fig. 183 veranschaulicht. Es werden hier die Temperaturschwankungen benutzt, um auf einen Apparat zu wirken, welcher seinerseits die bei der Kühlung in Betracht kommenden Faktoren beeinflußt. Die Pumpe a saugt das Kühlwasser in den Kühler b hinein und drückt es dann durch das Ventil c in den Wassermantel des Arbeitszylinders. Von letzterem aus strömt es durch den Regler d in das Rohr e und fließt dem Kühler wieder zu. Sobald sich die Temperatur des Arbeitszylinders verringert, wirkt der Regler derartig, daß der Durchgangsquerschnitt durch das Ventil c verengt wird. Der umgekehrte Vorgang ereignet sich bei zu starker Erhitzung der Zylinderwände. Um den Kühlwasserüberschuß, welcher nicht durch den Zylinder geht, abzuleiten, ist eine Abzweigung f vorgesehen, welche über einem Ventil h in den Ausgleichbehälter g mündet. Die Belastung des Ventils h ist derart gewählt, daß sich das Ventil dann gleich öffnet, wenn in c ein Überdruck auftritt. Das von g austretende Wasser wird nach dem Rohr e hingeleitet, in welchem es sich mit dem aus dem Zylinder strömenden Kühlwasser mischt.

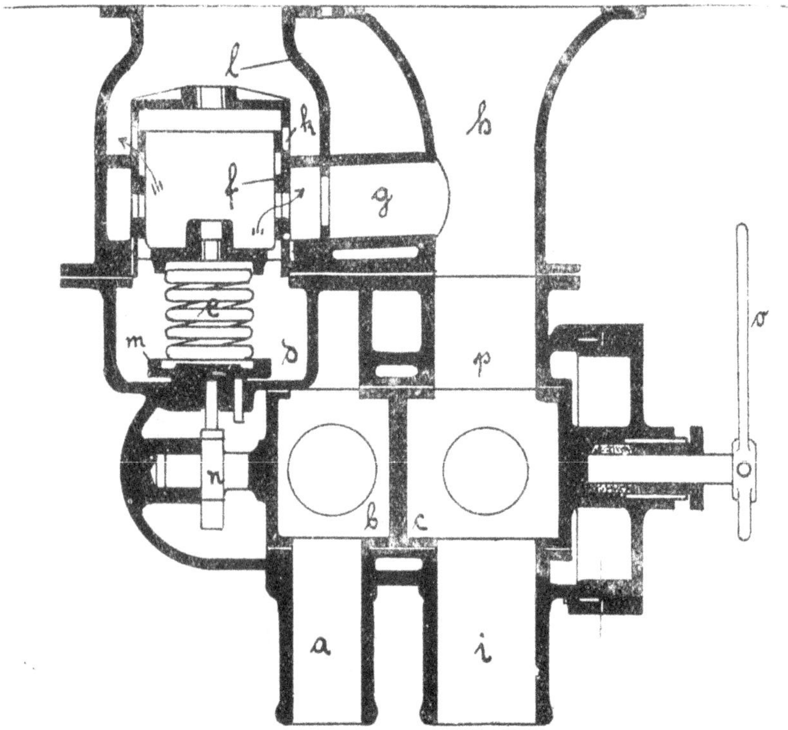

Fig. 184. Regelung nach Teves u. Braun.

Eine andere selbsttätige Regelung (Mitteldeutsche Kühlerfabrik Teves und Braun) ist in Fig. 184 zu sehen. Das heiße Wasser tritt durch den Stutzen a in das Reglergehäuse ein, durchströmt die eine Hälfte b eines Doppelabsperrzylinders b, c und gelangt in die Kammer d, in der sich der Reglerkörper e befindet. Zunächst nimmt das Wasser seinen Weg durch den Rundschieber f in der Pfeilrichtung hindurch und gelangt durch den Verbindungsstutzen g in das Abflußrohr h des Kühlers, um von hier aus durch die andere Hälfte c des Doppelzylinders b, c hindurch den Ausflußstutzen i zu verlassen und zum Motor zurückzufließen.

Hat sich das Wasser allmählich erwärmt, so teilt es seine Wärme dem Regler e mit, welcher aus einer Dose besteht, die im Innern eine leichte Verdampfungsflüssigkeit enthält und sich infolge der Verdampfung linear ausdehnt. Dadurch wird der Steuerschieber f so weit verschoben, daß das Wasser durch den Kanal k zum Eintritt in den Einflußstutzen l und damit zum Eintritt in den Kühler selbst veranlaßt wird. Der Reglerkörper e sitzt auf einer Platte m, die durch ein Exzenter n gehoben wird. Versagt der Körper e, so wird durch eine Vierteldrehung des Handgriffs o das Exzenter n gedreht und der Reglerkörper e und mit ihm der Schieber f so hoch gehoben, daß das Wasser durch den Kanal k in den Kühler gelangt. Dreht man den Handhebel o um eine weitere Vierteldrehung, so schließt der Doppelzylinder b, c den übrigen Teil an den Stellen d und p und zwingt das Wasser, aus der Schieberhälfte b unmittelbar in die andere Hälfte überzutreten und durch den Stutzen i zum Motor zurückzufließen. Es ist hierdurch ein Kurzschluß erreicht, so daß das Wasser weder in den Kühler gelangt noch die Reglerkammer durchwandert. Die Abstufung in diesen Vorgängen wird durch Anordnung einer Raste am Exzenter erreicht.

Die Anordnung hat den Vorteil, daß man im Falle des Versagens des Reglermechanismus von Hand aus auf die Regelung einwirken kann, was bei derartigen Vorrichtungen notwendig ist, denn selbständige Regelungsvorrichtungen sind sehr empfindlich und neigen daher leicht zu Defekten.

Bei Flugzeugen wird die Veränderung der wirksamen Kühlfläche meist durch Einrichtungen vorgenommen, welche vom Führersitz aus verstellbar sind, so z. B. findet man drehbare Klappen, welche vor der Stirnfläche des Flugzeugkühlers angebracht sind und durch deren Verdrehung sich die Stirnfläche teilweise abdecken läßt. Eine andere Möglichkeit war bereits in Fig. 172 am Siemens R Flugzeug gezeigt, wo die Regelung durch visierartige Schieber, welche vom Führersitz aus verstellt werden, geschieht.

Findet ein teilweises Abdecken der Stirnfläche durch Klappen statt, so wird hierdurch der Luftwiderstand vermehrt. (In dieser Beziehung ist übrigens die Visieranordnung bei dem Siemens R Flugzeug sehr günstig.) Der Wunsch, diesen ungünstigen Luftwiderstand zu beseitigen, gab Veranlassung zu der in Fig. 185

dargestellten Konstruktion der Süddeutschen Kühlerfabrik. Es soll hierbei bei einer Verringerung der Kühlwirkung nicht eine Vergrößerung, sondern eine Verringerung des Luftwiderstandes stattfinden.

Die Wirkung beruht im wesentlichen darauf, daß der Kühler

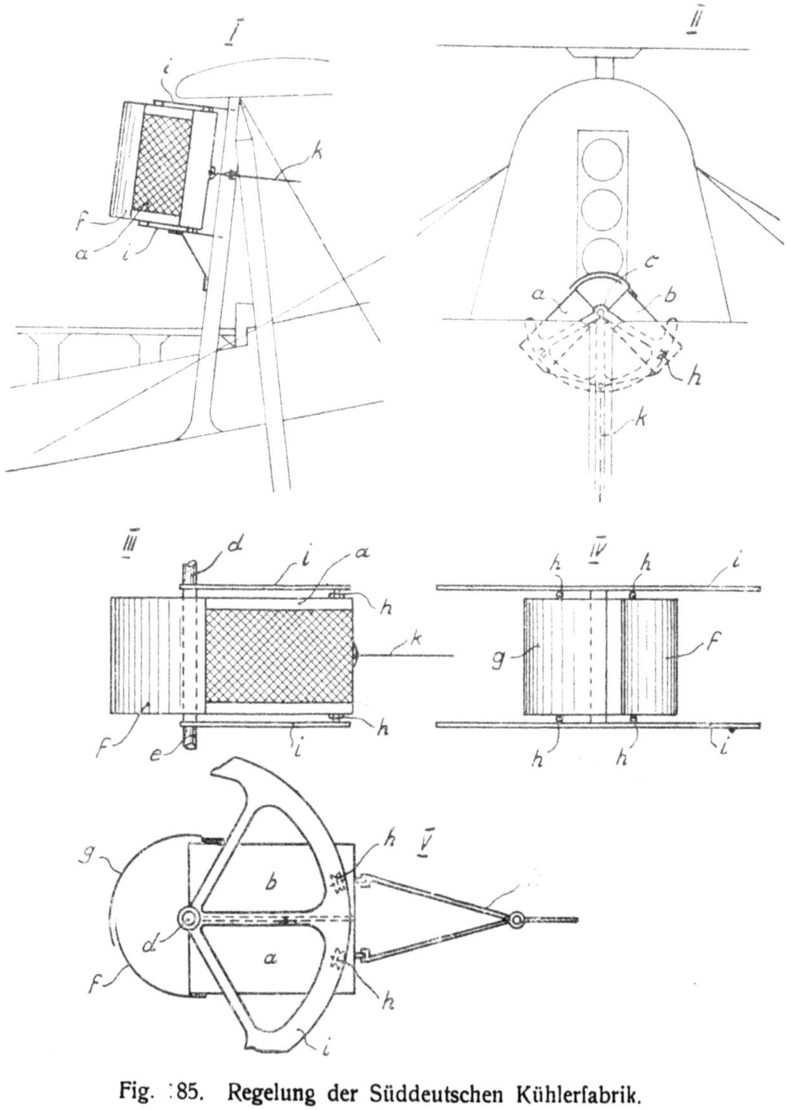

Fig. 185. Regelung der Süddeutschen Kühlerfabrik.

flügelartig in die Flugrichtung, bezw. aus derselben schwenkbar ausgebildet ist, so daß er je nach Einstellung der Luft eine mehr oder weniger geneigte Stirnfläche darbietet. Am vorteilhaftesten ist hierbei eine doppelflügelartige Anordnung des Kühlers. In I und III ist der Kühler in einer Seitenansicht gezeigt und in II im Grundriß, wobei der Einbau im Flugzeug angedeutet ist. In IV ist eine Vorderansicht zu sehen. In V ist der Kühler im Grundriß in ebenso vergrößertem Maßstabe wie in III und IV zu sehen. Der Kühler besteht aus zwei Teilen a und b, welche wie Flügel

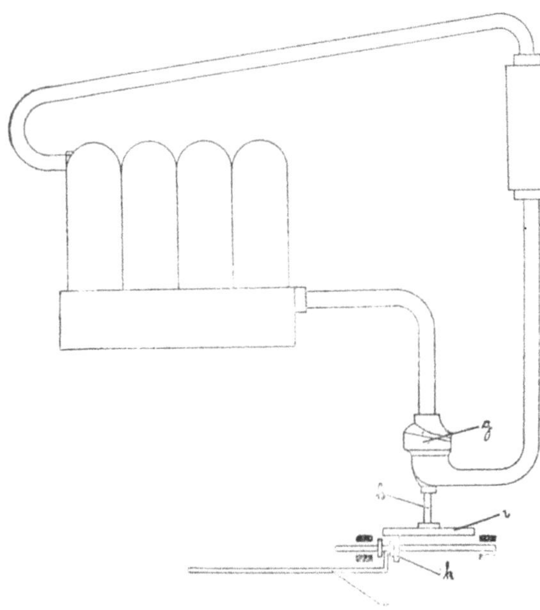

Fig. 186. Regelung der Deutschen Flugzeugwerke G. m. b. H.

um das Gelenk c schwingen können. In der Gelenkachse ist der Wasserzulauf d und der Wasserablauf e angeordnet. Die Flügel sind an ihren freien Enden mittels der Rollen h auf Laufschienen i geführt und werden mittels des Zugorganes k und der Überwindung einer nicht dargestellten Feder eingestellt. An der Gelenkstelle sind die Flügel mit den Ablenkblechen g und f ausgerüstet. Letztere sind zylindrisch gekrümmt und so angeordnet, daß sie sich bei der Winkelverstellung des Kühlers übereinander schieben können und die Gelenkstelle stets abgedeckt halten, so daß dort keine Luftwirbel auftreten können. Ist der Kühler voll zur Wirkung gebracht, so besitzt der Luftwiderstand die für diese Kühlerwirkung unvermeidliche Größe. Wird der Kühler jedoch durch Zusammenklappen der Flügel mehr und mehr außer Wirkung gesetzt, so wird dadurch auch der Luftwiderstand entsprechend herabgesetzt.

Auf eine andere Weise läßt sich die Kühlwirkung durch die in Fig. 186 dargestellte Konstruktion der Deutschen Flugzeugwerke G. m. b. H. Leipzig, beeinflussen. Es wird hier nicht die wirksame Kühlfläche verändert, sondern die Umlaufgeschwindigkeit des Wassers, und zwar dadurch, daß die Pumpe einen veränderlichen Antrieb erhält. Die Welle h der Pumpe g trägt eine Reibungsscheibe i, auf der sich das Treibrad k abwälzt. Letzteres kann mittels eines zum Führersitz führenden Gestänges n achsial verschoben werden, so daß dadurch die Übersetzung und damit die Drehzahl und Fördermenge der Wasserpumpe geändert wird.

VI. Kühlerwasserpumpen.

A. Pumpen.

Im Kraftwagen- und Flugmotorenbau gelangen fast durchgängig Schleuderradpumpen zur Verwendung. Nur bei Bootsmotoren findet man Zahnradwasserpumpen, Kolbenpumpen und ganz vereinzelt auch Kapselpumpen. Die Schleuderradpumpen sind nach Art der Zentrifugalpumpen gebaut. Die Zentrifugalpumpe ist bekanntlich eine Umkehrung der Wasserturbine. Sie wird vom Wasser in umgekehrter Richtung durchflossen als wie die Turbine, wobei die Schaufeln des Laufrades dem Wasser lebendige Kraft mitteilen und dadurch den Kreislauf des rückgekühlten Wassers hervorrufen, bezw. bei Thermosyphonwirkung die Geschwindigkeit desselben erhöhen. Als Zentrifugalpumpen lassen sich diese Pumpen nicht ansprechen, da sie in ihrer Durchbildung stark von denselben abweichen. Eine einwandfreie rechnerische Festlegung derartiger Pumpen ist im Motorenbau nicht durchführbar, da sich bei einer Zentrifugalpumpe die theoretische Austrittsgeschwindigkeit oft schon bei geringer Änderung der Drehzahl und des Gegendruckes sehr erheblich ändert und der Wirkungsgrad vor und hinter der Drehzahl, für welche die Pumpe theoretisch konstruiert ist, stark abfällt. Diese Tatsache ist in Fig. 187 deutlich veranschaulicht. Die dargestellten Kurven sind an der Wasserpumpe eines Sechszylinder 180 PS Flugzeugmotors einer bekannten Bauart von 150 mm Bohrung und 180 mm Hub aufgenommen.

Fig. 187 zeigt die geförderte Wassermenge w bis w_4 bei verschiedenen Drehzahlen und wachsendem Druck. Der mechanische Leistungsverbrauch bei 1800 Umdrehungen ist durch N. dargestellt. Der hydraulische Leistungsgewinn ist durch N' gekennzeichnet. Aus dem Verlauf der Kurve für den Wirkungsgrad $\eta = \frac{N'}{N}$ sieht man, daß der günstigste Wirkungsgrad bei einem ganz bestimmten Gegendruck vorhanden ist, während vor und hinter diesem günstigsten Punkt ein ziemlich steiler Abfall der Kurve stattfindet. Aus Fig. 188 sind die starken Abweichungen

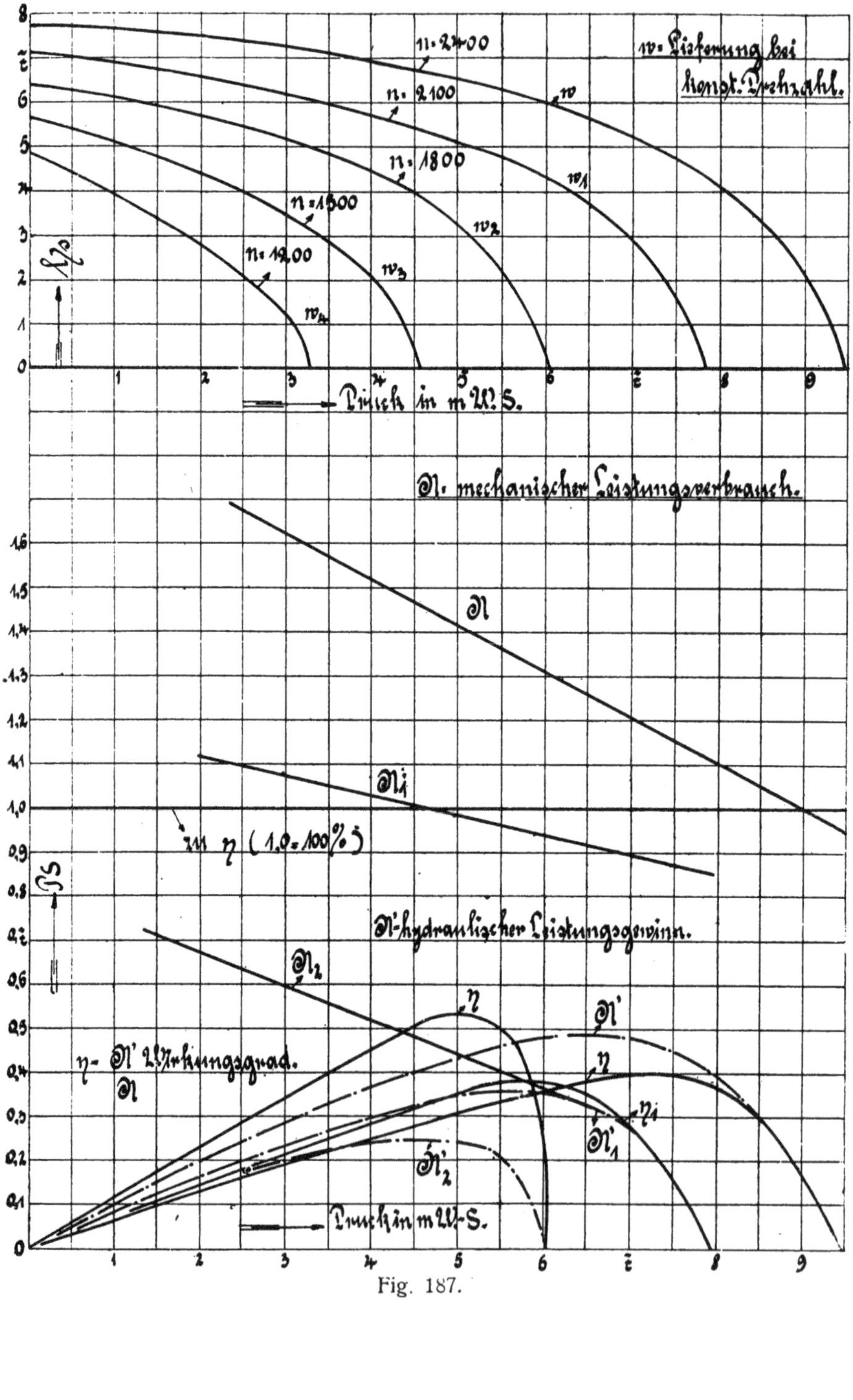
n = 2400
n = 2100
n = 1800
n = 1500
n = 1200
w
w₁
w₂
w₃
w₄
w = Lieferung bei konst. Drehzahl.
Druck in m W.S.
N = mechanischer Leistungsverbrauch.
N
Nᵢ
η (1,0 = 100%)
N'-hydraulischer Leistungsgewinn.
N₂
η
N'
η - N' Wirkungsgrad.
N
ηᵢ
N'₁
N'₂
Druck in m W.S.

Fig. 187.

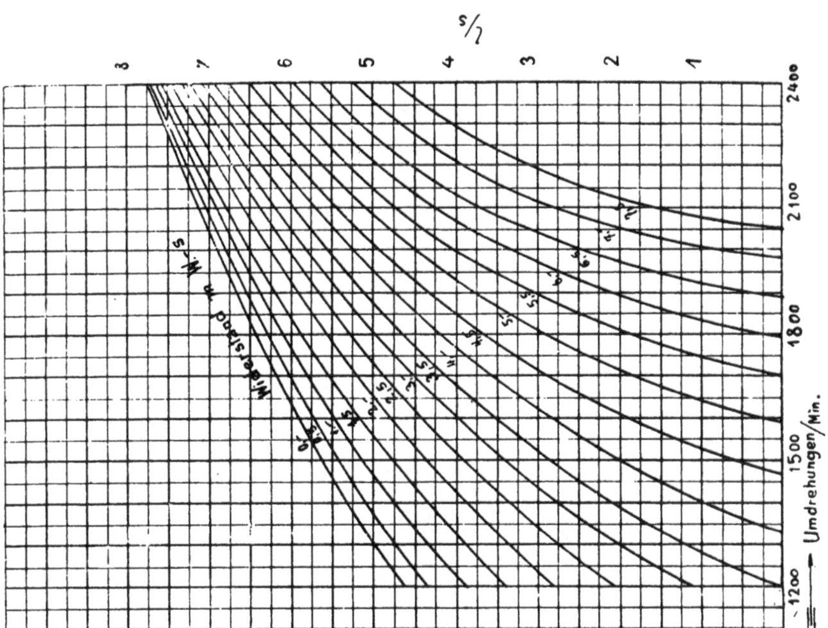

Fig. 188.

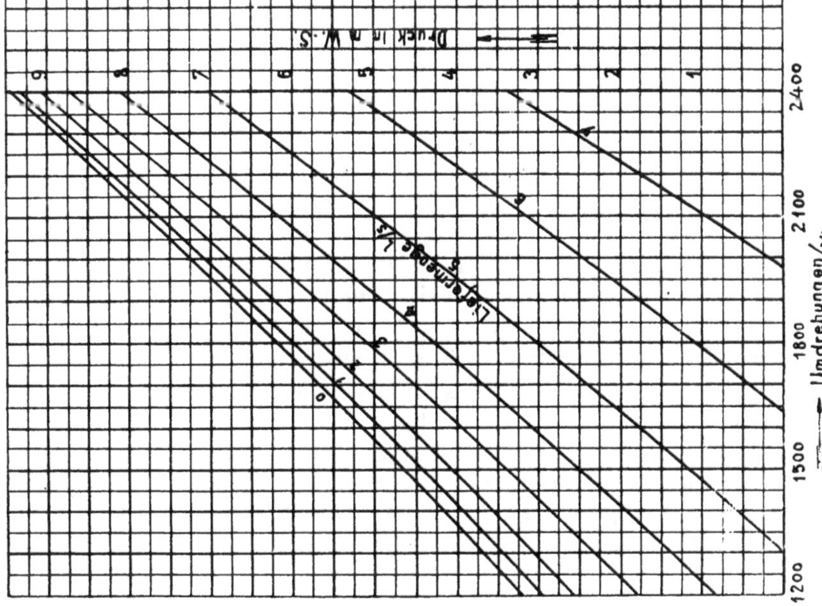

Fig. 189.

der Fördermenge ersichtlich bei veränderter Drehzahl und verschiedenen Verhältnissen des Gegendruckes. In Fig. 189 ist der Druck dargestellt bezogen auf die Drehzahl bei konstanter Fördermenge. Die von Hoffmann in der Zeitschrift für Flugtechnik und Motorluftschiffahrt am 23. 2. 18 veröffentlichten Kurven für die Wasserpumpe des 140 PS Hispano-Suiza-Motors verlaufen analog. Desgleichen eine große Anzahl von Kurven, welche auf amtlichen Prüffeldern an Kühlwasserpumpen verschiedener Motoren aufgenommen wurden. Aus diesen Darstellungen ersieht man, daß die Förderung und damit die Wassergeschwindigkeit ganz wesentlich bei verändertem Druck und veränderter Drehzahl schwanken, so daß nicht angängig ist, eine derartige Pumpe für eine bestimmte Drehzahl zu dimensionieren, da außerhalb dieser Drehzahl die

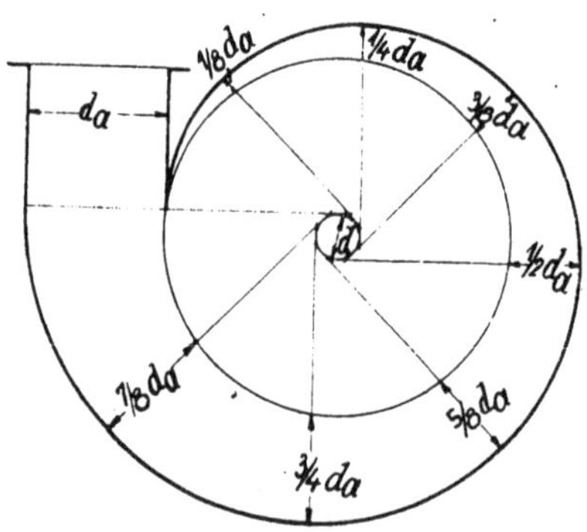

Fig. 190.

Wassergeschwindigkeit eine zu geringe werden würde. Dies würde besonders ins Gewicht fallen bei Bergfahrten, bei denen der Motor mit niedriger Drehzahl unter voller Belastung läuft. Man muß aus diesem Grunde die Abmessungen der Pumpe sehr reichlich wählen, damit die Fördermenge auch beim ungünstigsten Wirkungsgrad eine ausreichende ist. Man könnte nun eine Zentrifugalpumpe bauen, deren Wirkungsgrad zwischen bestimmten Grenzen groß genug ist, jedoch läßt sich eine derartige Pumpe aus Fabrikationrücksichten in derartig kleinen Abmessungen, wie sie im Motorenbau mit hohen Drehzahlen benötigt werden, nicht herstellen. Aus diesem Grunde ist man darauf angewiesen, sich beim Bau derartiger Pumpen auf vorhandene ausprobierte Konstruktionen zu stützen. Der Wahl der Schaufelform braucht man eben deshalb keine besondere Sorgfalt zuzuwenden.

Einige Anhaltspunkte für die Dimensionierung der Pumpen sind durch die nachstehend abgebildeten verschiedenen Bauarten gegeben.

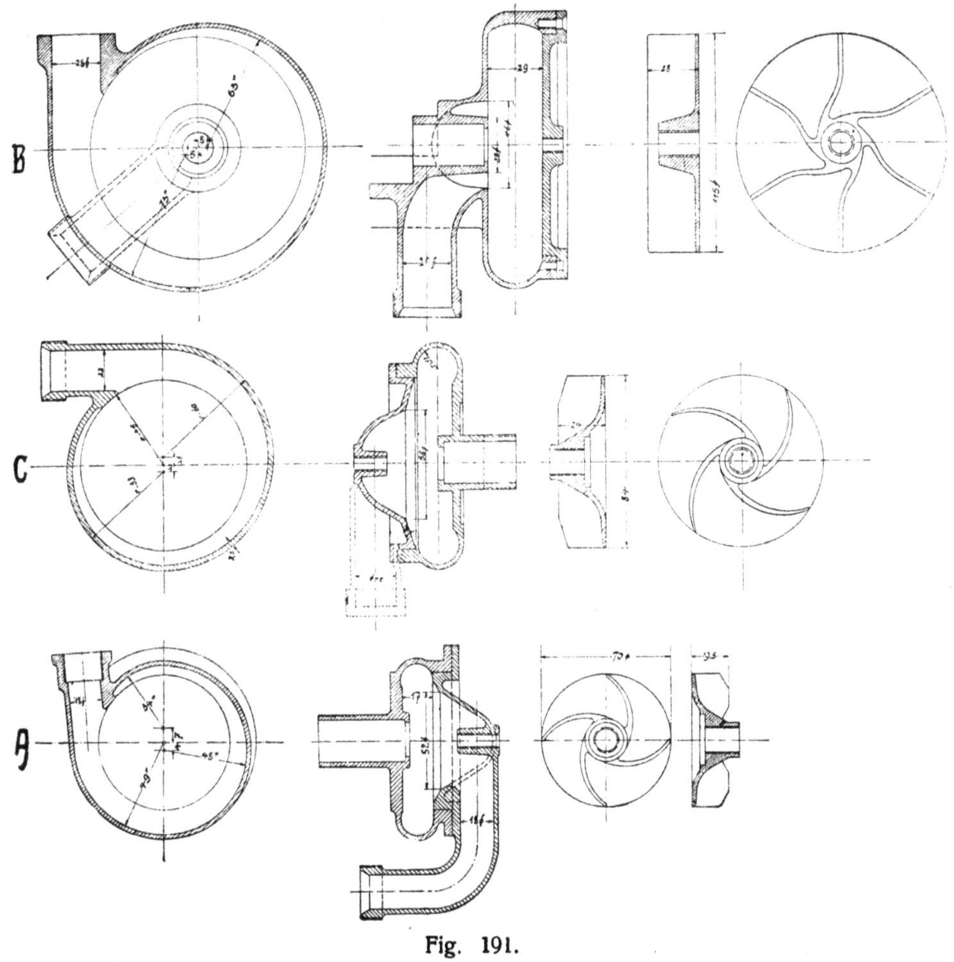

Fig. 191.

Für die Begrenzungslinie des Laufradgehäuses wählt man die Form einer Evolvente gemäß Fig. 190 (vgl. Motorwagen Heft 17, 1916). Es ist hierbei: $d = \frac{da}{\pi}$

Um die Verluste in der Pumpe möglichst niedrig zu halten, so kann der Teil, in dem das Wasser das Rad verläßt und in den

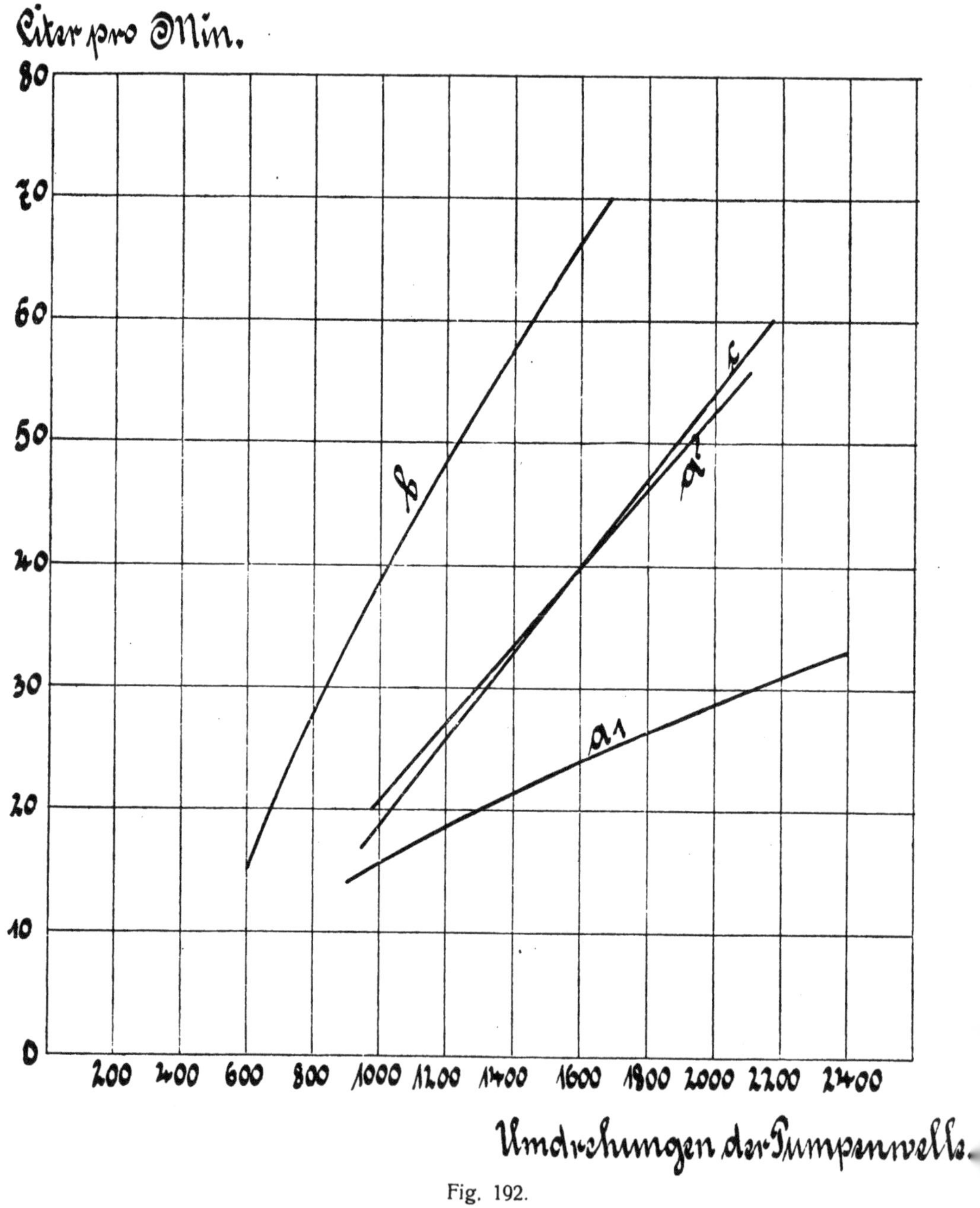
Liter pro Min.
80
70
60
50
40
30
20
10
0
200
400
600
800
1000
1200
1400
1600
1800
2000
2200
2400
b
c
a2
a1
Umdrehungen der Pumpenwelle.

Fig. 192.

Verteiler übergeht, nach außen verlegt werden. Um das Laufrad liegt zunächst ein Wasserring, welcher in den sich erweiternden Verteiler übergeht, wie dies z. B. in der Pumpe Fig. 197 der Fall ist. Es wird dadurch eine plötzliche Querschnittveränderung im Wasserraum verhindert.

Beispiele für die Größenverhältnisse von Kraftwagenwasserpumpen nebst den erzielten Fördermengen seien in Fig. 191 und 192 gegeben. Die Fördermenge ist in l/Min. dargestellt, bezogen auf die minutliche Drehzahl des Laufrades. Es entspricht in Fig. 192 die Kurve a der Pumpe A aus Fig. 191 usw. Die Pumpe A stammt von einem 12/31 PS Vierzylindermotor von 90 mm Bohrung und 123 m Hub. Die Pumpe B von einem 18/50 PS Vierzylindermotor von 100 mm Bohrung und 146 mm Hub, und die Pumpe C von einem 18/42 PS Vierzylindermotor von 110 mm Bohrung und 120 mm Hub.

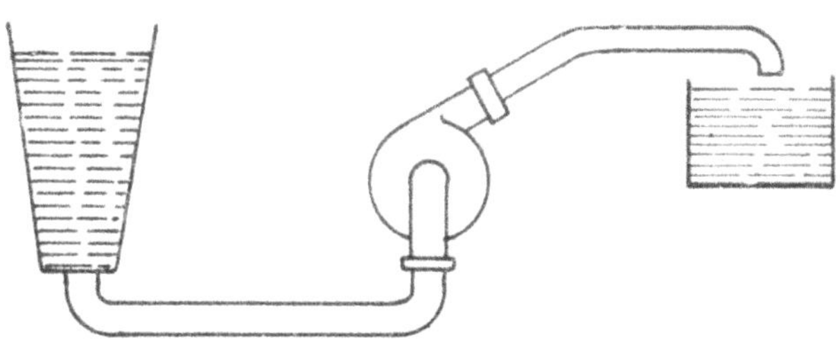

Fig 193

Dem Versuch, welcher die Fördermenge a ergab, wurde die Versuchsanordnung Fig. 193 zu Grunde gelegt. Es ist hier keine Saughöhe vorhanden (vielmehr ein geringer Druck vom Saugbehälter aus) und so gut wie keine Druckhöhe. Die Kurven b und c wurden ebenfalls nach Fig. 193 gewonnen, jedoch bei einer Saughöhe von 0,35 bis 0,4 m.

Welchen Einfluß der Leitungswiderstand auf die Fördermenge hat, zeigt Kurve a_1. Dieselbe wurde mit der Pumpe A bei einer Versuchsanordnung nach Fig. 194 aufgestellt. Vor die Pumpe ist ein Kühler geschaltet und hinter die Pumpe ein Zylinderblock.

In Fig. 195 ist die Kühlwasserpumpe des 400 PS Liberty-Motors zu sehen. Der Motor hat 12 Zylinder, 127 mm Bohrung und 178 mm Hub. Die Drehzahl des Laufrades beträgt das 1,5fache der Kurbelwellendrehzahl. Die Leistungskurve der Pumpe ist auf

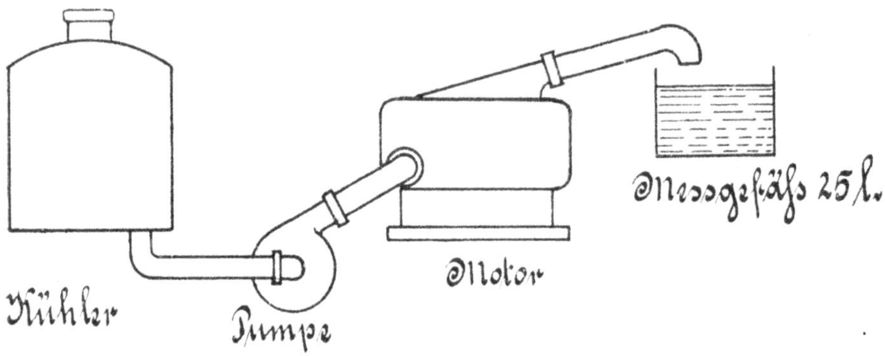

Fig 194.

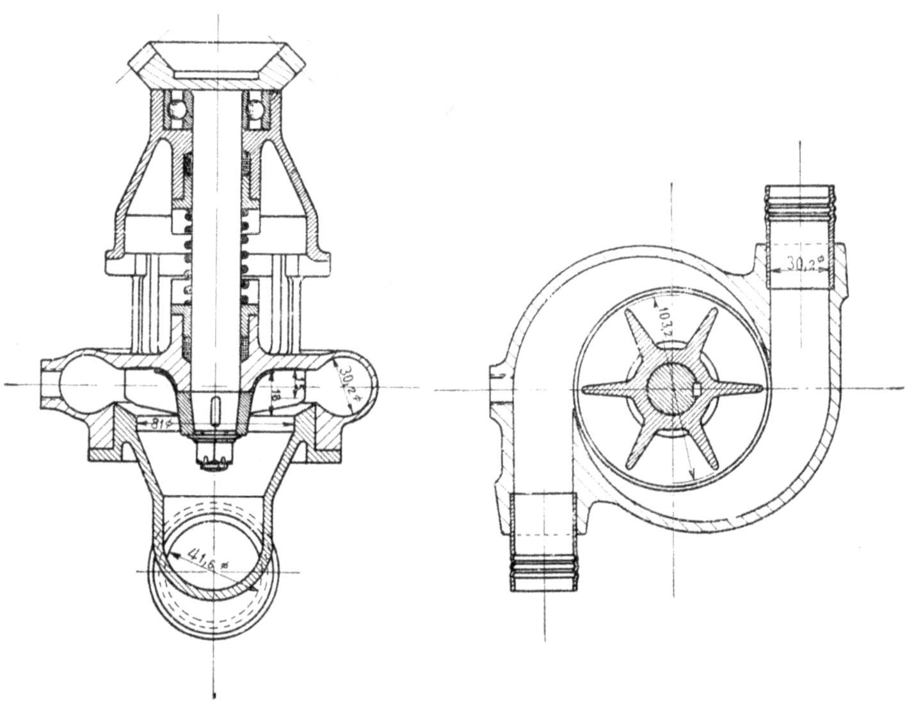

Fig. 195. Kühlwasserpumpe des Liberty-Motors.

Fig. 196 zu sehen. Unter Zugrundelegung einer Kühlwassermenge von 80 l/PS/Std., wie gewöhnlich angenommen wird, und einer maximalen Leistung von 400 PS ergibt sich eine erforderliche

Wassermenge von rund 8,9 l/Sek. Wie aus der Leistungskurve ersichtlich, wird diese Leistung bei weitem nicht erreicht, sondern etwa nur die Hälfte bei einem Druck von 6 m Wassersäule. Es

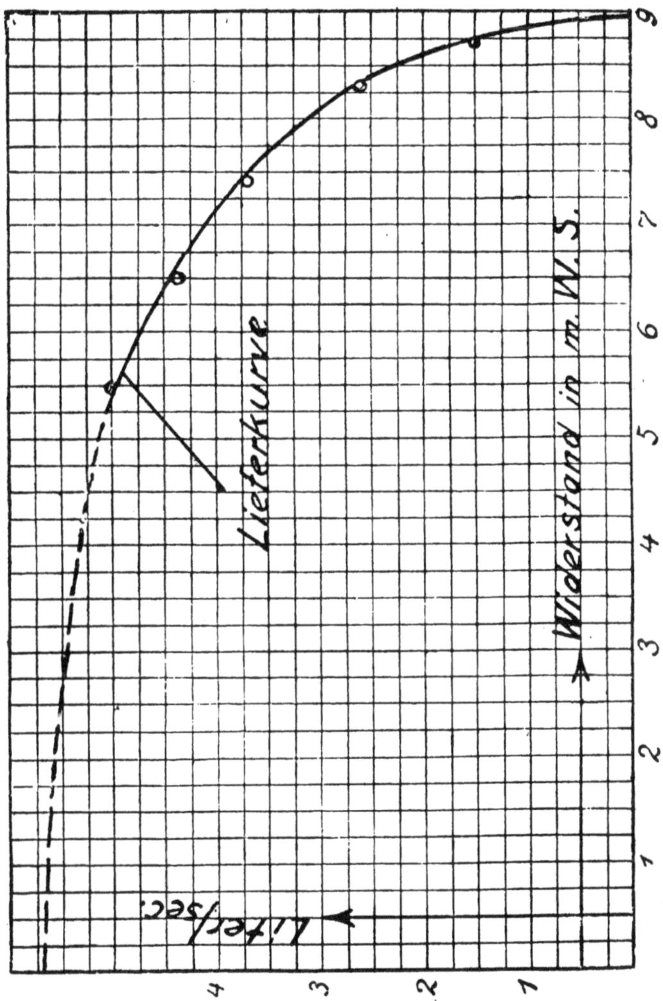

Fig. 196.

ergibt sich hiernach gegenüber hiesigen Verhältnissen ein fast doppelt so großer Kühler, um die entsprechende Wärme an die Luft abzuführen. Die Pumpe selbst hat ein Laufrad mit geraden Schaufeln und 2 entgegengesetzt gerichtete Wasseraustrittsstutzen.

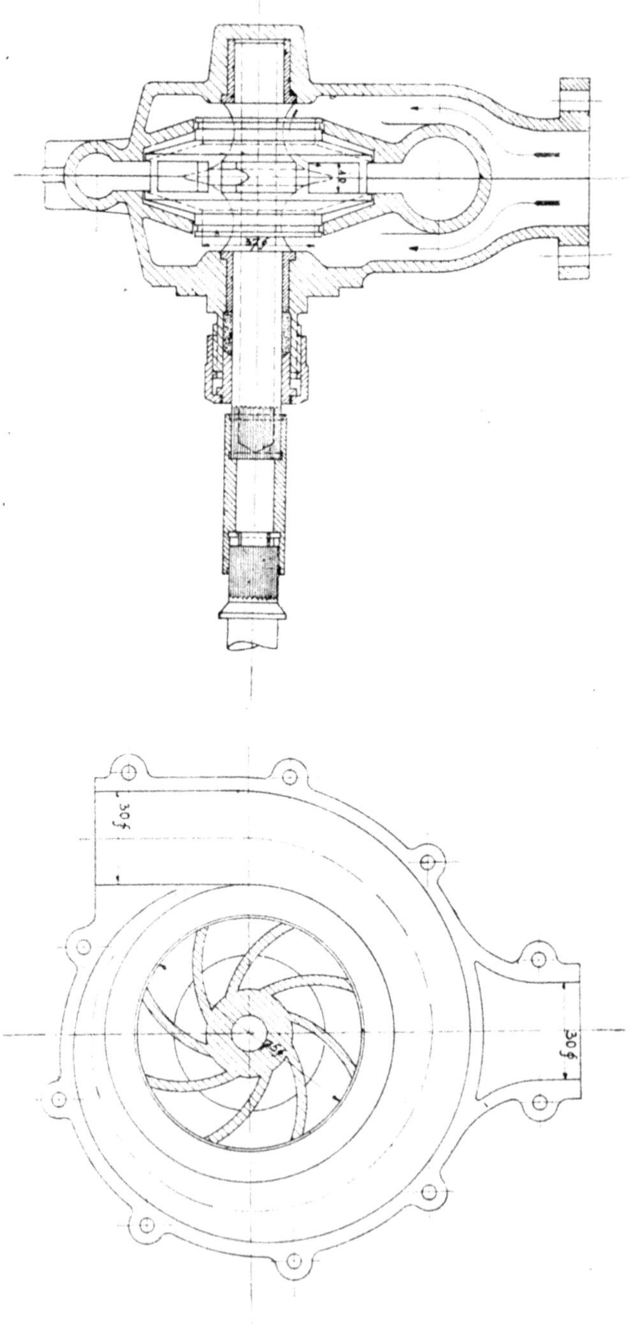

Fig. 197 Rolls-Royce Kühlwasserpumpe.

Fig. 195 und 196 nebst Angaben sind der Arbeit von Schwager im Motorwagen vom 28. 2. 19 entnommen.

Gewöhnlich findet die Zuführung des Wassers nur auf einer Seite des Laufrades statt. Hierdurch wird ein achsialer Druck erzeugt, welcher entweder von einem Schrägdruckkugellager oder Achsialdrucklager aufgenommen wird. Auch findet man mitunter gegenüber dem Ende der Pumpenwelle eine Schraube angeordnet, welche den Druck aufnimmt. Tritt dagegen das Wasser von beiden Seiten in das Laufrad, wie bei der Pumpe des Rolls-Royce-Motors Fig. 197, so wird der achsiale Druck aufgehoben. Der erwähnte Motor hat 12 Zylinder, 114 mm Bohrung und 165 mm Hub. Seine Leistung beträgt bei 1800 Umdrehungen bis 352 PS. Die Drehzahl des Laufrades beträgt das 1,5 fache der Kurbelwellenzahl. Bei derartigen Pumpen sind 2 Lager erforderlich, während bei den Pumpen mit einseitigem Wassereintritt nur ein allerdings etwas längeres Lager notwendig ist. Ferner muß das Pumpengehäuse geteilt sein.

Ein einseitiger Wassereintritt, welcher durch 2 Zuleitungskanäle erfolgt, ist bei der Pumpe des Fiat 6-Zylinder-Motors Fig. 198 zu sehen. Der Motor leistet 254 PS bei 1400 Umdrehungen und hat 160 mm Bohrung und 180 mm Hub. Die Pumpenwelle läuft mit der 1,5 fachen Drehzahl der Kurbelwelle und ist doppelt gelagert. Hinter dem Laufrad hat sie einen konischen ringförmigen Ansatz, welcher durch den Wasserdruck in eine entsprechende Ausdrehung der Lagerschale gepreßt wird. Hierdurch wird der achsiale Druck aufgenommen und gleichzeitig das Lager gegen das Eindringen von Wasser und der Wasserraum gegen das Eindringen von Schmiermaterial abgedichtet.

Die Druckfeder hat nur den Zweck, den Konus der Welle in der konischen Ausdrehung des Lagers zu halten, wenn z. B. bei Stillstand kein achsialer Druck vorhanden ist.

Um eine möglichst gleichmäßige Wassergeschwindigkeit an den Schaufeln des Rades zu erzielen, werden dieselben nach dem äußeren Umfang hin verjüngt. Dies spielt jedoch keine derart wesentliche Rolle, als daß man nicht aus Gründen der Billigkeit davon absehen kann.

Es ist zu beachten, daß die Flügel des Laufrades nicht in den Verteiler hineinreichen. Da besonders bei Pumpen mit hoher Umfangsgeschwindigkeit das Wasser im Verteiler eine verhältnismäßig niedrige Geschwindigkeit hat, so wird dadurch das Wasser im

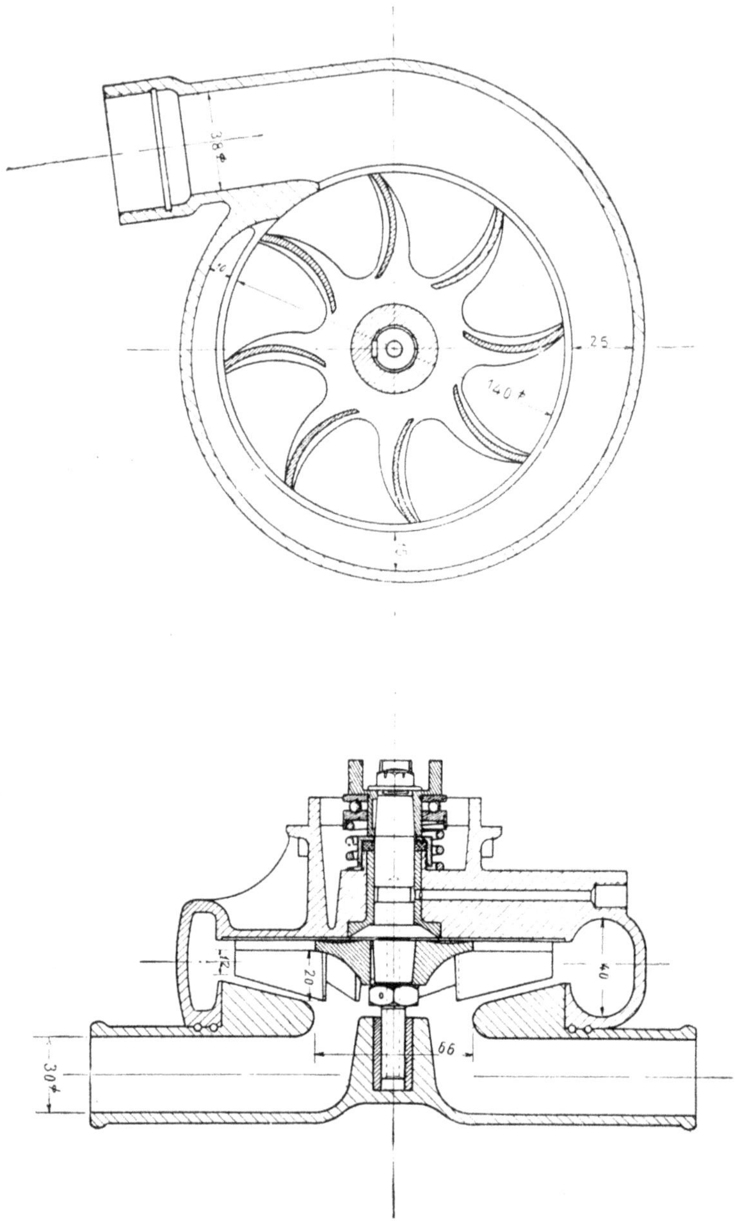

Fig. 198. Kühlwasserpumpe des Fiat-Motors.

Verteiler herumgewirbelt, was eine Verschlechterung des Wirkungsgrades und einen großen Kraftverbrauch zur Folge hat.

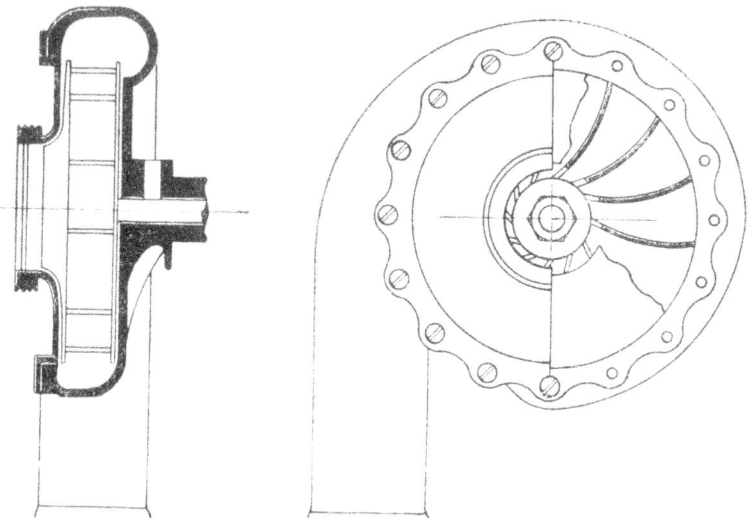

Fig. 199. Kühlerwasserpumpe von Isotta-Fraschini.

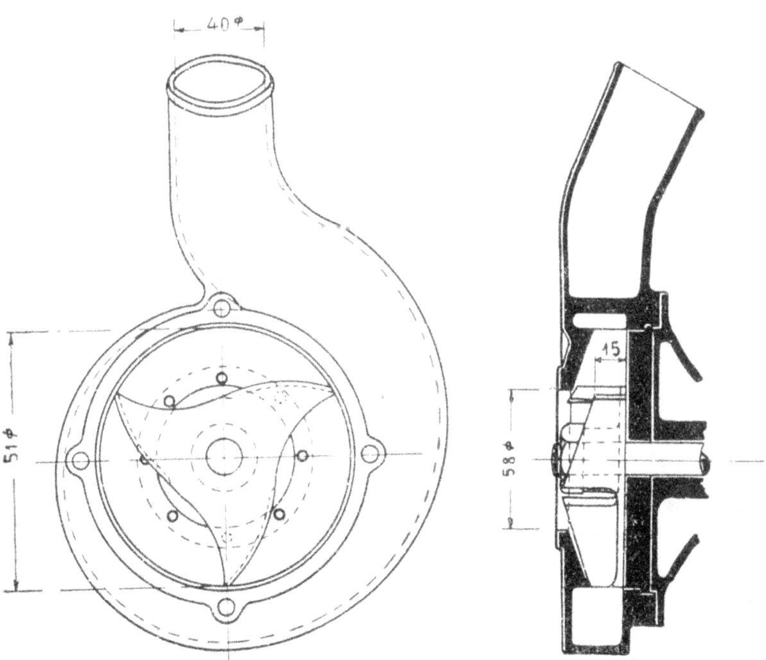

Fig. 200. Napier-Kühlwasserpumpe.

Fig. 199 zeigt die Wasserpumpe des 170 PS Sechszylinder-Isotta-Fraschini-Motors von 130 mm Bohrung und 180 mm Hub. Die Flügel des Laufrades sind von beiden Seiten abgedeckt und das Wasser tritt von der einen Seite her in das Laufrad ein.

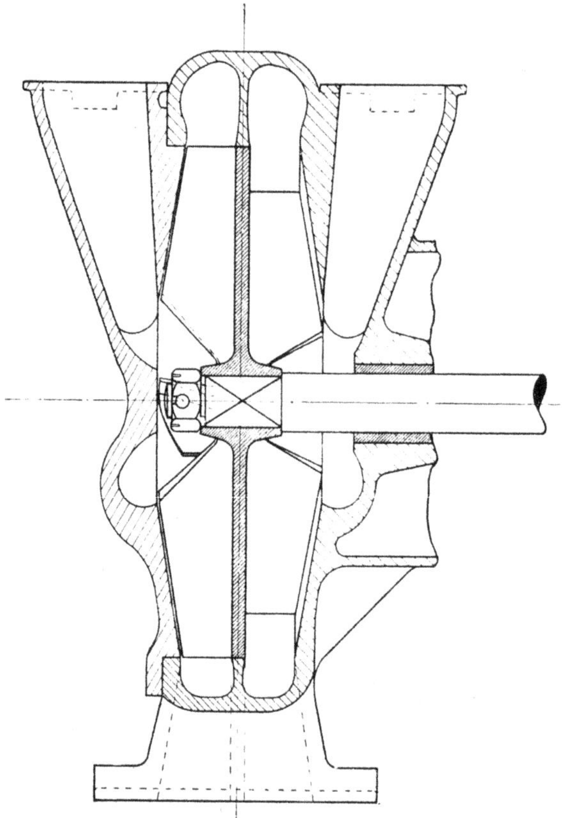

Fig. 201. Curtiss-Kühlwasserpumpe.

Der Zwölfzylinder Napier-Motor von 250 PS bei 1800 Umdrehungen (114 mm Bohrung, 140 mm Hub) ist mit 2 Wasserpumpen nach Fig. 200 ausgerüstet, deren Laufrad sich mit der Drehzahl der Kurbelwelle dreht. Das Laufrad hat nur 3 Schaufeln eigenartiger Ausbildung. So wie die Pumpe des Liberty-Motors hat auch die des 160 PS Curtiss-Motors (Fig. 201) zwei Druckkanäle, jedoch mit dem Unterschied, daß letztere ein doppeltes Laufrad hat, dessen jede Seite mit einem Saug- und einem Druckkanal verbunden ist. Die Pumpenwelle ist einseitig gelagert und die auf beiden Seiten des Laufrades herrschenden achsialen Drücke heben sich gegenseitig auf.

B. Pumpenantriebe.

Montagerücksichten und der Ausgleich von unvermeidlichen Ungenauigkeiten gaben Anlaß zu verschiedenartigen Konstruktionen der Pumpenantriebe. Bei Kraftwagen und Bootsmotoren sah man früher vielfach Antriebe wie in Fig. 202 dargestellt.

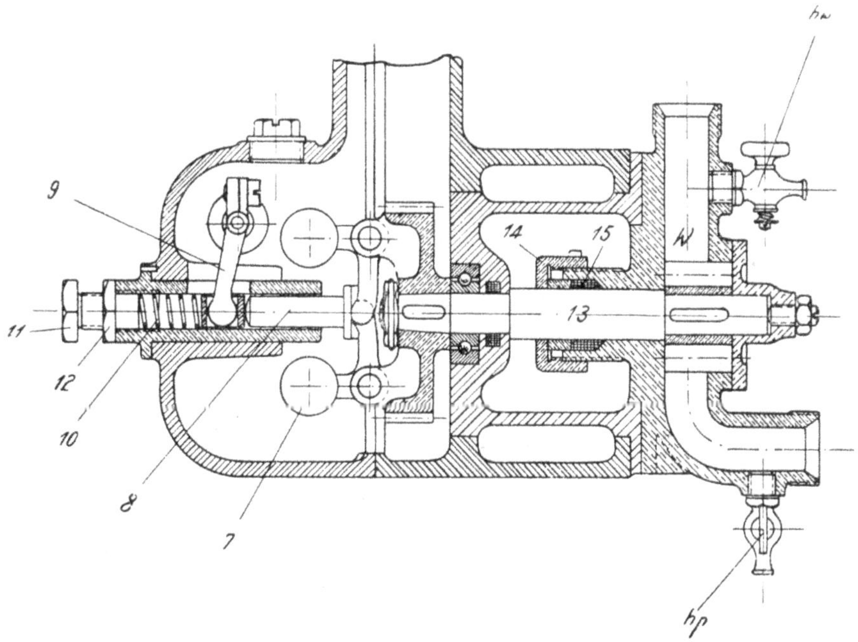

Fig. 202.

Es ist an dieser Stelle eine Zahnradpumpe verwendet, deren Gehäuse an einem Gußstück befestigt ist, welches im Radkasten des Kurbelgehäuses gelagert ist. Die Pumpenwelle ist zweimal gelagert und trägt am vorderen Ende ein Stirnrad, welches gleichzeitig zur Aufnahme des Regulators dient. Dieses Stirnrad kämmt mit dem Antriebsrad der Nockenwelle. In ähnlicher Weise hat man auch den Pumpenantrieb unter Verwendung geräuschloser Zahnketten ausgebaut. Neuerdings wird die Pumpe vielfach durch eine vorn am Motor liegende Querwelle angetrieben, deren anderes Ende zum Antrieb des Magnetapparates dient, wie Fig. 203 zeigt (33/100 PS Stoewer-Motor). Die Pumpe ist hier mit einem Fuß auf einer am Kurbelgehäuse angebrachten Fläche befestigt. Bei derartigen Befestigungen können nun leicht in der Fabrikation Ungenauigkeiten vorkommen, welche verhindern, daß die Mittelachsen der Pumpenwelle und der Antriebswelle genau in einer Flucht liegen. Um derartige Ungenauigkeiten auszugleichen, werden mannigfache Kupplungen verwendet. So werden z. B. auf die beiden sich gegenüberliegenden Enden der Wellen Scheiben aufgesetzt, von denen die eine Mitnehmerbolzen und die andere entsprechende Bohrungen trägt. Die Bohrungen, in welche die Mitnehmerzapfen eingreifen, sind häufig mit Leder oder einer Gummimasse ausgefüttert. Eine andere Kupplung, welche früher viel im Motorenbau Verwendung fand, ist die nach Oldham. Zwischen den beiden Mitnehmerscheiben, welches je eine vorspringende unter 90° zueinander versetzte Leiste tragen, ist ein Zwischenstück eingesetzt, welches diesen Leisten entsprechende unter 90° zueinander versetzte Ausnehmungen trägt, wodurch ein Ausgleich etwaiger Unstimmigkeiten ermöglicht wird. Diese Kupplung setzt jedoch bei einem Ausgleich der Verschiebung einen erheblichen Reibungswiderstand entgegen, was die Ursache davon sein dürfte, daß man sie im Motorenbau so gut wie gar nicht mehr vertreten findet. Außer den federnden Kupplungen, wie sie neuerdings zum Antrieb des Magnetapparates benutzt werden, findet man zum Ausgleich der Ungenauigkeiten vielfach Klauenkupplungen vertreten, wie man sie z. B. bei dem Stoewermotor Fig. 203 sieht.

Wenn das Pumpengehäuse am Kurbelgehäuse zentriert angesetzt wird, so ist es bei einer einigermaßen sorgfältigen Herstellung nicht notwendig, daß ein Ausgleich vorgesehen wird. Es genügt daher, die beiden Wellenenden in der in Fig. 204 a dargestellten Weise miteinander zu verbinden. Ein besonderer Antrieb ist bei der Pumpe des Rolls-Royce-Motors zu sehen. Die Pumpenwelle ist mit der Antriebswelle durch eine Buchse gekuppelt, welche mit entsprechenden Mitnehmerzähnen über die mit eben solchen versehenen Wellenenden greift. Neuerdings findet man derartige

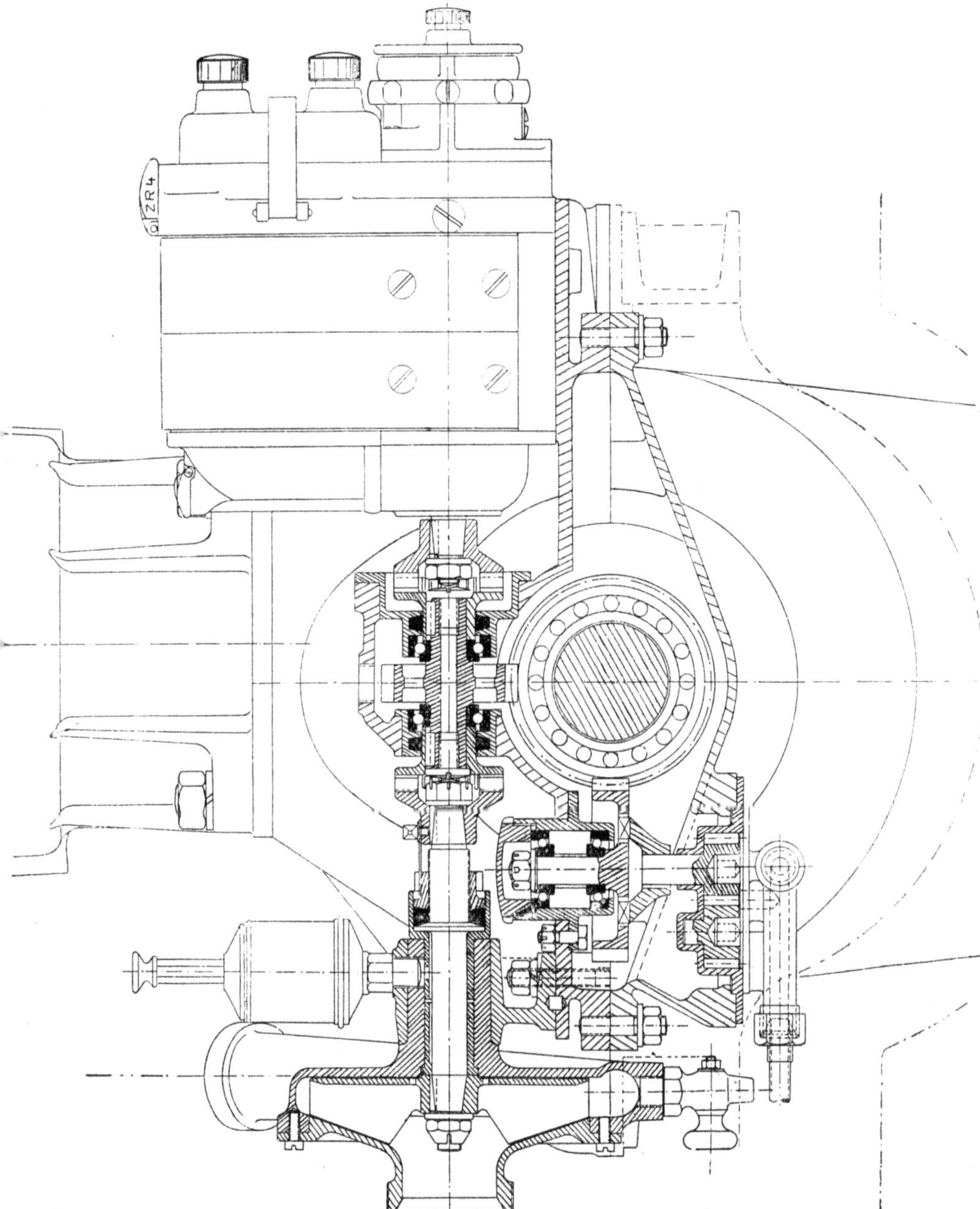

Fig. 203.

Mitnehmer namentlich bei englischen und französischen Flugmotoren häufig vertreten und zwar an den Stellen, an denen man anderenfalls einen Konus angewendet hätte. Wenn derartige Mitnehmer sorgfältig hergestellt werden, so bewähren sie sich besser, als ein Konus, da letzterer oft frißt.

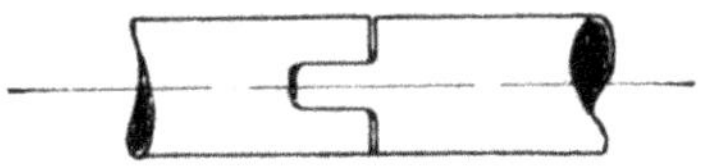

Fig. 204 a.

Bei Motoren, welche in sehr kalten Gegenden Verwendung finden, wo also die Gefahr des Einfrierens einer Pumpe durch eine Vergeßlichkeit der Bedienungsmannschaft naheliegt, kommen leicht Zerstörungen des Pumpenantriebes der eingefrorenen Pumpe

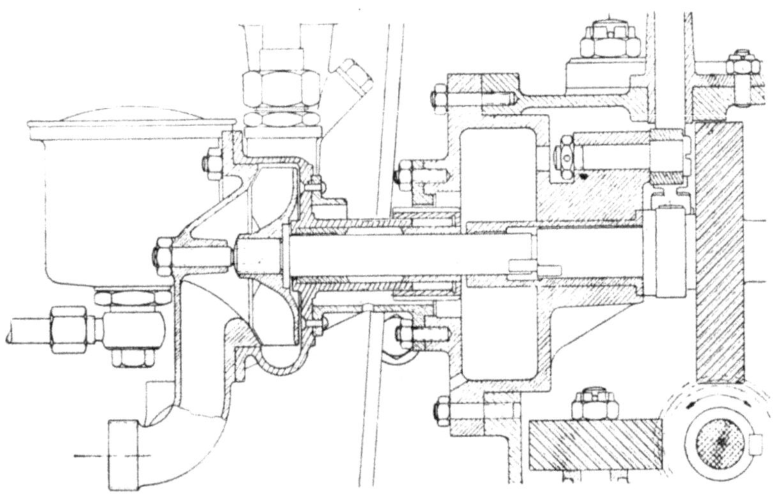

Fig. 204 b.

beim plötzlichen Anspringen des Motors vor. Um dem vorzubeugen, kann man zwischen die beiden zu kuppelnden Achsenden ein Abscheerstück aus Fiber oder dergleichen setzen, welches beim Auftreten eines zu großen Widerstandes abgescheert wird, so daß eine Beschädigung der übrigen Teile vermieden wird.

Ein derartiges Stück (Fig. 204 b) ist ohne erhebliche Kosten schnell zu ersetzen.

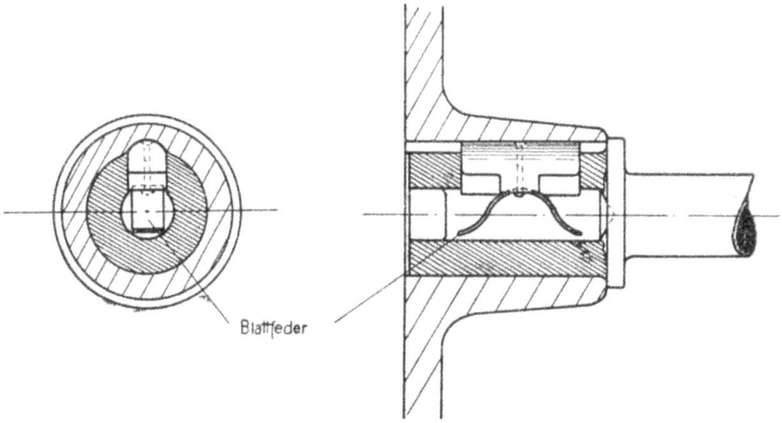

Fig 205.

Eine andere Möglichkeit zur Sicherung besteht in einem Antrieb nach Fig. 205. Die Kupplung geschieht durch ein Mitnehmerstück, welches federnd nach außen gedrückt wird und bei einer Beanspruchung über ein gewisses Maß hinaus nach innen gedrückt wird und in der Bohrung schleift.

VII. Ventilatoren.

Bei ortsfesten Anlagen und bei Kraftwagen, bei denen ein Kühler vorgesehen ist, wird ein Ventilator zur Bewegung bezw. zur Beschleunigung der durch den Kühler strömenden Luft angebracht. Dies ist erforderlich, um durch einen intensiven Luftstrom die Möglichkeit zu bieten, die Kühlflächen und damit die Abmessungen und das Gewicht des Kühlers auf das Mindestmaß zu beschränken.

Die benötigte Luftmenge in m³/Min. ist

$$L = \frac{\dfrac{1}{\dfrac{\vartheta_1 - \tau_1}{Q} - \dfrac{1}{F \cdot K} - \dfrac{1}{2\,W \cdot C_w}}}{2\,C_{p\,L}} \cdot 60$$

Bei der Anordnung und Ausbildung des Ventilators ist Sorgfalt darauf zu legen, daß die Luftgeschwindigkeit in allen Gegenden des Kühlerblocks möglichst eine gleiche ist und daß der Umfang des Ventilators sich möglichst über die ganze Stirnfläche des Kühlerblocks erstreckt und daß die Luft ungehindert abströmen kann. Vorteilhaft ist es, den Flügelkranz in den zylindrischen Rand einer am Kühler angebrachten Blechhaube (Fig. 206) zu legen, so daß in dieser Haube ein luftverdünnter Raum entsteht, welcher dafür sorgt, daß auch an den Stellen des Kühlers, welche von dem Flügelkranz nicht bestrichen werden, ein ausreichendes Durchströmen von Luft eintritt. Der Ventilator läuft mit seinem Umfange möglichst dicht in dem zylindrischen Haubenansatz, um Rückströme, von nach außen geschleuderter Luft nach dem Kühlkörper hin zu vermeiden. Hierbei muß jedoch die Nachstellbarkeit des Ventilators zwecks Nachspannen des Antriebsriemens konstruktiv berücksichtigt werden.

Um den toten Raum zu beschränken, muß die Ventilatornabe im Durchmesser äußerst klein gehalten werden, und vorn am besten spitz auslaufen. Von Vorteil ist es natürlich, um an allen Stellen eine annähernd gleiche Luftgeschwindigkeit zu erzielen und dem

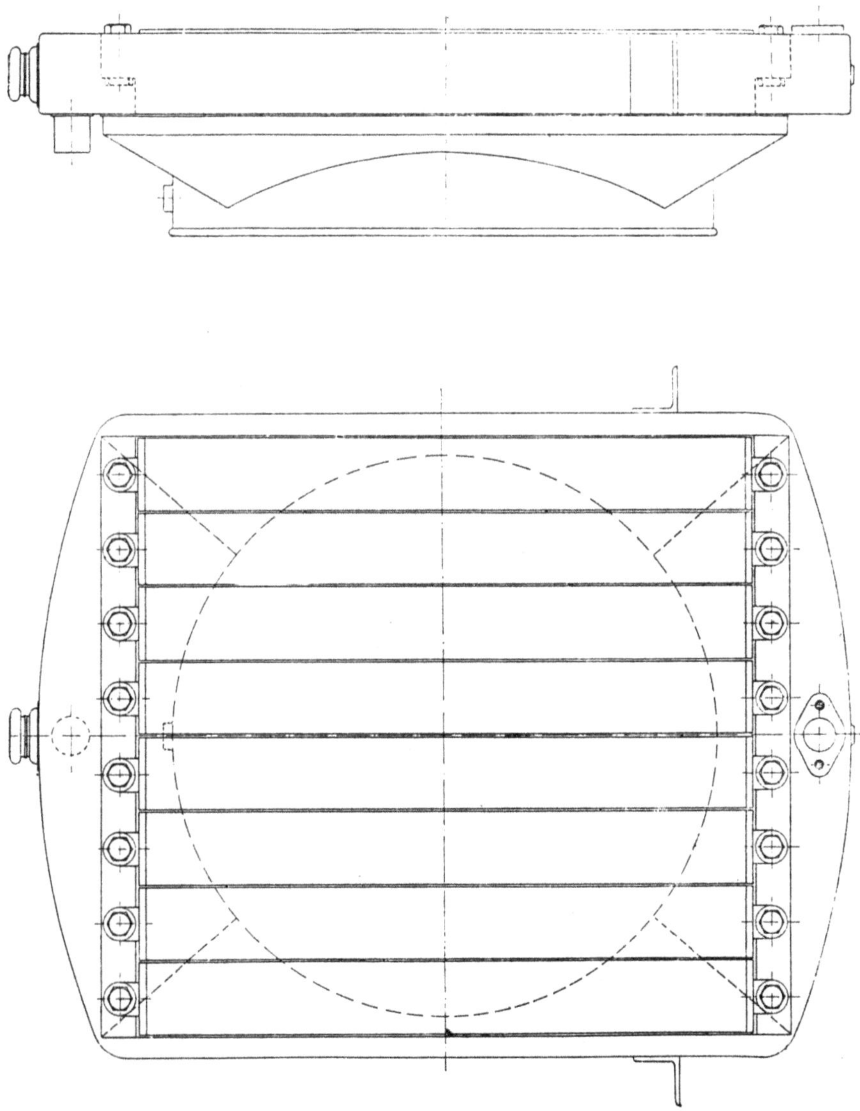

Fig. 206. SKF Kühler.

Ventilator den besten Wirkungsgrad zu geben, seine Flügel schraubenförmig auszubilden, jedoch ist dies nicht von derart wesentlichem Einfluß auf die Kühlwirkung, als daß man aus fabrikationstechnischen Gründen nicht davon absehen könnte. Deshalb findet man schräggestellte Flügel mit geraden Flächen sehr viel vertreten. Bei der Ausbildung des Flügelkranzes ist man früher von der irrigen Ansicht ausgegangen, daß man die Fördermenge dadurch vergrößern könne, wenn man möglichst viel Flügel anordnet. Die Praxis zeigte jedoch, daß hierdurch der Wirkungsgrad des Ventilators sehr verschlechtert wurde, so daß man nur drei- und vierflügliche Ventilatoren verwendet. Insbesondere sind derartige vielflügliche Ventilatoren für hohe Drehzahlen nicht brauchbar, während sie bei niederen Drehzahlen immerhin in gewissen Grenzen tauglich sein mögen.

Die Dimensionierung der Ventilatoren geschieht in der Regel nach demselben Rezept, wie die der Schleuderpumpen — nämlich nach ausprobierten Bauarten —.

Eine übersichtliche rechnerische Ermittlung für Ventilatoren mit schräggestellten Flügeln aus geraden Flächen legte Blanc nach eingehenden Versuchen, welche auf dem Prüffeld des Elektromotorenwerkes der Siemens Schuckertwerke G.m.b.H. vorgenommen wurden, fest. Dieselbe ist nachstehend wiedergegeben.

Gegeben ist nach der eingangs angeführten Gleichung die Luftleistung L in m³ Min. Ferner ergibt sich aus den Dimensionen der Luftwege der statische Druck:

$$h_{st} \text{ als } f(L \text{ und den Dimensionen der Luftwege}) \text{ in mm WS}$$

Es wird angenommen $\sigma = \frac{h_v}{h} = \frac{\text{Dynamischer Druck des Ventilators}}{\text{Gesamtdruck des Ventilators}}$

Blanc entwickelte seine Berechnungsmethode unter Zugrundelegung von Messungen für verschiedene Flügelwinkel, Luftleistungen und Wattbedarf zunächst für freiblasende Ventilatoren für ein Druckverhältnis $\sigma = 0{,}35$. In dem nachstehenden Rechnungsgang ist diese Einschränkung beseitigt. Es gilt hier jedoch die Voraussetzung, das σ angenommen und ein günstiges Arbeiten der Flügel bei $\sigma = 0{,}25$ bis $0{,}5$ erreicht wird.

$$1-\sigma = \frac{h_{st}}{h}; \quad \frac{\sigma}{1-\sigma} = \frac{h_v}{h_{st}}; \quad h = h_v + h_{st}$$

Es ist der dynamische Druck für Luft $h_v = \frac{\gamma}{\gamma_0} \cdot \frac{v^2}{2g} = 0{,}061\, v^2$

worin γ_0 das spez. Gewicht des Wassers $= 1$ [kg/dm³] und
γ „ „ „ der Luft $= 1{,}2$ [kg/m³] bedeuten.
$g = 9{,}81$ m/Sek.²
v = Luftgeschwindigkeit in m/Sek.

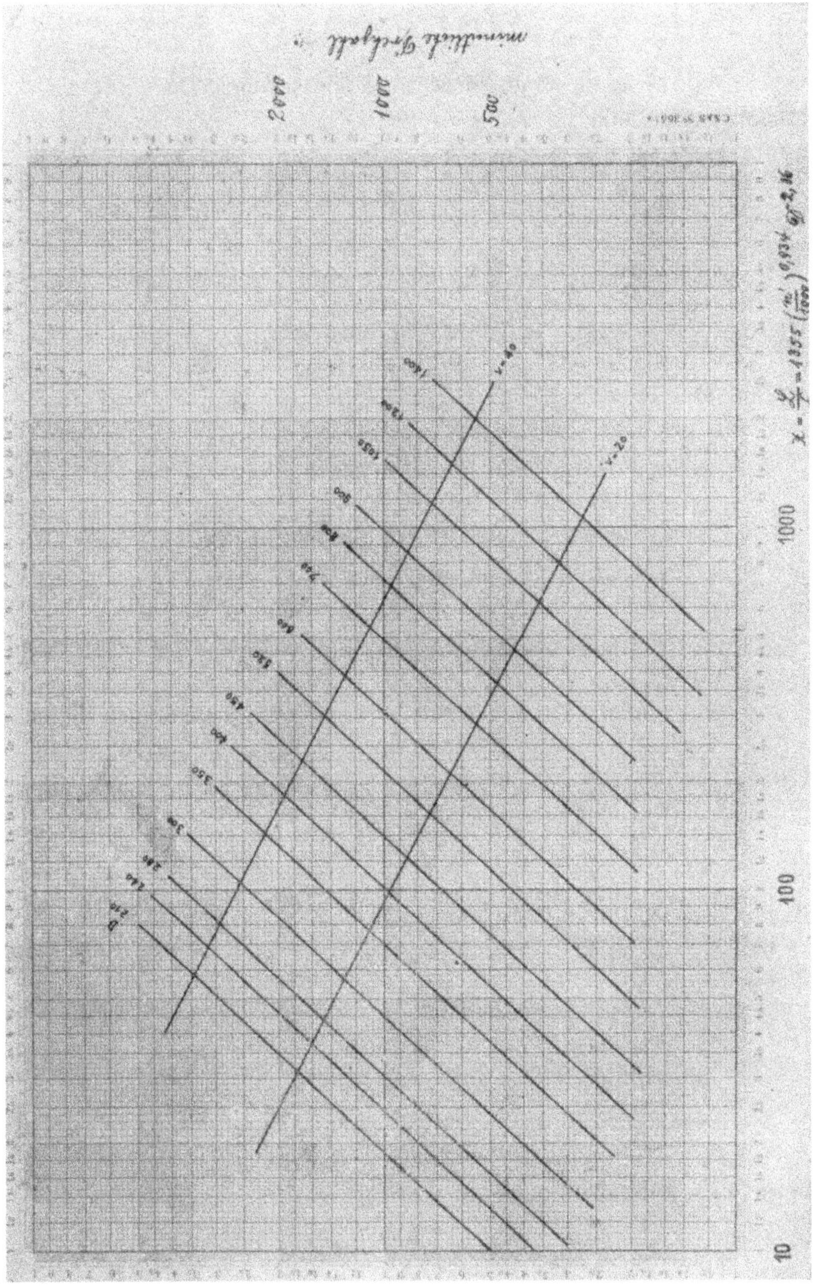

Fig. 207.

Ferner ist die Luftleistung

$$L = 60\, v \cdot D^2 \cdot \frac{\pi}{4} \text{ in m}^3/\text{Min.}$$

D in m = äusserer Durchmesser des Flügelkranzes.

Daraus ergibt sich

$$h_{st} = \frac{1-\sigma}{\sigma} \cdot h_v = \frac{1-\sigma}{\sigma} \cdot \frac{\gamma}{\gamma_0 \cdot 2g} \cdot \frac{L^2}{60^2\, D^4 \left(\frac{\pi}{4}\right)^2}$$

$$= 0{,}274 \cdot 10^{-4} \cdot \frac{1-\sigma}{\sigma} \cdot \frac{L^2}{D^4} \text{ für Luft.}$$

Es ist also $D = \sqrt[4]{\frac{0{,}274 \cdot 10^{-4}\,(1-\sigma) \cdot L^2}{h_{st} \cdot \sigma}}$ der benötigte Flügeldurchmesser in m.

Nun ist nach empirischer Ermittlung

$$L = \delta \cdot 1355 \left(\frac{n_,}{1000}\right)^{0{,}934} \cdot D^{2{,}86}\ [\text{m}^3/\text{Min.}] = \delta \cdot x$$

worin δ eine Funktion von σ und dem Flügelwinkel α ist.

Es wurde ermittelt daß: $\delta = \left(\frac{2\pi}{360} \cdot \alpha^0\right)^{0{,}8} \cdot \sqrt[3]{\frac{1{,}2 \cdot \sin 2\alpha}{2 + \frac{0{,}5}{\sigma^2}}}$

gesetzt werden kann.

$n_,$ = minutliche Drehzahl und α^0 = Neigungswinkel der Flügel.

Die Formel hat keine theoretische Begründung und fußt lediglich auf empirische Feststellungen.

In dem Kurvenblatt Fig. 207 ist

$$x = \frac{L}{\delta} = 1355 \cdot \left(\frac{n_,}{1000}\right)^{0{,}934} \cdot D^{2{,}86}$$

als Funktion von $n_,$ mit verschiedenem D als Parameter aufgetragen. Es läßt sich nach gegebenem L, berechnetem D und δ leicht die dazugehörige Drehzahl $n_,$ ablesen, welche der Flügel bei den angenommenen Verhältnissen machen muß um die gewünschte Luftmenge gegen den gegebenen Widerstand zu befördern.

Die dem Flügel zuzuführende Leistung N ist dann:

$$N = \frac{\gamma_0 \cdot g \cdot h \cdot L}{\eta \cdot 1000 \cdot 60} \text{ in K W}$$

worin der Flügelwirkungsgrad $\eta = \frac{1{,}2 \cdot \sin 2\alpha}{\frac{0{,}5}{\sigma} + \frac{\sigma}{0{,}5}}$ gesetzt wird.

Das benötigte Drehmoment ist $M = 974 \frac{N}{n}$,

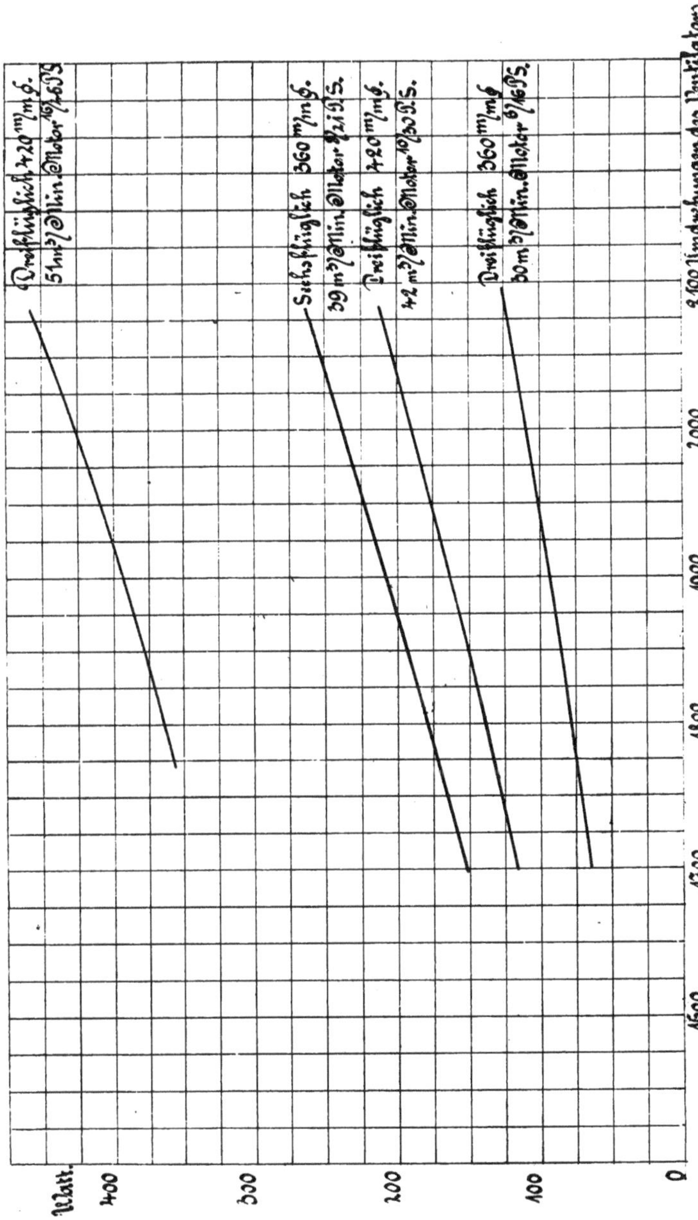

Fig 208.

Die Anzahl der Flügel und ihre Breite sind in der Rechnung vernachlässigt, da eine Veränderung derselben innerhalb der gebräuchlichen Grenzen keinen wesentlichen Einfluß auf die Leistung des Ventilators ausübten. Über Anzahl der Flügel wurde bereits weiter oben gesprochen. Gewöhnlich ordnet man an dem Ventilator im Automobilbau drei bis vier Flügel an.

Ein Bild für den Kraftverbrauch der hinter dem Kühler angebrachten Ventilatoren bei verschiedenen Motoren gibt Fig. 208. Der Kraftverbrauch ist in Watt dargestellt, bezogen auf die Drehzahl des Ventilators.

Fig. 209.

Der Ventilator besteht in der Hauptsache aus einem Flügelkranz, einer Nabe (auf Kugellagern gelagert), einem Zapfen und einem Bock. Die Flügel sind meist an der Nabe angenietet und aus Stahl- oder Aluminiumblech angefertigt. Mitunter ist der Flügelkranz mit einem Schutzring umgeben (Fig. 209). Ein derartiger Schutzring muß jedoch genau zentrisch laufen. Bei einigen Ausführungen, wie z. B. bei dem Ventilator des 16/40 PS Benzwagens ist der Flügelkranz mit der Nabe aus einem Stück gegossen (Fig. 210). Die Ventilatorachse ist mit Hilfe eines Hebels an dem

Ventilatorbock aufgehängt. Der die Ventilatorflügel und die Riemenscheibe tragende Teil des zweiarmigen Hebels E kann durch Anziehen der Flügelmutter C angehoben werden, wodurch der Ventilatorriemen gespannt wird.

Zum Nachspannen des Riemens wird verschiedentlich auch ein exzentrischer Bolzen angeordnet, welcher wie in Fig. 211 im geschlitzten Kopf des Ventilatorbockes festgeklemmt wird.

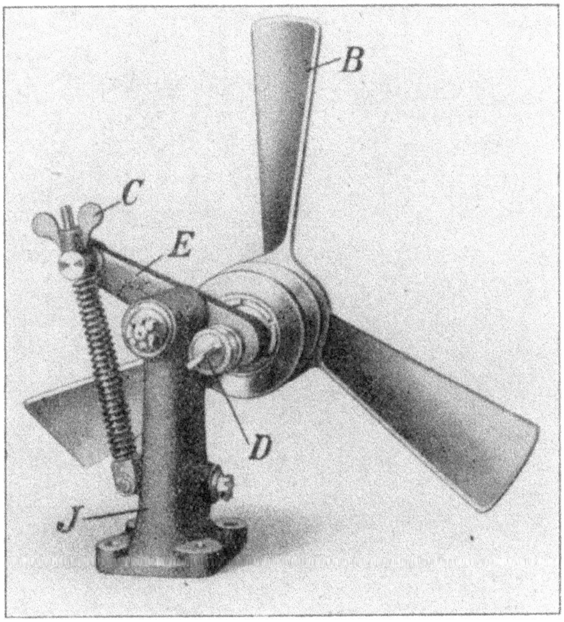

Fig. 210

In Fig. 212 ist ein Ventilator des Adlermotors gezeigt. Der Ventilator ist an einem am Zylinder befestigten Tragflansch aufgehängt. Auf den Bolzen des Tragflansches ist eine Buchse aufgeschoben, welche an der Stirnfläche gezahnt ist und in den gezahnten Teil des Tragflansches eingreift. Die Buchse wird mittels einer Mutter fest an den Tragflansch angezogen. Auf der Buchse ist drehbar ein Schwinghebel angeordnet, welcher die Ventilatorachse trägt. An dem Schwinghebel ist ein tellerförmiger Ansatz vorgesehen, der einem entsprechenden Ansatz an der auf dem Tragflansch sitzenden Buchse gegenüberliegt. Zwischen diesen beiden Tellern wird eine Druckfeder eingesetzt, wodurch der Riemen in ständiger Spannung gehalten wird. Um eine größere

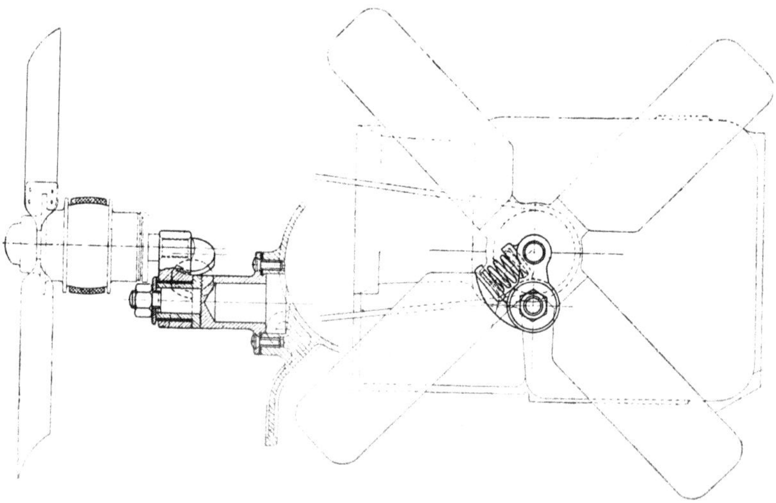

Fig. 212.

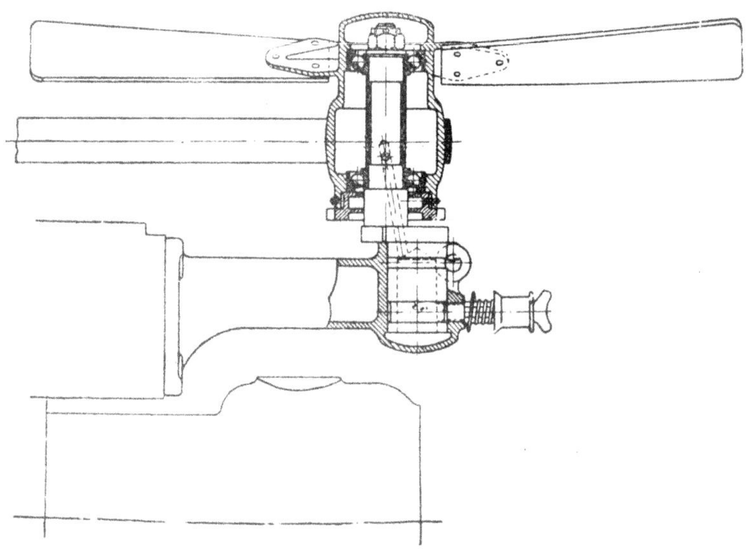

Fig. 211.

Nachspannung bei stark gelängtem Riemen zu erreichen, kann man die Buchse gegen den Tragflansch in der Verzahnung versetzen und somit die Lage des Tellers an der Buchse verändern.

In der Regel findet der Ventilatorantrieb durch einen Flachriemen statt, seltener durch Keilriemen. In Fig. 213 (Loeb u. Co.) wird der Ventilator durch eine Zahnkette angetrieben. Zum Ausgleich der Kettenlängung ist das Gehäuse des Ventilatorantriebes im Räderkasten exzentrisch nachstellbar gelagert.

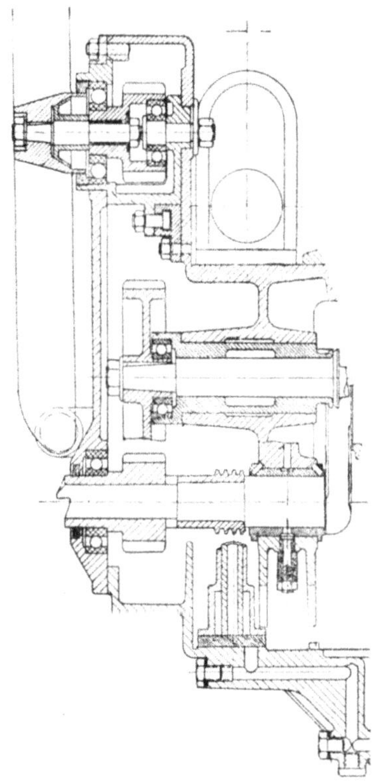

Fig. 213.

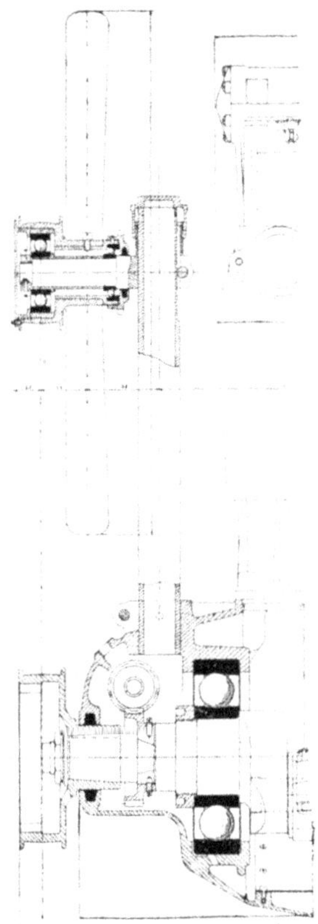

Fig. 214

Wie bei den dargestellten Bauarten wird der Ventilator meist an einem Bock aufgehängt, dessen Fuß entweder auf dem Kurbelgehäuse oder am Wassermantel des Zylinders befestigt wird. Eine andere Art der Aufhängung ist bei dem Stoewermotor Fig. 214 zu sehen. Die Ventilatorachse reitet mit ihrer geschlitzten Öse auf einem im Kurbelgehäuse befestigten Rohr. Ist ein Nachspannen des Riemens notwendig, so wird der Ventilator auf dem Rohr in die Höhe geschoben, bis die erforderliche Spannung erreicht ist.

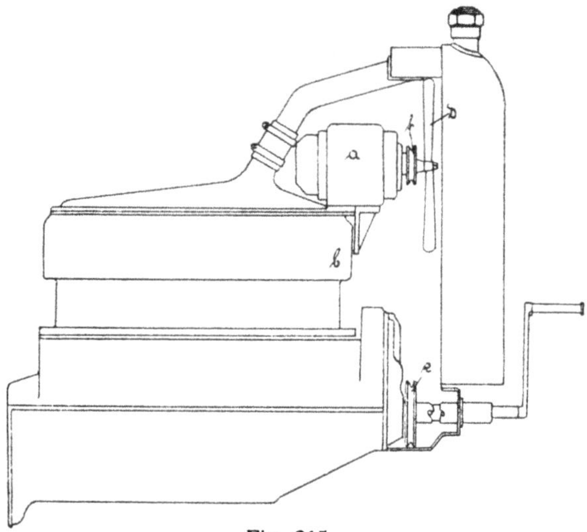

Fig. 215

Eine Vereinigung des Ventilators und der Lichtmaschine ist in Fig. 215 zu sehen (Rudolf Ley). Die Lichtmaschine ist oben auf dem Zylinder angebracht. Ein Nachspannen des Riemens ließe sich hier wohl durch ein vertikales Verschieben der Grundplatte am Zylinderflansch erzielen.

VIII. Zubehör.

A. Kontroll- und Sicherheitsvorrichtungen

Vorrichtungen für die Beobachtung der Kühlwassertemperaturen finden bei Kraftfahrzeugen wenig Verwendung, da man hier einerseits genügend Gelegenheit hat, den Motor zu beobachten und andererseits die Kosten für ein Fernthermometer für ein Kraftfahrzeug verhältnismäßig hoch sind. Bei transportabeln Maschinensätzen, wie z. B. bei Scheinwerferaggregaten findet man verschiedentlich in der Leitung, welche oben vom Motor zum Kühler führt, ein Thermometer angebracht (Fig. 216).

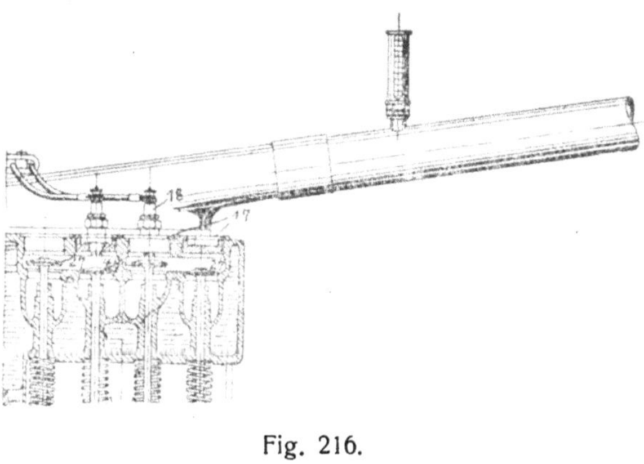

Fig. 216.

Fig. 217 zeigt die Anordnung eines Thermometers auf der Einfüllverschraubung des Kühlers (Royce). Um zu vermeiden, daß ein falsches Bild entsteht, wenn das Wasser soweit verdampft ist, daß die Quecksilberkugel in dasselbe nicht mehr eintaucht, ist dieselbe überhaupt nur mit den heißen Dämpfen in Berührung gebracht. Der Temperaturanzeiger ist auf der Einfüllverschraubung 21 des Stutzens 20 angeordnet. Das Thermometerrohr ist durch eine schlecht wärmeleitende Masse 30 isoliert. Von Quecksilberthermometern sieht man im allgemeinen bei Kraftwagen wegen der naheliegenden Bruchgefahr ab.

Fig. 218 zeigt die Vereinigung eines Thermometers mit einer Kontrollvorrichtung für die Zirkulation (S c h u r i c h t, München).

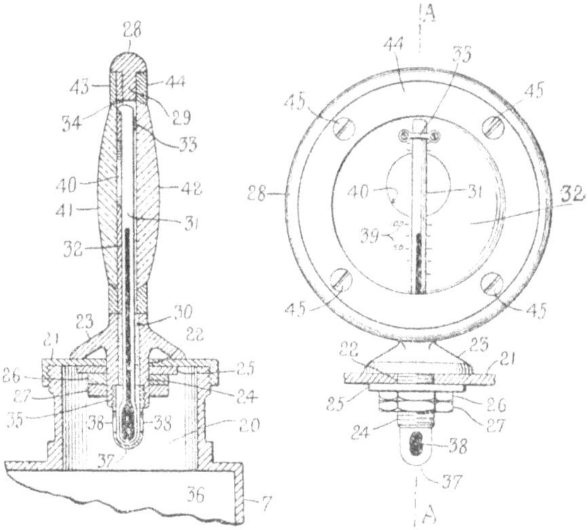

Fig. 217.

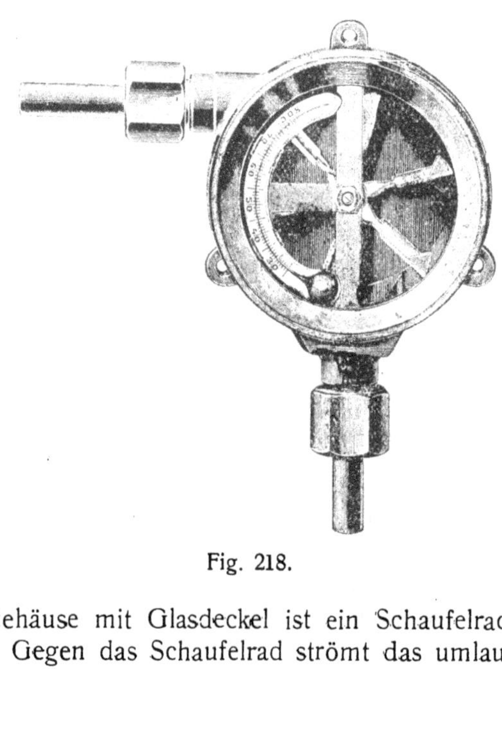

Fig. 218.

In einem Gehäuse mit Glasdeckel ist ein Schaufelrad in Spitzen aufgehängt. Gegen das Schaufelrad strömt das umlaufende Kühlwasser in tangentialer Richtung und versetzt dasselbe in Umdrehungen, wodurch der stattfindende Kreislauf angezeigt wird. Bringt man diese Vorrichtung am Spritzbrett des Wagens an, so kann man den Kreislauf wohl beobachten, was an und für sich wertvoll ist, jedoch gibt das Thermometer infolge der Abkühlung des Wassers in dem Zuleitungsrohr der jeweiligen Lufttemperatur

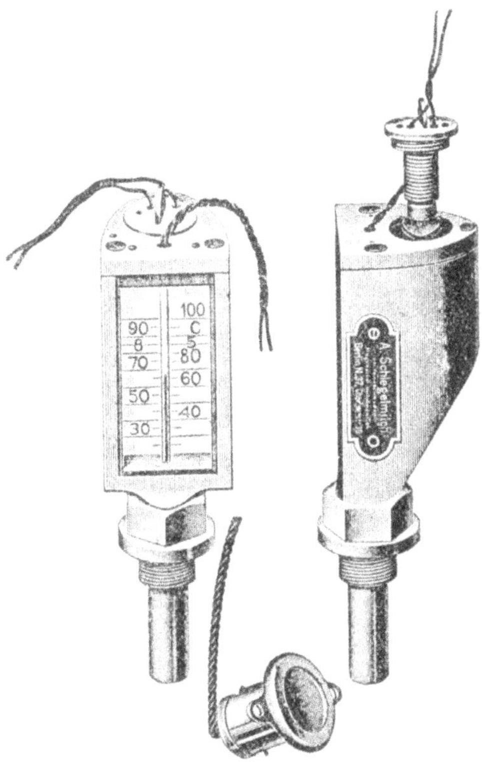

Fig. 219. Thermometer von Schlegelmilch.

entsprechend immer ein anderes Bild. Im übrigen lassen sich die Wasserverhältnisse durch diesen Apparat aber gut beobachten, da das Schaufelrad still steht, wenn der Kreislauf aussetzt und das Schauglas bei Dampfentwicklung beschlägt. Bei entsprechender Höhenlage der Kontrolluhr am Spritzbrett kann durch dieselbe die Höhe des Wasserspiegels kontrolliert werden. Eine schädliche

Drosselung der Kühlwasserleitung entsteht nicht, wenn der Apparat im Nebenschluß an die Kühlwasserleitung angelegt ist.

Wertvoller als bei Kraftwagen und fast allgemein eingeführt ist die Temperaturbeobachtung des Kühlwassers in Flugzeugen, da hier infolge des Steigens bezw. Niedergehens des Flugzeuges ein häufiger Temperaturwechsel der Außenluft stattfindet. (Siehe Kapitel V). Ein derartiges Thermometer von Schlegelmilch, Berlin, ist in Fig. 219 zu sehen. Der Apparat hat hinter der aus mattem Glas bestehenden Skala eine Lampe, durch welche man nach Schließen des Stromes die Temperatur ablesen kann, was infolge

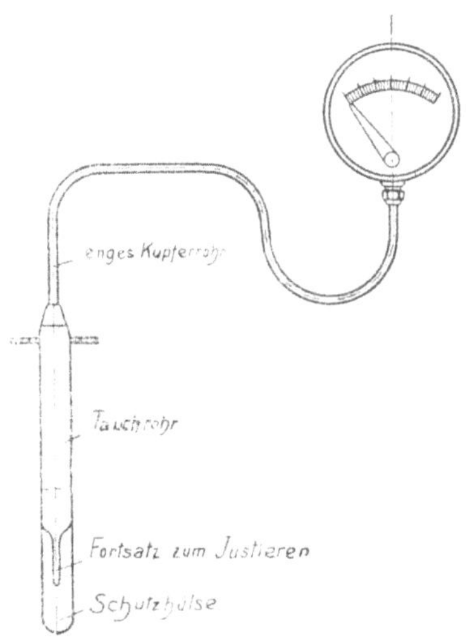

Fig. 220.

des schwarzen Flüssigkeitsfadens bequem möglich ist. In dem Apparat ist eine Kontaktvorrichtung angebracht, welche bei 85° einen Stromkreis schließt und dadurch eine rote Signallampe zum Aufleuchten bringt. Die Vorrichtung wird mit ihrem unteren Ende in das Kühlwasser tauchend eingeschraubt.

Sehr bequem für die Kontrolle ist das Fernthermometer, bei welchem das Meßinstrument an einer beliebigen Stelle, also vor den Augen des Führers angebracht werden kann. Eine derartige Meßvorrichtung zeigt Fig. 220, welche bei der Maschinen-Anlage des Hispano-Suiza-Motors Verwendung findet (vgl. Hoffmann, Zeitschrift für Flugtechn. und Motorluftschiffahrt vom 23. 2. 18).

Es ist in den Kreislauf des Kühlwassers auf dem Wege von dem Zylinder zum Kühler ein zylindrisches Metallgefäß eingesetzt, welches durch ein Kupferrohr von geringer lichter Weite mit einem am Führersitz befindlichen Druckmanometer verbunden ist. In dem Metallgefäß befindet sich eine Flüssigkeit von sehr

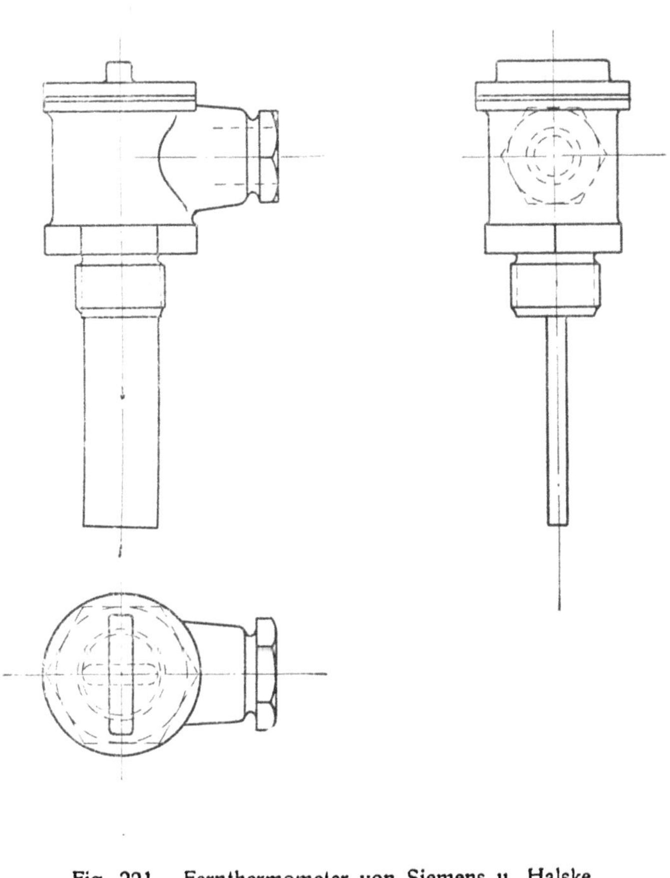

Fig. 221. Fernthermometer von Siemens u. Halske.

niedrigem Siedepunkt, z. B. Schwefeläther. Je nach den Temperaturverhältnissen ändert sich nun während des Betriebes der Dampfdruck der Flüssigkeit, wobei die jeweilige Spannung das Druckmanometer beeinflußt. Die Skala am Manometer gibt die zu den verschiedenen Drucken gehörigen Temperaturen an.

Für die Beobachtung der Temperatur des Kühlwassers hat sich neuerdings das elektrische Fernthermometer der Siemens und Halske A. G. sehr gut bewährt. Als Meßvorrichtung dient hierbei ein Metalldraht, dessen elektrischer Widerstand sich mit der Temperatur ändert und dessen Widerstandsänderungen mit Hilfe eines von einer Taschenbatterie gelieferten elektrischen Stromes das Anzeigeinstrument beeinflussen. Der Metalldraht ist auf einen Streifen eines isolierenden Materials aufgewickelt und dieser Streifen in einer wasserdichten Kapsel untergebracht, welche mittels einer Verschraubung in die Kühlwasserleitung eingeschraubt wird. Fig. 221 zeigt ein derartiges Thermometer. Der unter dem

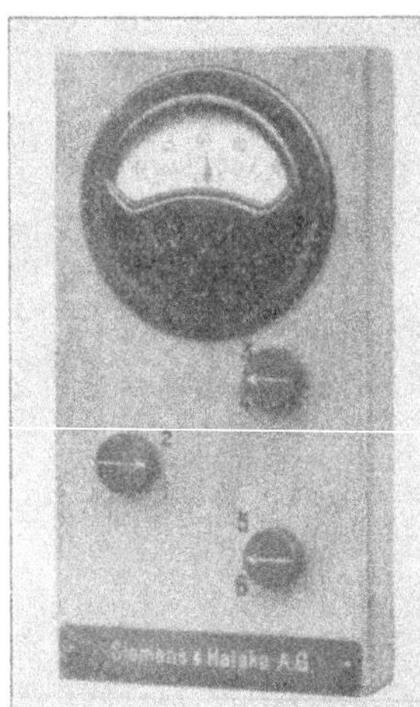

Fig. 222.

Zündkerzengewinde befindliche flache Teil, in dem der zur Messung dienende Metalldraht untergebracht ist, ragt in das Kühlwasser hinein.

Fig. 222 stellt den Temperaturanzeiger dar und zwar einen solchen für sechs Meßstellen. Bei Einschaltung der Batterie stellt sich der Zeiger auf die am Thermometer herrschende Temperatur sofort ein. Je nach der Anzahl der erforderlichen Meßstellen werden ein- oder mehrpolige Drehschalter benutzt. Bei mehr als sechs Meßstellen wird der Temperaturanzeiger getrennt angeordnet, und ein Drucktastenschalter verwendet. Das Schaltungsschema für Fig. 222 ist in Fig. 223 zu sehen. Je nach Drehung der in Fig. 222

dargestellten Knöpfe wird der Temperaturanzeiger mit der Batterie und dem jeweiligen Thermoelement verbunden. Erforderlich ist eine Stromquelle von etwa 4 Volt. Es können sowohl Trockenelemente als auch Akkumulatoren verwendet werden. Da es sich nur um momentane Messungen handelt, genügen gewöhnliche Taschenbatterien mit drei Elementen.

Besondere Sicherheitsvorrichtungen betreffend die einwandfreie Kühlung der Motoren kommen in der Regel nicht zur Verwendung. Eine gewisse Sicherheit gewährt an und für sich schon die

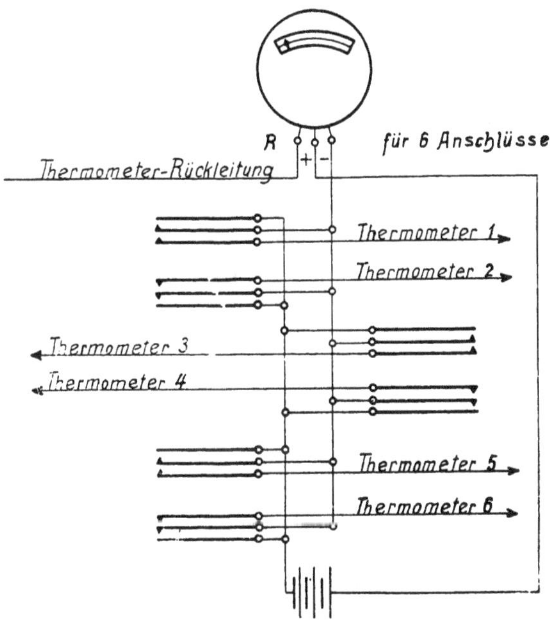

Fig. 223.

Beobachtung mittels des Thermometers, da sich manche Schäden, welche am Motor entstehen können, durch Kühlwasserverluste und die damit verbundene Steigerung der Kühlwassertemperatur rechtzeitig bemerkbar machen. Naheliegend ist der Gedanke, bei Überschreiten einer gewissen Höchsttemperatur ein selbsttätiges Außerbetriebsetzen des Motors zu bewirken. Hierbei kann man nun schmelzbare Sicherungen oder Thermostaten und dergleichen verwenden, welche den Zündstromkreis bei übermäßiger Erhitzung unterbrechen. Diese Vorrichtungen sind in der Regel recht umständlich. Eine Vorrichtung nach einem Patent von Windhoff ist in Fig. 224 dargestellt. Dieselbe ist für wassergekühlte Umlaufmotoren gedacht. Das Kerzenkabel, welches bei 3 isoliert gehalten ist, ist mit 1 bezeichnet. An einer Kühlrippe ist mit ihrem

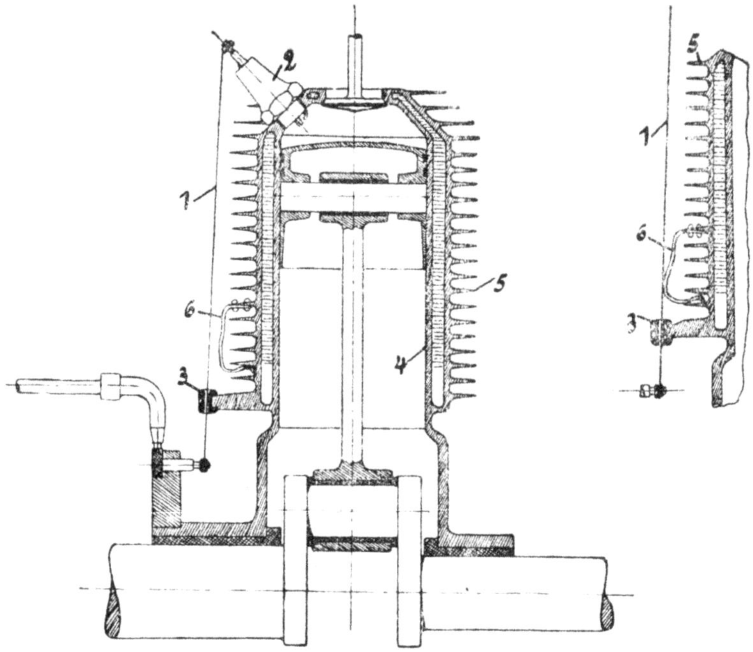

Fig. 224.

einen Ende eine Feder 6 angenietet, während ihr anderes Ende am Zylinder weich angelötet ist. Tritt eine zu starke Erhitzung ein, so löst sich die Lötstelle, die Feder 6 schwingt aus und schließt, indem sie den Kerzendraht 1 berührt, den Zündstromkreis kurz, so daß der Zylinder außer Betrieb gesetzt wird.

B. Rohrleitungen und Anschlüsse.

Die hauptsächlichsten Kühlwasserleitungen liegen beim Kraftwagen zwischen Kühler, Zylinder und Pumpe. Da beim Kraftwagen die Entfernung zwischen Kühler und Motor nur eine geringe ist, so braucht man hier in der Hauptsache nur zu beachten, daß die Leitungen möglichst frei von scharfen Knicken sind und daß von der Kühlwasserpumpe, falls eine solche vorhanden, gleiche Wasserwege zu den Zylinderblocks führen, wenn die Zylinder nicht alle zusammen in einen Block vereinigt sind. Die inneren Querschnitte der Wasserleitungen zwischen dem Motor und dem Kühler müssen den inneren Querschnitten der Anschlußstutzen entsprechen. Die Anschlüsse am Zylinder müssen an der höchsten bezw. an der tiefsten Stelle des Wassermantels liegen. Wenn das den unteren Teil des Kühlers mit dem Motor verbindende Rohr aus konstruktiven Rücksichten an einer Stelle tiefer als die tiefste Stelle des Kühlers und des Wassermantels liegt, so muß an dieser Stelle ein Ablaßhahn angebracht werden, damit, wenn notwendig, eine vollständige Entwässerung stattfinden kann.

Im Flugzeug, wo an und für sich schon bedeutend längere Rohrleitungen notwendig sind, namentlich, wenn der Kühler oben in der Nähe der Tragflächen angeordnet ist, so muß die Rohrverlegung mit größerer Sorgfalt vorgenommen werden. Die Leitungen zum Sammelbehälter müssen ansteigend liegen, so daß sich keine Dampfsäcke in denselben bilden können. Sind über den Kühlern Verteilerrohre angebracht, so ist es vorteilhaft, die Enden derselben mit einem Entlüftungshahn zu versehen. Es ist notwendig, daß eine möglichst gleichmäßige Kühlwasserzufuhr zu allen Zylindern stattfindet, um zu vermeiden, daß ein Zylinder heißer als der andere wird. Um letzterem vorzubeugen, konstruierte Wyß die in Fig. 225 dargestellte Leitung. Dieselbe besteht aus einem nach den Abzweigstellen hin verjüngten Rohre, in welchem das Kühlwasser durch radial angeordnete Scheidewände in segmentartigen Kanälen an die Abzweigstellen geführt wird. Diese Abzweigleitungen gehen von einem Zentralpunkt aus, wobei der Druck von der Pumpe auf jeden dieser Kanäle gleich stark ist. Das Wasser wird durch die im konisch verjüngten Rohr befindlichen Scheidewände c_1, c_2, c_3 zuerst in gleiche Teile geteilt und hernach durch die Kanäle d_1 bis d_4 zu den Abzweigstellen a_1 bis a_4 mit gleicher Wassergeschwindigkeit und gleichem Druck geführt und ohne tote Räume in der Weise geleitet, daß die Scheidewände c_1 bis c_3 zu den Abzweigstellen hin als Zungen ausgebildet und nach jeder Abzweigung derart radial verdreht sind, daß der Rohrquerschnitt in, um den ausgeschiedenen Kanal weniger, jedoch untereinander gleichgroße segmentartige Kanäle geteilt wird.

Einen Kühlwasserverteiler mit Innenkühlung von den Ago-Flugzeug-Werken m. b. H. zeigt Fig. 226. In das äußere

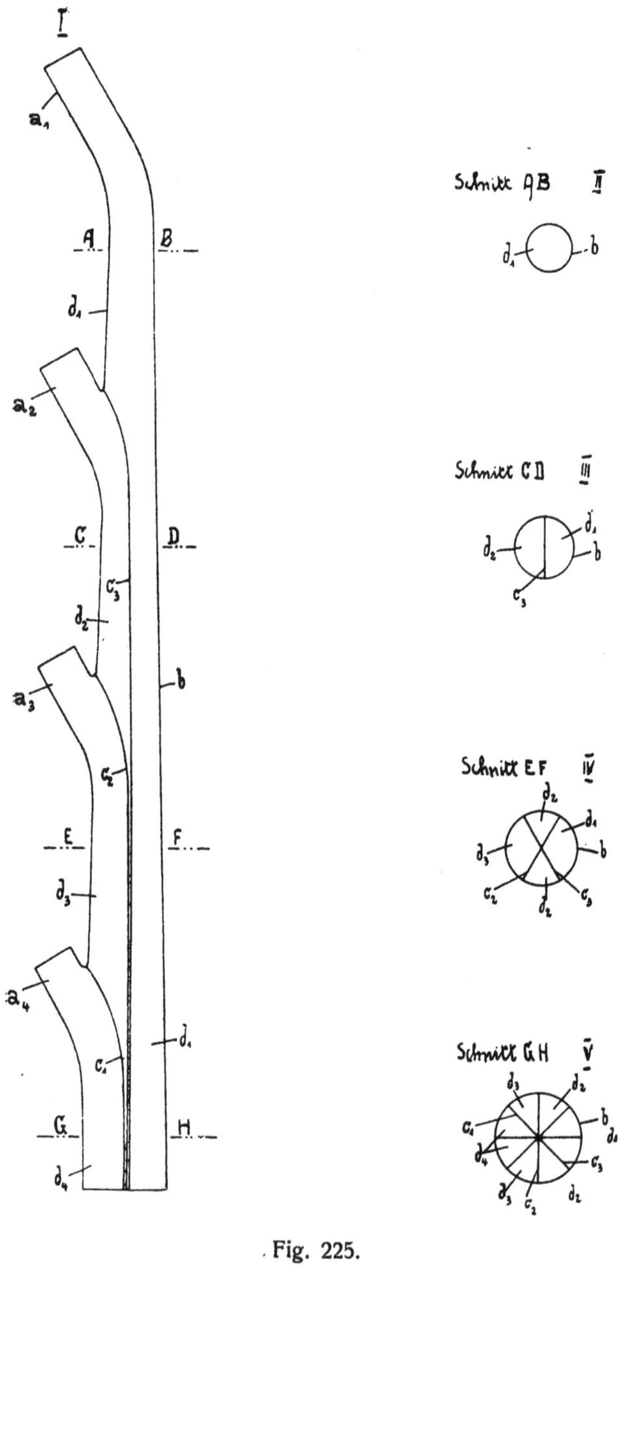

Fig. 225.

Rohr ist konzentrisch ein an den Enden konisch erweitertes Innenrohr eingesetzt. Zwischen beiden Rohren fließt das Kühlwasser seinem Bestimmungsorte zu, wobei die durch das Innenrohr in Pfeilrichtung strömende Luft kühlend wirkt.

Wegen der ständigen Erschütterungen während des Betriebes werden nahtlos gezogene Rohre (meist Kupferrohre, neuerdings jedoch auch Stahlrohre) verwendet, um Undichtigkeiten in der

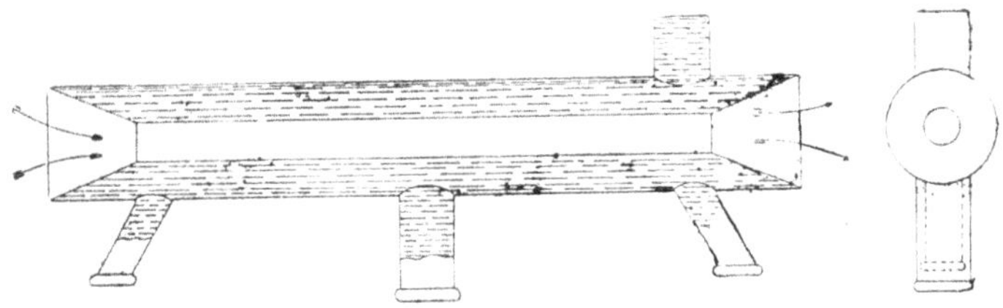

Fig. 226.

Leitung vorzubeugen. Die Rohrleitung muß, namentlich wenn sie wie in manchen Flugzeugen weitverzweigt ist, wegen der Erschütterung mit Schellen gut befestigt werden. Wegen dieser Erschütterung wird auch besonderer Wert auf sichere Rohranschlüsse gelegt, bei denen die Gefahr, daß sie sich selbst lösen, möglichst gering ist. Sie müssen jedoch von Hand aus, wegen bequemen Ausbaues bezw. Einbaues leicht lösbar sein. Am Zylinderanschluß findet man vielfach einen auf das Rohrende aufgelöteten Flansch, welcher

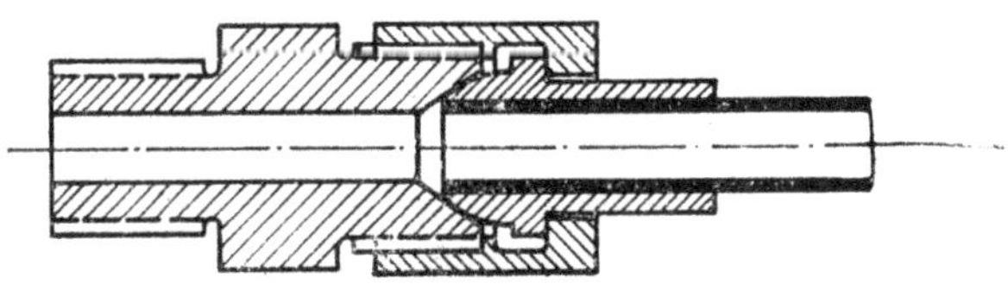

Fig. 227.

durch Stiftschrauben und Muttern am Zylinder befestigt und mit Klingerit, Leder oder Preßspahn abgedichtet wird. An den Pumpenanschlüssen findet man häufig Rohrverschraubungen, wie Fig. 227 zeigt. Auf das Rohrende wird die Überwurfmutter gesteckt und dasselbe hierauf mit dem Hals des Messingkonus verlötet. Durch Anziehen der Überwurfmutter wird dieser Konus in das Gegenstück hineingepreßt, wodurch ohne besonderes Dichtungsmaterial eine gute Abdichtung erzielt wird.

Eine neuartige Rohrverbindung ist die in Fig. 228 dargestellte der Aktiengesellschaft Hamel in Schönau bei Chemnitz. Dieselbe ist zum Patent angemeldet und durch Gebrauchsmuster geschützt. Auch hier wird zunächst eine Überwurfmutter über das Rohrende geschoben. In dieser Überwurfmutter sitzt eine Büchse, deren äußerer Durchmesser auch beim Festziehen des Rohres keiner Veränderung unterworfen wird, so daß die Überwurfmutter nach Abschrauben jederzeit auf dem Rohr zurückgezogen werden kann, selbst wenn die Verbindung eine sehr feste gewesen ist. In der erwähnten Büchse befindet sich ein Ring aus einem weichen Metall, in welchen das anzuschließende Rohr geschoben wird. Beim Anziehen drängt der Gewindeverbindungsstutzen mit seinem konisch ausgedrehten Rande das weiche Metall des inneren Ringes derart

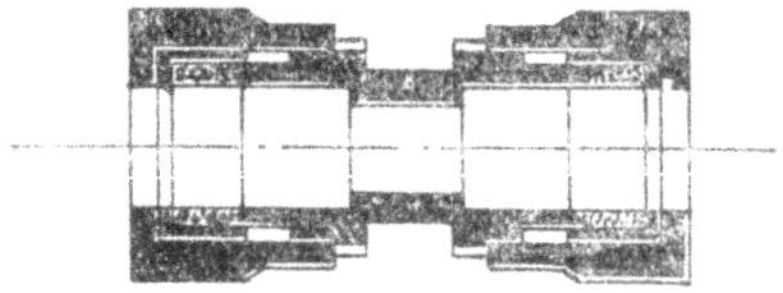

Fig. 228.

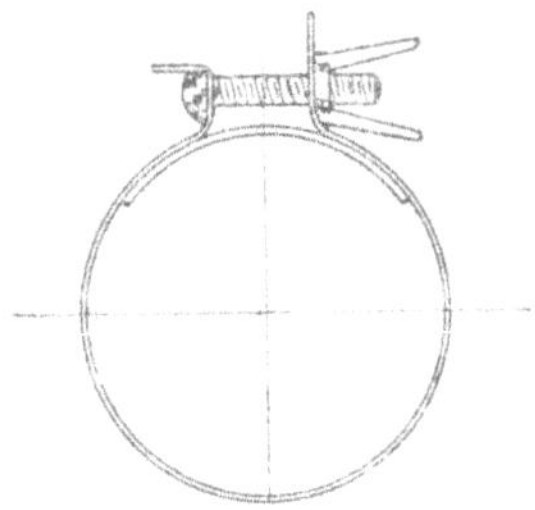

Fig. 229.

fest um das eingezogene Rohrstück, daß eine dichte Verbindung zwischen Rohr und Anschluß entsteht, ohne daß ein Löten erforderlich ist. Gleichzeitig wird dadurch der Anschluß am Gewindestutzen abgedichtet.

Die Verbindung der Rohrleitung mit den Stutzen am Kühler und häufig auch mit dem Wasseraustrittsstutzen am Zylinder findet durch hitzebeständige Gummischläuche statt. Dies ist notwendig, um Wärmeausdehnungen Rechnung zu tragen. Die Schläuche haben eine Leinwand- oder Asbesteinlage. Das Festklemmen dieser Schlauchstücke am Rohrende bezw. am Stutzen muß für eine sichere Abdichtung Gewähr leisten und gleichzeitig ein leichtes Lösen der Verbindung ermöglichen, damit der Ausbau erleichtert wird. Es ist daher nicht zulässig, das aufgesteckte Schlauchstück mit Draht zu umwickeln, da hierdurch leicht eine Beschädigung des Schlauches erfolgt. Es gibt eine große Anzahl von Schlauchklemmen, welche eine gute Abdichtung und eine leichte Lösbarkeit ermöglichen. Eine brauchbare Ausführung ist in Fig. 229 zu sehen. Das Zusammenziehen derselben geschieht durch Schraube und Mutter. Um eine Beschädigung des Schlauches an der Klemmstelle zu vermeiden, ist das eine Ende der Schelle derart umgebogen und verlängert, daß es sich als Schutzwand zwischen die Klemmstelle und den Schlauch schiebt. Sehr brauchbar hat sich auch der Schlauchbinder der Süddeutschen Kühlerfabrik Fig. 230 erwiesen. Derselbe besteht in der Hauptsache aus einem

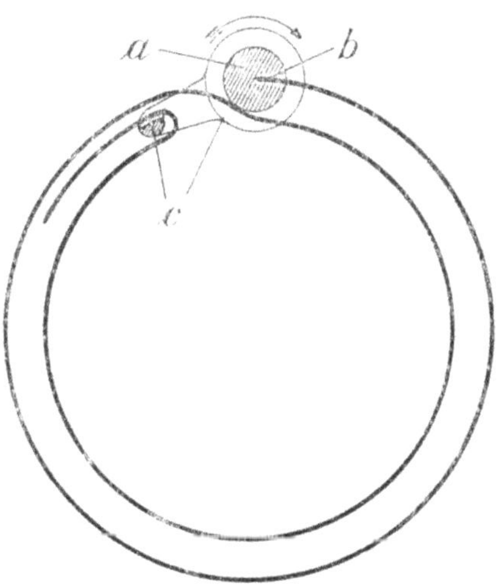

Fig. 230.

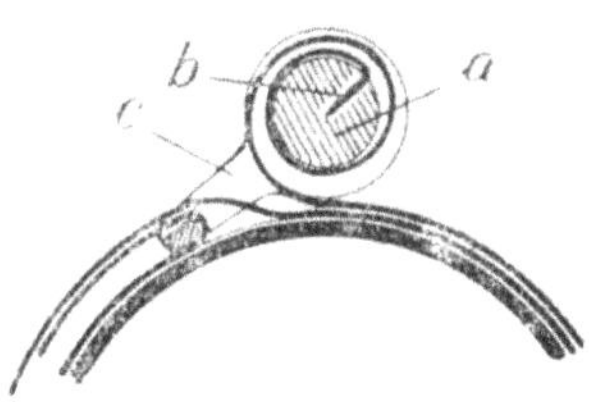

Fig. 231.

Bügel c, einer Schraube a und einem Band, welches bei b in die Schraube gesteckt wird. Das Band wird von der Firma in endlosen Rollen geliefert. Von solch einer Rolle wird entsprechend dem Rohrdurchmesser nach besonderen Vorschriften die Länge des Bandes gewählt, dieses abgeschnitten und seine Ecken verstutzt. Bei Montage hakt man das eine umgebogene Ende des Bandes, wie Fig. 230 zeigt, über den Bügel c, legt das Band um den Schlauch, zieht das andere Ende nochmals durch den Bügel und legt das Band noch einmal um den Schlauch, wonach man das Ende in einen Schlitz der Kopfschraube bei b steckt. Die Schraube wird nun in Pfeilrichtung gedreht, bis die betreffende Stelle die gewünschte Dichtigkeit erhalten hat. Der Binder hat nun das in Fig. 231 dargestellte Aussehen. Die Schraube a ist an dem Ende mit Linksgewinde versehen, auf welchem eine Mutter zur Sicherung festgezogen wird, die infolge des Linksgewindes als Gegenmutter wirkt.

IX. Kühlung des Schmieröls.

Durch das Schmieröl, welches die Lager durchströmt, wird namentlich bei Druckschmierung eine nicht unerhebliche Menge Wärme von diesen abgeführt. Außerdem nimmt das Öl durch die in den Kurbelraum übertretenden heißen Gase und das von Zylindern und Kolben zurückfließende Schmieröl Wärme auf. In besonders hohem Maße ist dies bei schnellaufenden Motoren der Fall. Da nun das Schmieröl durch Erwärmung an Viskosität verliert, so ist es erforderlich, daß namentlich bei den erwähnten schnelllaufenden Motoren eine Rückkühlung des Öles stattfindet, um die zur Schmierung notwendige Viskosität wieder zu gewinnen. Da nun Öl ein schlechterer Wärmeleiter als Wasser ist, so muß bei Motoren, bei denen dasselbe einer starken Erwärmung ausgesetzt ist, eine besonders intensive Kühlung desselben stattfinden. Bei den normalen Kraftwagenmotoren, bei denen das Kurbelgehäuseunterteil als Ölsumpf ausgebildet ist, wird von einer Vorrichtung zur Rückkühlung bis auf vereinzelte Fälle abgesehen. Bei Flugmotoren dagegen, bei denen wegen der starken Erwärmung schon an und für sich ein Schmieröl von hoher Viskosität verwendet werden muß (vgl. Band IX der Automobiltechnischen Bibliothek) ist es unerläßlich, auf die Ölkühlung ein besonderes Augenmerk zu richten.

Bei Kraftwagenmotoren, an denen das Kurbelgehäuseunterteil als Wanne ausgebildet ist, findet man bei einigen Ausführungen in Fahrtrichtung laufende Kühlrippen an der Unterseite des Ölsumpfes (die Öltemperatur in diesem beträgt 60—70 ° C) angebracht, wie z. B. bei dem in Fig. 232 dargestellten 26 PS Motor von Delaunay-Belleville. Eine derartige Anordnung von Rippen hat jedoch ihre zwei Seiten. Beim Befahren trockener Landstraßen wird dadurch die gewünschte Wirkung erzielt. Bei nassem Wetter liegt aber die Gefahr nahe, daß sich die Rippen voll Schmutz setzen, welcher eine wärmeisolierende Schicht bildet, wodurch gerade das Gegenteil von dem erzielt wird, was man wünschte. Bei Motoren langsam laufender Fahrzeuge, z. B. bei Pflugmotoren ist das Anbringen derartiger Rippen nicht so bedenklich, da hier mit dem Anspritzen von Schmutz nicht in dem Maßstabe gerechnet werden braucht, wie bei schneller laufenden Fahrzeugen, allerdings ist die Kühlwirkung der Rippen bei Pflugmotoren infolge des geringeren Luftzuges gering.

Die Kühlung des Ölsumpfes durch Wasser ist nur bei schwereren Fahrzeugen wegen des Mehrgewichtes empfehlenswert.

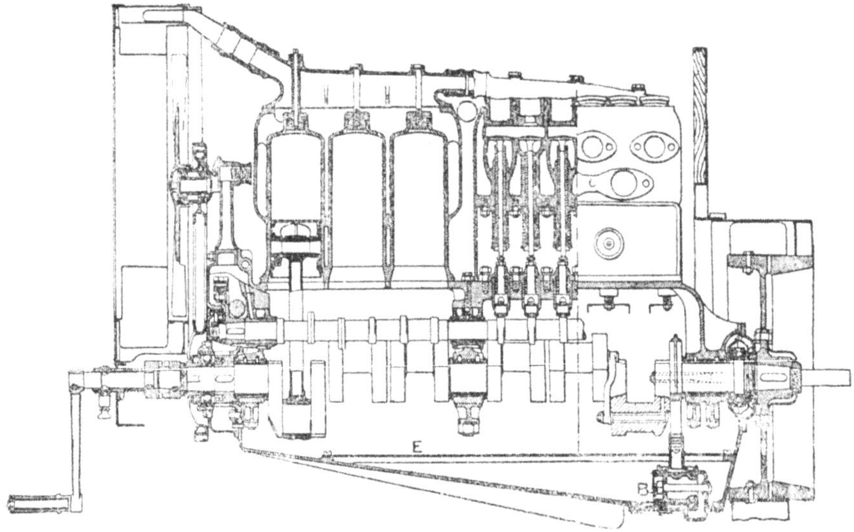

Fig. 232. Kühlung des Ölsumpfes bei Delaunay-Belleville.

Bei dem 35 PS Bootsmotor der Siemens u. Halske A. G. ist die Ölwanne des Kurbelgehäuses derart ausgebildet, daß dieselbe von unten her vom Kühlwasser bespült wird. Das Kurbelgehäuse-Unterteil hat, wie Fig. 233 zeigt, einen doppelten Boden, dessen eine Wand die untere Begrenzung des Ölbehälters bildet und dessen andere Wand ein mit Stiftschrauben befestigter Deckel ist. Zwischen diesen beiden Wänden wird das Kühlwasser hindurch geleitet, und zwar wird es in Pfeilrichtung vom Seehahn her angesaugt und auf dem Umwege unter dem Ölbehälter hindurchgeführt (siehe Schnitt EF). Aus dem Raum unter dem Ölbehälter wird das Wasser nun durch eine Pumpe 32 angesaugt und durch den hohlen Arm 37 und eine anschließende Rohrleitung in den

Kühlwassermantel des Zylinders gedrückt. Nachdem das Wasser die Kühlmäntel der Zylinder durchlaufen hat, tritt es in einen

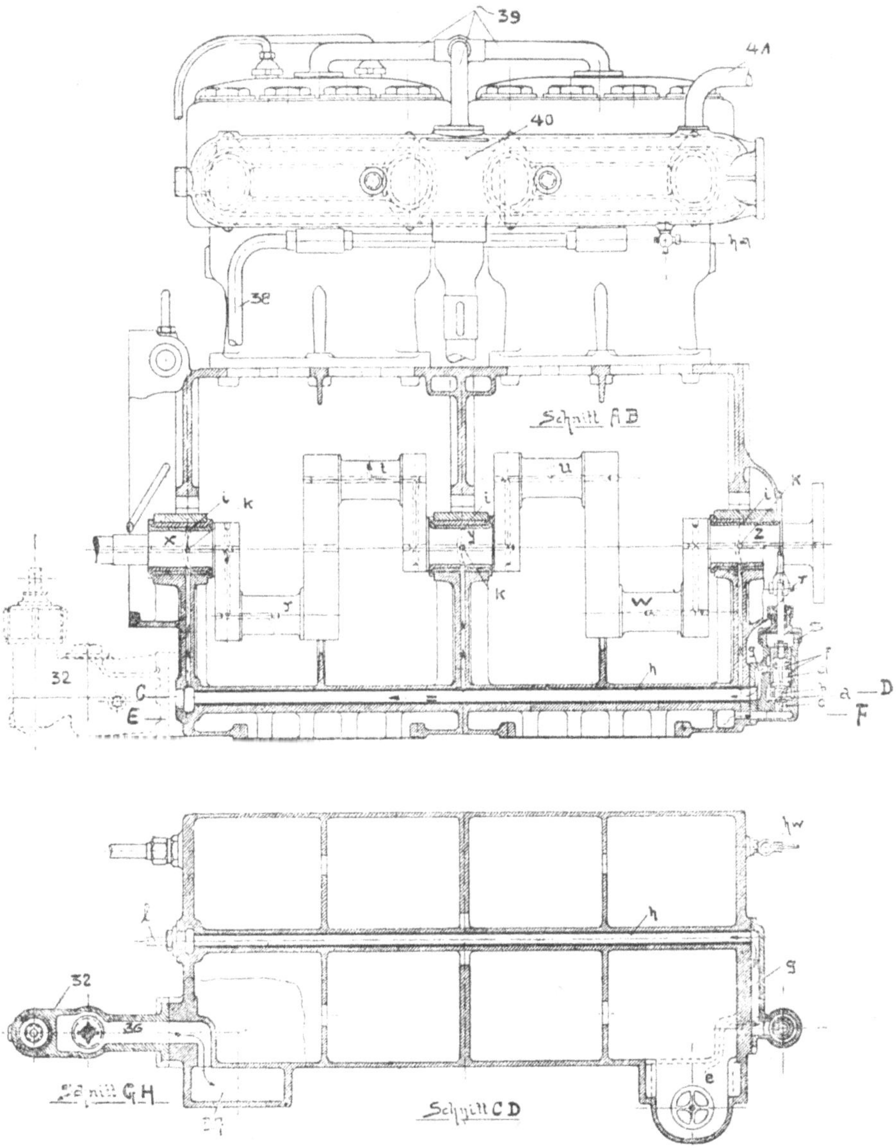

Fig. 233 a. Öl-Kühlung eines Motors der Siemens u. Halske A G.

Kühlmantel des Auspuffrohres 40 über und wird von dort nach Außenbord zurückgeführt.

Für die Rückkühlung des Schmieröles bei Bootsmotoren, insbesondere bei größeren Anlagen, werden häufig Ölkühler angewendet, welche getrennt vom Motor angebracht werden.

Einen derartigen Ölkühler von Dr. Otto Zimmermann, Ludwigshafen, zeigt Fig. 234. Die Ölkühler dieser Firma haben durchweg Röhrenbündel, welche ausziehbar in einen Mantel eingesetzt sind. Das heiße Öl tritt in den Mantel und durchströmt den

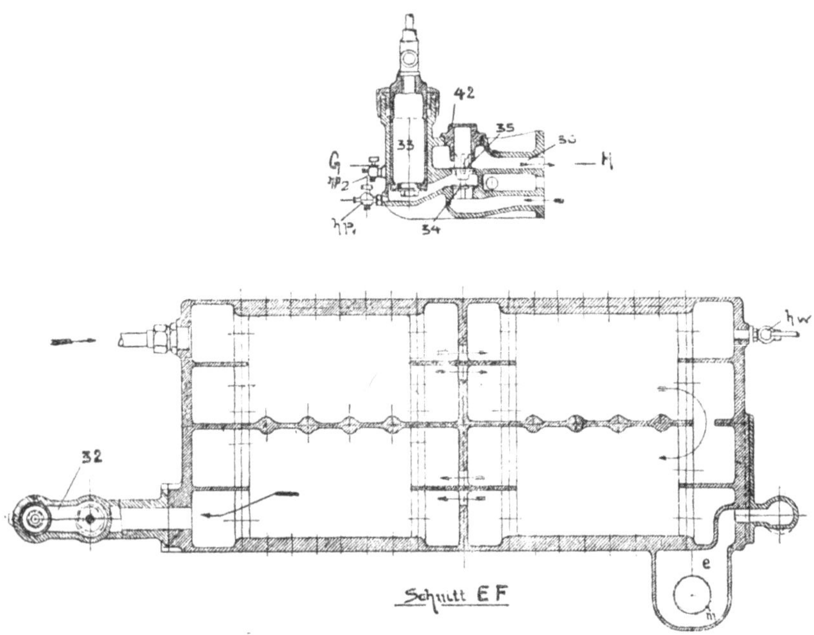

Fig. 233 b

Kühler, zwischen den Röhren fließend, während das Kühlwasser im Gegenstrom durch die Röhren geleitet wird. Um Gewähr für Betriebssicherheit zu leisten, wird der Apparat nach seiner Herstellung unter 8—10 Atm. mit Wasser abgedrückt. In der Regel werden die Röhrenbündel aus gezogenen blanken Messingröhren hergestellt von etwa 15 mm Durchmesser und einer Wandstärke von 0,75 bis 1,5 mm. Findet die Kühlung durch Seewasser statt, so werden verzinnte Messing- oder blanke Kupferröhren verwendet. Die Mäntel der Apparate werden, wenn man des Gewichtes wegen kein Gußeisen verwenden will, aus Stahlblech geschweißt oder aus Kupfer hergestellt. Die Rohrböden werden immer aus einer zähen Legierung angefertigt, bei deren Zusammensetzung auf Vermeidung der Korrosion Wert gelegt ist. Das Röhrenbündel wird in die Mäntel derart eingesetzt, daß es sich nach einer Seite frei ausdehnen kann.

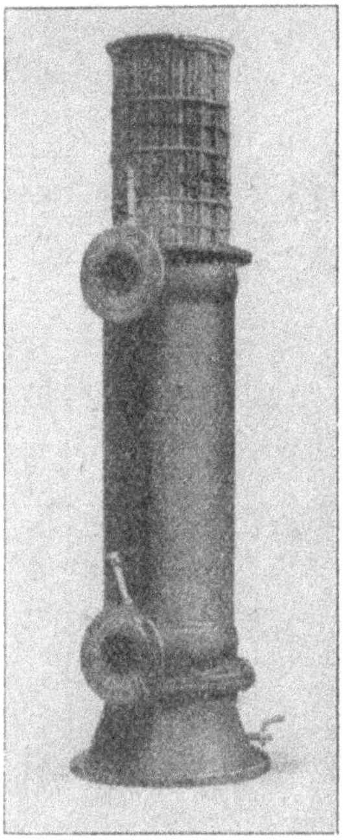

Fig 234 Ölkühler von Dr Zimmermann

Einen Ölkühler, bei dem zur Abführung der Wärme Luft benutzt wird, zeigt Fig. 235 (Maschinenfabrik August Neidig, Mannheim). In dem Kühler ist eine Anzahl von Röhrenbündeln angeordnet, deren Rohre von a, b, c, d aus von Luft durchstrichen werden. Umspült werden diese Rohre von dem zu kühlenden Öl, welches bei e eintritt, die untere Kammer bis zum vordersten Röhrenbündel durchströmt, an diesem entlang in die zweite Kammer eintritt, dieselbe in entgegengesetzter Richtung durchströmt, um hier bei dem vordersten Röhrenbündel in die nächste Kammer überzugehen und so fort, bis das Öl in der obersten Kammer angelangt ist, um von da durch die Öffnung f auszutreten.

Ein Ölkühler derselben Firma, bei dem Wasser zur Wärmeabfuhr verwendet wird, ist in Fig. 236 zu sehen. Das Öl wird durch

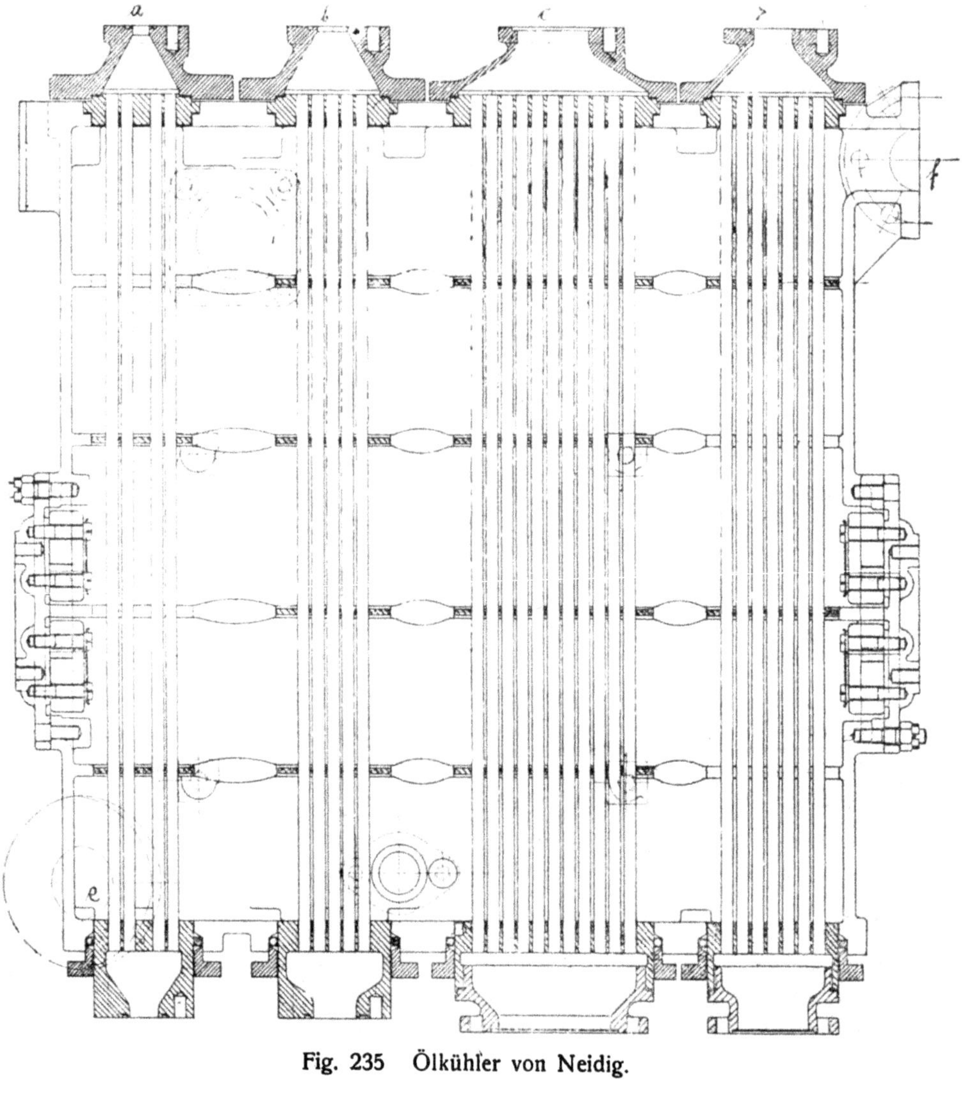

Fig. 235 Ölkühler von Neidig.

die Öffnung a zugeführt, strömt durch den Raum b und von hier durch die Schlitze, welche um den Flansch des Gehäuses 3 frei sind, in einen mit Lamellen ausgefüllten Kühlraum. Diesen Kühlraum durchwandert das Öl, indem es im Gegenstrom die Lamellen umfließt, von denen je eine einen freien Querschnitt am inneren

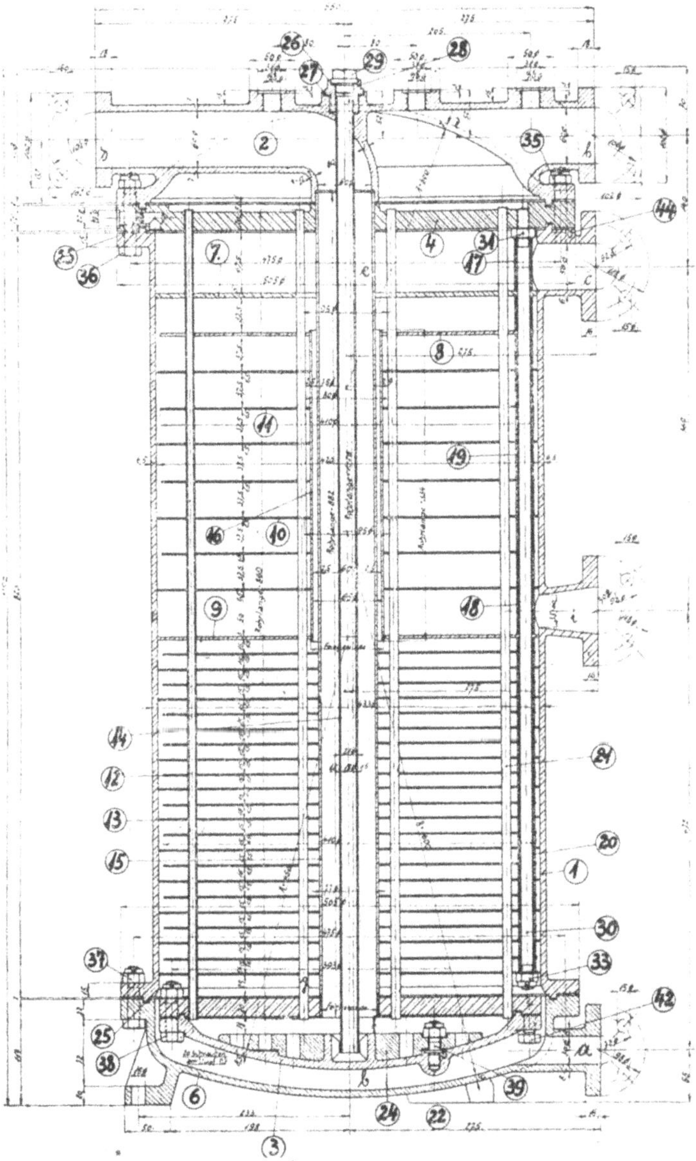

Fig. 236. Ölkühler von Neidig.

Rohr und die andere am äußeren Umfang zum Durchtreten des Öles läßt. Nachdem das Öl den ganzen Raum durchwandert hat, tritt es durch die Öffnung c aus. Das Kühlwasser tritt durch den Stutzen d ein und fließt durch das Rohr e nach unten, wo es sich in dem Raum f verteilt und durch die Rohre g durch den Kühlraum wieder nach oben geführt wird, um durch den Flansch h auszutreten. Diese Röhren wirken als direkte und die Lamellen als indirekte Kühlflächen. Um den Grad der Kühlung regeln zu können, ist eine Abschaltvorrichtung vorgesehen, durch welche ein Teil des Kühlers außer Betrieb gesetzt werden kann. In diesem Falle tritt dann das gekühlte Öl bereits durch den Flansch i aus.

In Fig. 237 ist eine Einrichtung für die Ölkühlung an Kraftwagen (Mannesmann-Mulag) zu sehen. Für die Rückkühlung des Schmieröls ist hier ein nach Art der Wasserkühler gebauter Ölkühler b verwendet, welcher mit dem Wasserkühler a zusammen gebaut ist. Zwischen b und a ist es empfehlenswert, einen Luftraum zu lassen, damit das Wasser das Öl nicht heizt. Das warme Schmieröl wird von der Pumpe g aus durch die Ölsteigeleitung h in das Schauglas i gefördert und strömt von dort durch die Leitung k dem Ölkühler bei e zu. Bei f tritt das gekühlte Öl aus dem Ölkühler wieder aus, um durch die Leitung l den Schmierstellen wieder zugeführt zu werden. Wenn Ölsorten zur Verwendung gelangen, welche bei Dauerbetrieb starken Schmutz absetzen, ist es empfehlenswert, die Kühlelemente des Ölkühlers wie bei den Wasserröhrenkühlern auszubilden und denselben eine senkrechte Lage zu geben. Der Ölkühler wird dann oben und unten mit je einem Deckel versehen, damit die Röhren zwecks Reinigung durchstoßen werden können.

Am meisten kommen Ölkühler bei Flugmotoren zur Ausführung. Häufig wird die Kühlung bei diesen dadurch erzielt, daß das Öl seinen Kreislauf durch den Ölbehälter nimmt (vgl. Band IX der Automobiltechnischen Bibliothek). Bei einigen Ausführungen wiederum wird in die Kreislaufleitung zwischen Motor und Ölbehälter ein besonderer Ölkühler eingeschaltet. Gebräuchlich sind besondere Ausbildungen des Ölsumpfs mit Rücksicht auf die Kühlung. Fig. 238 zeigt eine derartige patentierte Bauart der L u f t f a h r z e u g - M o t o r e n b a u G. m. b. H. Das Kurbelgehäuseunterteil trägt am untersten Ende einen von Kühlrohren durchzogenen Ölkühler, welcher als Ölsumpf dient und von welchem die Pumpe g durch die Leitung h Öl absaugt und den Schmierstellen zuführt. Am Schwungrad ist ein Ventilator n vor-

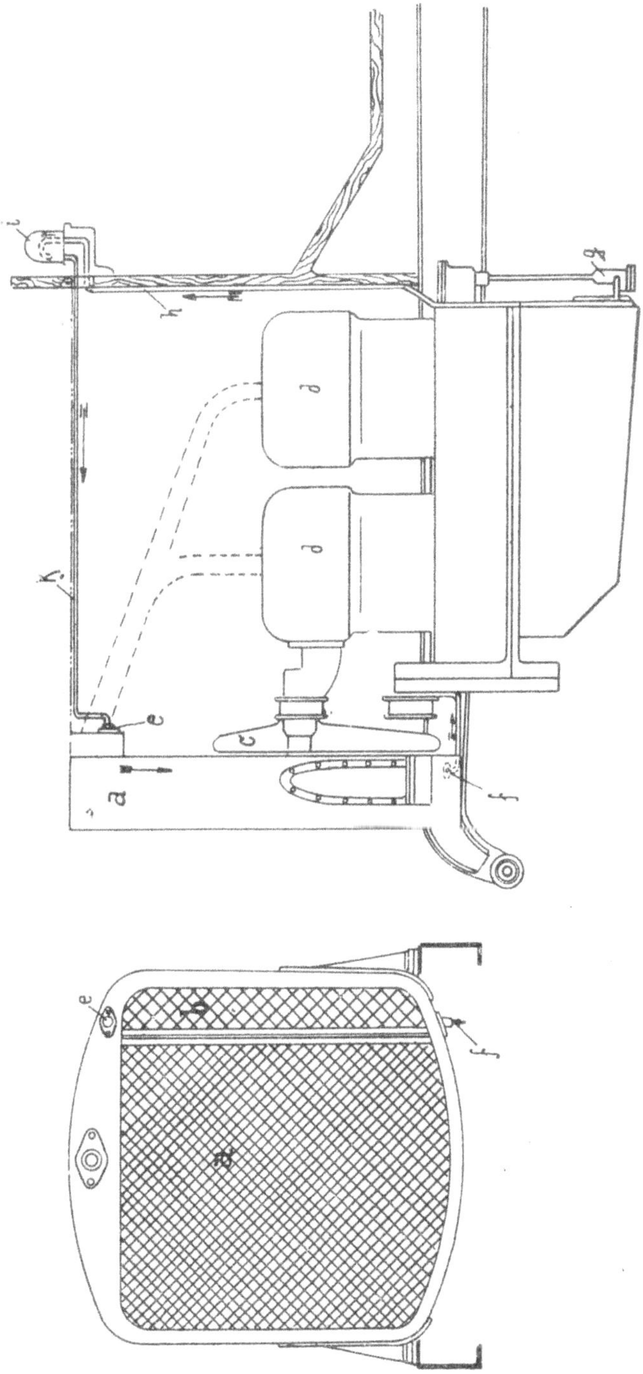

Fig. 237.

gesehen (welcher bei einem Flugmotor natürlich nicht erforderlich wäre). Dieser sorgt einerseits für die Kühlung des Ölsumpfes in Pfeilrichtung b und saugt andererseits durch l die Öldämpfe aus dem Kurbelgehäuse ab. Diese Öldämpfe durchströmen den Kühler k und schlagen hier zum Teil nieder. Das so niedergeschlagene Öl fließt dem Behälter wieder zu.

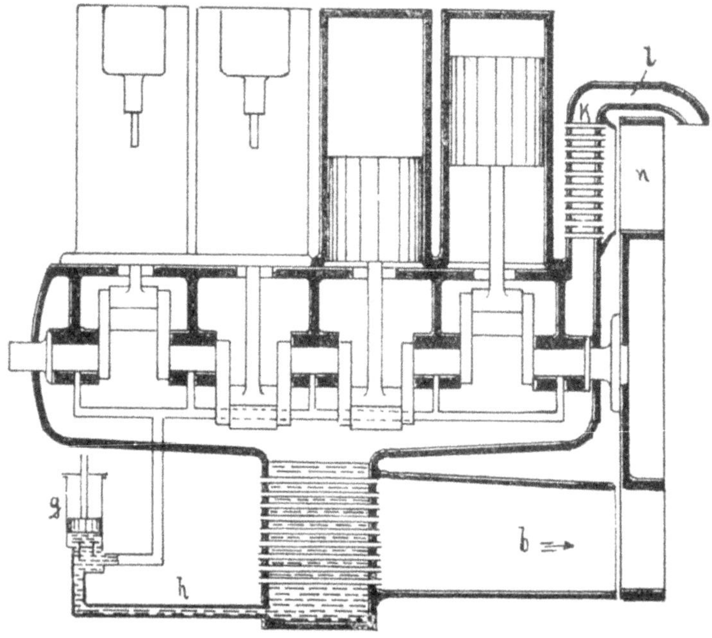

Fig. 238.

Bei dem 230 PS Benz Flugmotor (vgl. Flugsport Nr. 24, 1918) sind im Unterteil des Kurbelgehäuses in Querrichtung achtzehn Aluminiumrohre von 30 mm lichter Weite vorgesehen. Auf der Vergaserseite wird diesen Rohren durch Windfangmuscheln aus Aluminiumblech Luft zugeführt, welche auf der entgegengesetzten Seite durch umgekehrte Muscheln abgesaugt wird.

Bei dem 260 PS Selve-Flugmotor Fig. 239 ist am Kurbelgehäuseunterteil ein besonderer Ölkühler angebaut. Derselbe ist durch eine Rohrleitung von 25 mm lichter Weite mit dem Frischölbehälter verbunden. Der Ölkühler ist in Flugrichtung von einer Anzahl Luftröhren durchzogen. Das in dem Ölkühler gekühlte

Öl wird aus diesem durch ein doppeltes Ölsieb von der Schmiepumpe abgesaugt und der Druckleitung zugeführt.

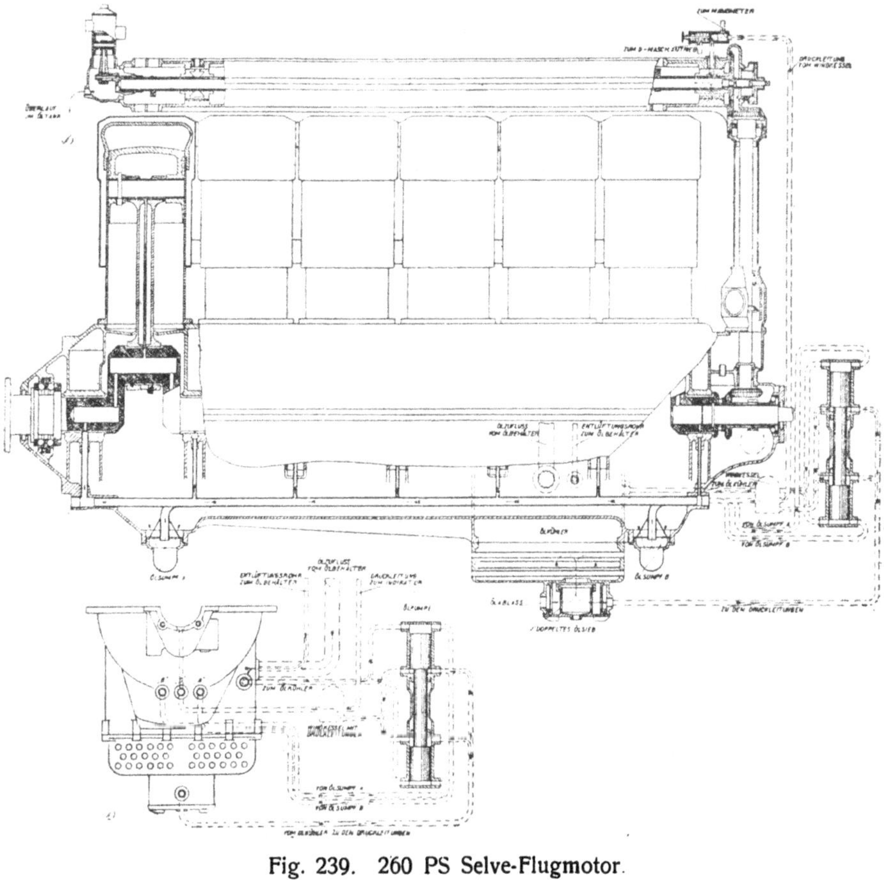

Fig. 239. 260 PS Selve-Flugmotor.

Bei all diesen mit dem Kurbelgehäuse vereinigten Ölkühlern muß natürlich darauf acht gegeben werden, daß während des Betriebes eine gute Belüftung derselben stattfindet.

X. Aus der Praxis.

A. Anlassen der Motoren bei kaltem Wetter.

Bei einer längeren Betriebspause findet ein völliges Auskühlen der Motoren statt und zwar werden dieselben auf den Wärmegrad der Außenluft heruntergekühlt. Dies fällt besonders bei Flugzeugen ins Gewicht, welche im Freien oder in leichteren Zelten untergebracht werden. Bei diesen tritt in der kalten Jahreszeit ein völliges Herunterkühlen auf die Außentemperatur schon nach kurzen Betriebspausen ein. Das Anspringen eines Motors wird durch ein

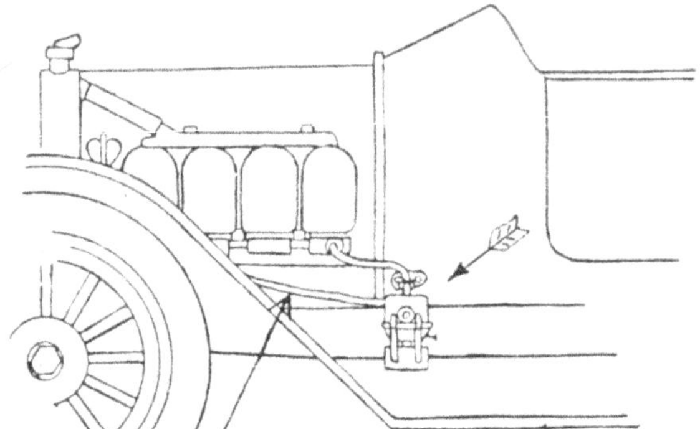

Fig. 240.

starkes Auskühlen desselben bekanntlich sehr erschwert, weshalb man mitunter bei Kraftwagen vor einer kürzeren Betriebspause den Kühler einwickelt, um das Kühlwasser warm zu halten. Man verwendet verschiedene Hilfsmittel um das Anlassen zu erleichtern, so zeigt z. B. Fig. 240 eine Vorrichtung zur künstlichen Anwärmung des Kühlwassers (Gesellschaft für luftlose Autoreifen m. b. H.). Als Heizkörper ist eine Benzollampe Fig. 241 vorgesehen, über deren Flamme eine Rohrschlange geführt ist, welche an einem Ende mit dem Ablaßhahn des Kühlers verbunden ist und am anderen Ende mit einem vom Kühler entfernten Teil des Zylinderblockes. Bei einer derartigen Einrichtung ist es empfehlenswert, die Rohre so anzuschließen, daß beim Anheizen eine Termosyphonwirkung entsteht.

Eine elektrische am Kühler anzubringende Heizvorrichtung (nach Mayer) zeigt Fig. 242. An dem Kühler 6 ist der elektrische Heizapparat 7 mittels der Teile 8 befestigt. Der Apparat besteht in

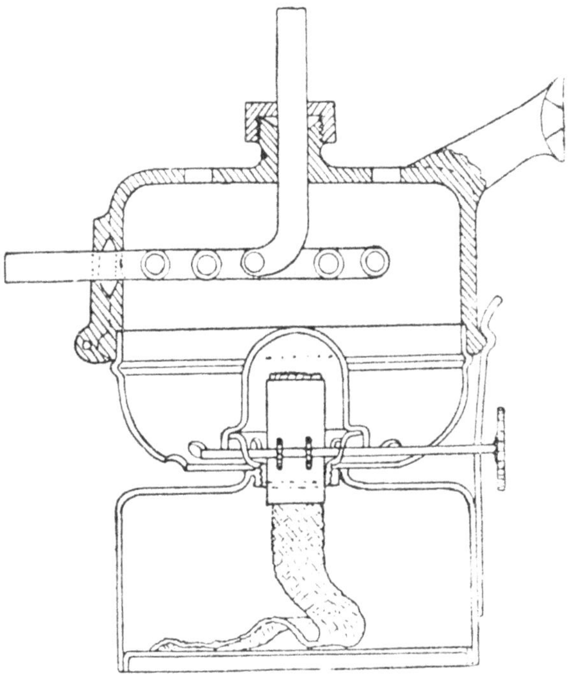

Fig. 241.

der Hauptsache aus dem rechteckigen Gehäuse 9, in welchem ein Heizelement aus Asbest 12 angebracht ist, in dem isolierte Drähte 13 liegen. Letztere sind durch die Leitung 14 an die Stromquelle angeschlossen. Der Rahmen ist mit einer Anzahl Rippen 17 versehen, welche sich an das Heizelement anlegen und dasselbe in seiner Lage halten. Die Zwischenräume zwischen den Rippen gestatten die Zirkulation der Heizluft.

Bei Kraftwagen findet man Anwärmevorrichtungen sehr selten. Dieselben würde man, wenn sie fest eingebaut sind, im Sommer immer als zwecklosen Ballast mitschleppen. Man hilft sich gewöhnlich dadurch, daß man bei Beginn der Fahrt in der Garage vorgewärmtes Kühlwasser einfüllt, und den Motor bei großen Be-

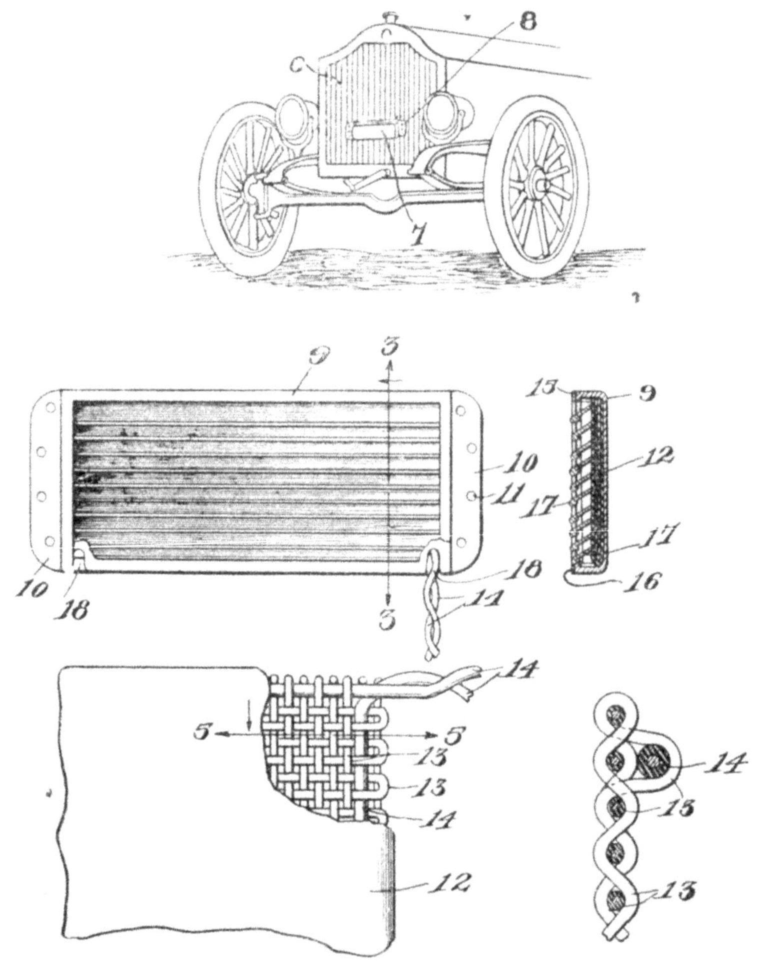

Fig. 242.

triebspausen stark abgedrsseolt leer laufen läßt. Vor Beginn der Fahrt ist es auch ratsam, bei starkem Frost $^{1}/_{2}$—1 Liter heißes Öl in den Ölsumpf zu gießen und den Motor einige Male durchzudrehen, da das steife Öl sonst nicht rasch genug zum Umlaufen kommt und Schäden durch mangelhafte Schmierung entstehen können.

Erheblicher sind die Schwierigkeiten, wenn man bei Kälte einen ausgekühlten Flugmotor in Gang bringen will, da hier weit mehr zu erwärmende Massen vorhanden sind, als bei einem Kraftwagenmotor. In Nachfolgendem seien die diesbezüglichen Erwägungen Seppelers wiedergegeben, welche dieser seinem für die schnelle Betriebsbereitschaft ausgekühlter Flugmotoren dienenden Dampfentwickler zu Grunde gelegt hat.

Jedes Kilogramm benötigt eine bestimmte Wärmemenge (spezifische Wärme) um seine Temperatur um ein Grad zu steigern. Beim Wasser ist diese Wärmemenge = 1 Wärmeeinheit. Die zu erwärmenden Metallbestandteile bestehen bei einem Motor hauptsächlich aus Eisen, Aluminium und Messing. Bei einem 160 PS Motor bekannter Bauart erfordern z. B. die 274 kg Metall für jeden Grad Temperaturerhöhung 38,4 WE Wärmezufuhr, bezw. sie können umgekehrt 38,4 WE bei jedem Grad Temperaturabfall abgeben. Dieser Metallmasse steht ein Wasserfassungsvermögen des Motors mit 10 kg und 10 WE gegenüber. Es besteht also das für den Winter sehr ungünstige Verhältnis von 3 zu 1. Umgekehrt ist dies beim Kühler der Fall, bei dem der Wärmewert des des Wassers fast viermal so groß ist wie der des Metalls.

Wenn man also heißes Wasser eingießt, so trifft man sehr bald auf eine Grenze, weil die vom Motor bei jedem Grad Temperaturerhöhung verschluckte Wärme dreimal so groß ist, als wie die vom Wasser nach jedem Grad Temperaturerniedrigung abgegebene Wärme, es sinkt die Wassertemperatur also bedeutend schneller, als wie die Motortemperatur steigt. Außerdem geht beim Einfüllen nach außen hin Wärme verloren. Kochendes Wasser einzugießen, bietet daher nur so lange genügend Sicherheit, als die Außentemperatur 0 Grad nicht unterschreitet. Eine Besserung wird durch Einfüllen von überhitztem Wasser erzielt, das sich jedoch nur bei entsprechender Drucksteigerung ermöglichen läßt. Das Wasser wird mittels eines Schlauches von unten her durch den Wasserablaßhahn in die Kühlleitung des Motors eingeführt, und zwar mit zwei Atmosphären Überdruck und 130° Überhitzung. Dieses Eindrücken von Heißwasser ist nur bis —10° mit Sicherheit anzuwenden und dies auch nur dann, wenn zur Verhinderung eines weiteren Temperaturabfalls der Motor sofort nach dem Füllen angeworfen wird. Findet nicht sofort ein Anspringen des Motors

Wärmeausgleich zwischen den Metallmassen eines 160 PS Merc-Motors und überhitztem Wasser nach Vorwärmung des Motors mit 2 kg Dampf von 2 Atm Überdruck

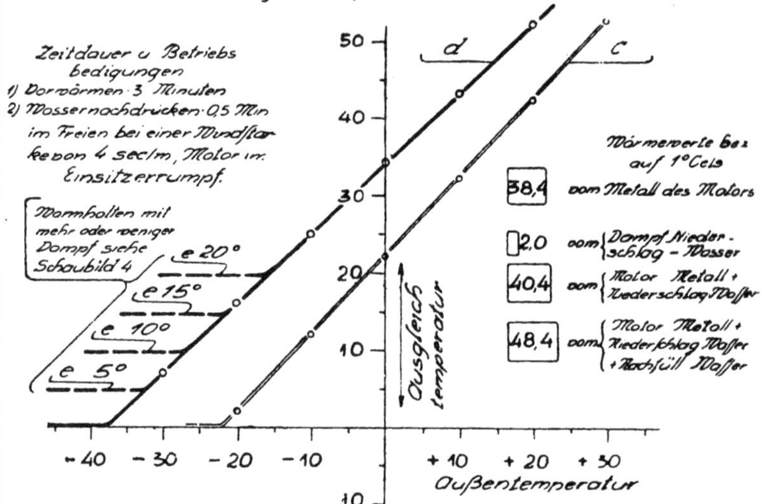

Vorgang: In die Wasserführung wird von unten durch den Wasserablaßhahn 2 kg Dampf von 2 Atm gedrückt, die den Motor auf c° Cels erwärmt. Hinterher werden 8 kg Heißwasser (133° bei 2 Atm Überdruck) nachgefüllt. Motor + Dampfniederschlag-Wasser + Nachfüllwasser nehmen d° Cels Ausgleichtemperatur an und fallen dann gemeinschaftlich, bis der Motor angeworfen oder neuer Anwärmdampf eingeblasen wird. (Werte e)

	Außentemperaturen in °Cels						
	-30	-20	-10	0	+10	+20	+30
Dampftemperatur - Aussentemperatur = Dampf-Temp.-Unterschied in °Cels	163	153	143	133	123	113	103
Wärmeverlust des Dampfes im Schlauch u Motor - 3 Kal. für 1° Temp Unterschied	489	459	429	399	369	339	309
Wärmewert des Dampfes über 0° Cels - Wärmeverlust in Schlauch und Motor	815	845	875	905	935	965	995
Gesamter Metall-Wärmewert	-1152	-768	-384	0	+384	768	1152
Gesamter Wärmewert von Metall + Niederschlagwasser	-337	+77	491	905	1319	1733	2147
Ausgleichtemperatur c zwischen Dampf. Niederschlagwasser und Metall	-8,25	1,89	12,1	22,2	32,3	42,5	52,7
Wärmewert des nachgedrückten Wassers kg Kal. unter Abzug d. Verluste n. Schaubild 26.	672,8	696,8	720,8	744,8	768,8	792,8	816,8
Gesamter Wärmewert von Metall, Niederschlagwasser u Nachfüllwasser	335,8	773,8	1211,8	1649,8	2087,8	2525,8	2963,8
Ausgleich-Temperatur d der gesamten Füllung.	6,9	16,0	25,2	34,0	43,1	52,2	61,4

Fig. 243.

statt, so ist die Wärme bald verloren, und es besteht wiederum die Gefahr des Einfrierens der der Kälte besonders ausgesetzten Teile.

Wasserdampf enthält etwa viermal so viel Wärme als Wasser bei gleichem Druck und gleicher Temperatur, da der Übergang vom flüssigen Zustand in den dampfförmigen viel Wärme (Verdampfungswärme) erfordert. Letztere wird umgekehrt beim Übergange vom dampfförmigen in den flüssigen Zustand wieder abgegeben. Aus diesem Grunde können dem Motor durch Vorwärmen desselben mit Dampf und Nachfüllen überhitzten Wassers in kurzer Zeit derartige Wärmemengen zugeführt werden, daß dieselben für alle vorkommenden Fälle ausreichen. Hierzu genügt, wie Fig. 243 zeigt, ein Anwärmen mit zwei kg Dampf. Es ist daher empfehlenswert, die Dampfmengen der Außentemperatur entsprechend zu bemessen und das heiße Wasser dann nachzufüllen, wenn die äußersten Motorteile handwarm sind oder mindestens $+10^{\circ}$ haben. Wenn nun der Motor nicht sofort anspringt, so wird durch nachträgliches Einblasen von Dampf die beim Stehen verloren gehende Wärme ersetzt, so daß man in aller Ruhe den Motor für den Betrieb fertig machen kann.

Zum Zwecke einer derartigen Vorbereitung des Anlassens baut die Firma Seppeler (Berlin-Neukölln, Saalestraße) einen Dampfentwickler, dessen Bauart aus Fig. 244 zu ersehen ist. Derselbe besteht in der Hauptsache aus einem Unterkessel für zwei Atm. Spannung zur Dampfentwicklung und aus einem darüberliegenden Oberkessel für 2,5 Atm. Spannung zum Überhitzen von Wasser auf etwa 130° und zur Anwärmung von Öl mittels einer im Innern liegenden Rohrschlange. Auf dem dreiteiligen Wärmeschutzmantel von Unter- und Oberkessel ist als dritter Hauptteil eine Wasserschale aufgesetzt, zur Aufnahme und Vorwärmung des Füllwassers und zum Warmhalten hineingestellter Behälter. Die oberen Dampf enthaltenden Teile beider Kessel sind an eine gemeinsame Dampfleitung angeschlossen, welche zum Sicherheitsventil und zur Warnungspfeife führt. Zum Anschluß der Dampfentwickler an Flugzeuge dienen 6 bis 7 m lange Verbindungsschläuche, welche durch Drahtumwicklungen gegen Überbeanspruchungen von außen und innen geschützt sind. Auf diese Weise wird vom Dampfentwickler je nach Bedarf Dampf aus dem Unterkessel oder Wasser aus dem Oberkessel zum Motor geführt.

Bei der Vorbereitung zum Betrieb werden die Flugzeuge in Gruppen von 2 bis 4 Stück möglichst nahe aneinander gerückt, mit dem Motor gegen den Wind gerichtet und der betriebsfertige Dampfentwickler zwischen sie gestellt. Nachdem die Verbindungsschläuche zwischen den geöffneten Anschlußhähnen von zunächst

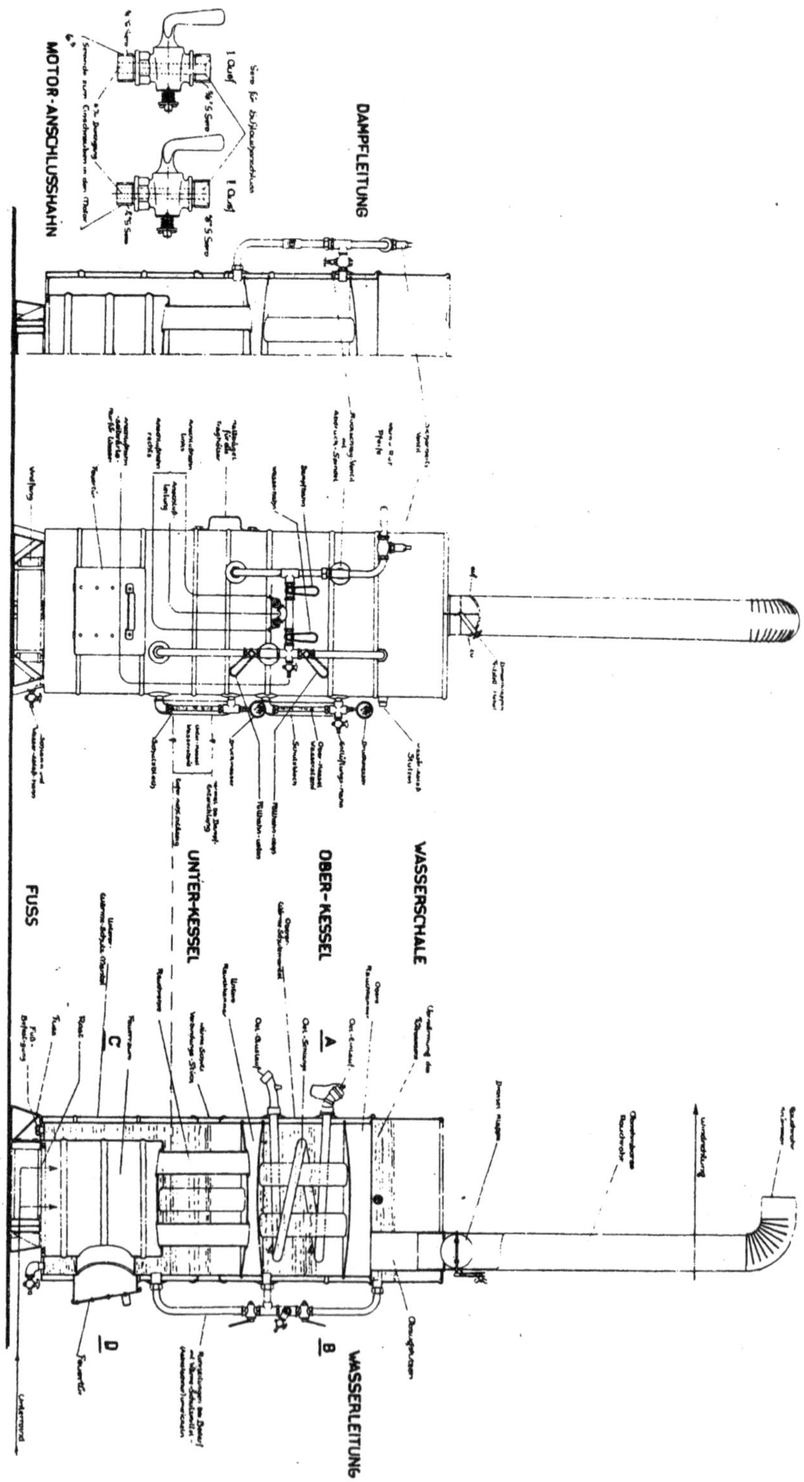

Fig. 244. Dampfentwickler von Seppeler.

zwei Flugzeugen an den Dampfentwickler angelegt sind, wird der Wärmevorgang vorgenommen. Durch entsprechende Drosselung der Anschlußhähne am Dampfentwickler wird dafür gesorgt, daß die Motoranlage nicht auf einmal zuviel Dampf bekommt und durch zu starken Druck beschädigt wird. Sobald das Wasser aus dem entsprechenden Kühler überläuft, woraus ersichtlich ist, daß die Füllung beendigt ist, wird der Dampfentwickler abgeschaltet und an das nächste Flugzeug gelegt. Der im Oberkessel noch vorhandene Heißwasserrest wird durch völliges Öffnen des zweiten Anschlußhahnes nach dem zweiten Flugzeuge hin befördert. Nach völligem Entleeren des Oberkessels wird der Wasserhahn der Verbindungsleitung geschlossen, der Dampfhahn geöffnet und das Anwärmen des zweiten Flugzeuges unter möglichst sparsamem Dampfverbrauch fortgesetzt. Der inzwischen freigewordene Anschlußhahn kann nun an ein weiteres Flugzeug angeschlossen werden. Bei starker Kälte ist es ratsam, die freiliegenden Ölleitungen ebenfalls mit Dampf anzublasen. Dasselbe wird bei luftgekühlten Flugzeugen mit den Zylindern getan. Der Dampfentwickler hat sich während des Krieges für eine schnelle Flugbereitschaft bei kaltem Wetter sehr gut bewährt.

Nachdem der Motor angesprungen ist, ist es empfehlenswert, denselben ungefähr 5 Minuten langsam laufen zu lassen, bis sich das Kühl-Wasser auf etwa 40° erwärmt hat, worauf man ihn weitere drei Minuten auf volle Drehzahl bringt und hierbei das Manometer beobachtet, ob etwa eine Störung in der Schmierleitung aufgetreten ist.

B. Verhütung von Frostschäden.

Es ist eine bekannte Erscheinung, daß in einer Motorenfabrik nach starkem Frostwetter die meisten Ersatzteilbestellungen auf Zylinder eingehen. Dies hat gewöhnlich seine Ursache darin, daß es der Fahrer unterlassen hat, am Abend nach Beendigung des Betriebes das Wasser aus der Kühlanlage abzulassen, so daß das gefrorene Wasser in dem in einer ungeheizten Garage stehenden Wagen über Nacht den Kühlwassermantel des Zylinders gesprengt hat. Das sicherste Mittel, um Frostschäden vorzubeugen, ist natürlich das Ablassen des ganzen Wassers aus der Kühlanlage. Bei kurzen Betriebspausen genügt ein Einhüllen des Kühlers, um das Kühlwasser über 0 Grad zu halten.

An Flugzeugen haben Motor und Kühler an und für sich eine exponierte Lage, ferner sind dieselben als Wärmeaustauschkörper mit verhältnismäßig geringem Wasserinhalt und sehr großer Kühlfläche versehen, weshalb man Schwierigkeiten im Winter bei einer Landung in unbewohnten Gegenden hat, um ein Einfrieren des Wassers zu verhüten. Während man beim Kraftwagenmotor bei Betriebsstörungen gewöhnlich in der Lage ist, das Wasser abzulassen, da man es meist durch neues warmes Wasser ersetzen kann (man kann sich fast ausschließlich nur auf Landstraßen bewegen, auf denen man nur in bewohnten Gegenden Station macht) so liegen die Verhältnisse im Flugzeuge anders, da das Flugzeug nicht an einen bestimmten Weg gebunden ist, sondern den kürzesten Weg einschlägt, ohne daß Rücksicht darauf genommen wird, ob bewohnte oder unbewohnte Gegenden überflogen werden. Bei Landungen in unbewohnten Gegenden ist es daher bei strengem Frost und reinem Wasser als Kühlmittel schwer möglich, ein Einfrieren zu verhüten, wenn die Unterbrechung des Fluges längere Zeit dauert. Hat man Gelegenheit, frisches Wasser einzufüllen und daher die Kühlanlage zu entwässern, so wird, wenn der Motor durch und durch ausgekühlt ist, die Kühlwasserpumpe, welche gewöhnlich am tiefsten Punkt des Kühlsystems liegt, dadurch sehr kaltes Wasser bekommen, daß das in sie eintretende Wasser in sehr kaltem Zustande ankommt, da ihm durch Kühler und Zylindermäntel schon sehr viel Wärme entzogen worden ist. Bei starkem Frostwetter wird in diesem Falle die Pumpe rasch einfrieren und beim Anspringen des Motors zu Defekten Anlaß geben. Um dem vorzubeugen, kann man, wie Fig. 245 zeigt, mit dem Flugzeug organisch einen Behälter m verbinden, dessen Inhalt wenigstens so groß ist wie derjenige des Kühlers und der Wassermäntel der Zylinder. Derselbe wird derart angeschlossen, daß das ganze Kühlwasser in demselben vorübergehend aufgespeichert werden kann. Die Anlage ist folgendermaßen gedacht. Von dem Kühler a fließt das gekühlte Wasser der Pumpe p zu. Letztere drückt es durch das Rohr c in die Zylindermäntel, von wo es durch die Leitung d wieder in den Kühler gelangt. Von dem Dampfsammler e des Kühlers führt ein Rohr f zu einem Hahn g, welcher entweder mit der Atmosphäre oder durch die mit einem Rückschlagventil versehene Leitung h mit dem Auspuffrohr i verbunden werden kann. Während des Fluges wird der Hahn nach der Atmosphäre geöffnet, so daß der im Kühler etwa entwickelte Dampf entweichen kann. Soll das Wasser bei einer Landung dem Kühlsystem entzogen werden, so wird der Hahn umgelegt, so daß der Druck der Auspuffgase in den Kühler tritt. Zugleich wird der Hahn k in der Leitung l geöffnet, wodurch das den Kühler und die Wassermäntel füllende Wasser durch den Druck der Auspuffgase in den Behälter m getrieben wird, wonach man den Hahn k schließt. Das Röhrchen q dient zur Entlüftung

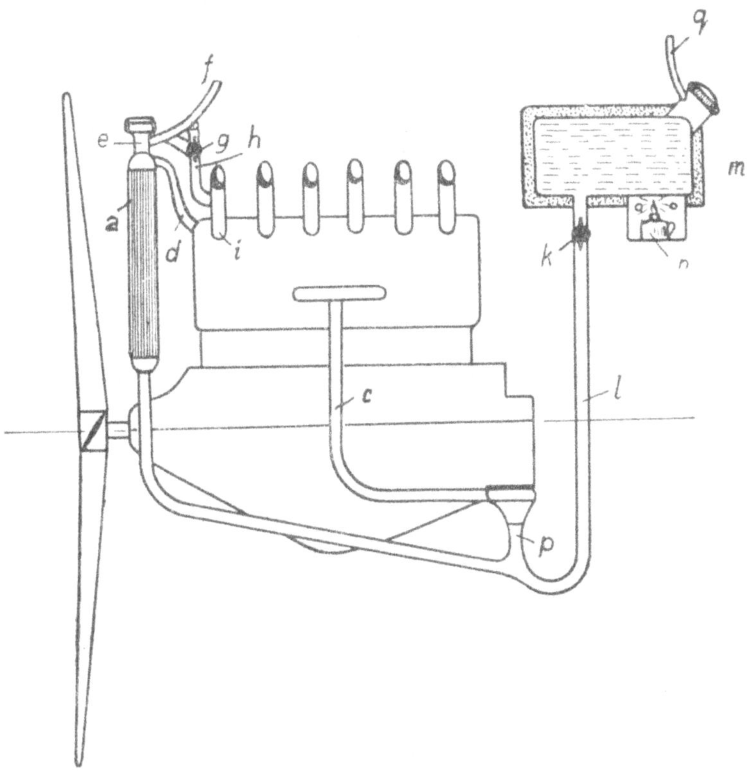

Fig. 245.

von m. Bei kurzen Fahrtunterbrechungen kann man das noch warme Wasser vor der neuen Inbetriebsetzung ohne weiteres wieder dem Kühlsystem zuführen, besonders wenn m wärmeisoliert ist. Für längere Fahrtunterbrechungen könnte eine Heizvorrichtung n vorgesehen werden. Der wärmeisolierte Behälter ließe sich auch während des Betriebes durch Auspuffgase heizen, deren Wärme dann bei Fahrtunterbrechung von dem einströmenden Wasser aufgenommen wird. Der Behälter m stellt allerdings einen Ballast dar, den man in der kalten Jahreszeit ständig mit sich führen würde, jedoch dürfte sich eine derartige Anlage namentlich für den Betrieb in unwirtlichen Gegenden lohnen, wenn man von der Verwendung von Lösungen absehen will, welche ein Einfrieren des Kühlmittels verhüten.

Auch bei Motoren, welche militärischen Zwecken dienen, wie z. B. solchen von Telefunkenstationen, Scheinwerferaggregaten usw. macht das Verhüten des Einfrierens besondere Schwierigkeiten, da an ein Ablassen des Wassers wegen der erforderlichen ständigen Betriebsbereitschaft nicht zu denken ist und auch ein Einhüllen des Kühlers auf die Dauer nicht ausreicht. Man ist daher gezwungen, ein Kühlmittel zu verwenden, dessen Gefrierpunkt tiefer liegt als die Lufttemperatur, unter welcher der Betrieb stattfindet. Man versuchte daher wässrigen Alkohol als Kühlmittel zu verwenden. Je konzentrierter der Alkohol ist, desto tiefer liegt natürlich sein Gefrierpunkt. So hat z. B. wässriger Alkohol von 2,5 Gewichtsprozenten Alkohol einen Gefrierpunkt von —1° C, von 19 Gewichtsprozenten einen Gefrierpunkt von etwa —10° C und von 41 Gewichtsprozenten einen Gefrierpunkt von etwa —32° C. **Reiner Alkohol friert bei unter —100° C. Bei stark wässrigen** Lösungen liegt der Gefrierpunkt also verhältnismäßig zu nahe bei 0°, während bei Lösungen, welche sich dem reinen Alkohol nähern, die Feuersgefahr wächst.

Leuchtpetroleum, welches bis —35° C dünnflüssig bleibt und einen Siedepunkt von 200° C hat, würde sich ebenfalls zur Kühlung eignen, doch auch hiergegen spricht die Feuersgefahr. Mit Kochsalzlösungen (etwa 25 % Gewichtsteile Kochsalz) kommt man bis auf —21° C, jedoch verursacht diese Lösung ein starkes Rosten.

Eine harmlosere Mischung, welche sehr viel Verwendung findet, ist die von säurefreiem Glyzerin und Wasser. Bei einer Mischung von $^1/_3$ Glyzerin und $^2/_3$ Raumteilen Wasser erhält man einen Gefrierpunkt von —15° C. Eine Mischung von 40 Raumteilen Glyzerin und 60 Raumteilen Wasser hat einen Gefrierpunkt von etwa —20° C. Einen Gefrierpunkt von etwa —30° C erhält man mit einer 50prozentigen Lösung.

Das im Handel erhältliche Glyzerin (ohne Wasserzusatz) wird bei —35° derart zähe wie etwa eingetrocknetes Gummi arabicum. Eine Kristallisation konnte bis —69° C nicht beobachtet werden, jedoch wächst natürlich bei derartigen Abkühlungen die Zähigkeit erheblich. Das Glyzerin dehnt sich bei Abkühlung nicht aus, und es findet, wie bereits erwähnt, kein kristallisches Erstarren statt. Daher ist bei einer derartigen Kühlung keine Gefahr vorhanden, daß der Raum, in welchem sich dieses Kühlmittel befindet, durch Einfrieren gesprengt werden könnte.

Das Ergebnis von Versuchen mit Glyzerinkühlung ist in Fig. 246 dargestellt. Die Untersuchung wurde im Prüffeld des Wernerwerkes der Siemens u. Halske A. G. an der Maschinenanlage eines normalen Preußen-Kraftkarrens für drahtlose Telegraphie mit Thermosyphonkühlung vorgenommen. Der Vierzylindermotor war ein Fabrikat des Blockwerks derselben Firma und hatte 60 mm Bohrung und 90 mm Hub. Seine Leistung betrug 8 PS bei 1500 Umdrehungen. Der Kühler stammte von der Firma Hans Windhoff und war ein Rundröhrchenkühler.

1. Versuch: Als Kühlflüssigkeit kommt zur Verwendung reines Wasser; Lufttemperatur + 3°. Der Wagen hatte eine Nacht im Freien gestanden und war ausgekühlt. Die Temperatur am Motoraustritt stieg nach ca. 25 Minuten auf 84° und blieb dann konstant. Nach gleicher Zeit stieg die Temperatur an der Wassereintrittsöffnung auf 44° langsam an und blieb dann konstant.

2. Versuch: Als Kühlflüssigkeit diente eine Mischung von 50 % Wasser und 50 % Glyzerin; Lufttemperatur + 3°. Die Austrittstemperatur stieg sehr schnell nach 6 Minuten auf 80°, dann langsam weiter bis auf 88° (20 Minuten) und blieb dann konstant. Die Temperaturkurve des Wasser-Eintritts hatte fast denselben Verlauf wie die mit reinem Wasser. Die Temperatur stieg langsam auf 41° (25 Minuten) und blieb konstant. Die Kühlflüssigkeit wies beim Ablassen keine Trübung oder Schaumbildung auf.

3. Versuch: Als Füllung dient reines Glyzerin. Der Motor blieb einige Stunden im Freien stehen, so daß er vor dem Versuch völlig ausgekühlt war. Nach ca. 7 Minuten stieg die Austrittstemperatur auf 120° und blieb dann während des ganzen Versuchs konstant. Die Temperatur an der Wasser-Eintritts-Öffnung zeigte ein merkwürdiges Verhalten. Nachdem sie ihre Höchsttemperatur von 76° nach 20 Minuten erreicht hatte, fiel die Temperatur bis zu 35 Minuten der Versuchsdauer bis auf 54° und blieb dann konstant, so daß die Temperaturdifferenz 120°—55° = 65° betrug. Eine Zirkulation trat erst nach etwa 7 Minuten ein.

Der Versuch wurde mit reinem Glyzerin wiederholt, nachdem das Glyzerin, bevor es in den Kühler gefüllt wurde, mittels fester Kohlensäure auf —70° abgekühlt wurde. Nachdem das Glyzerin

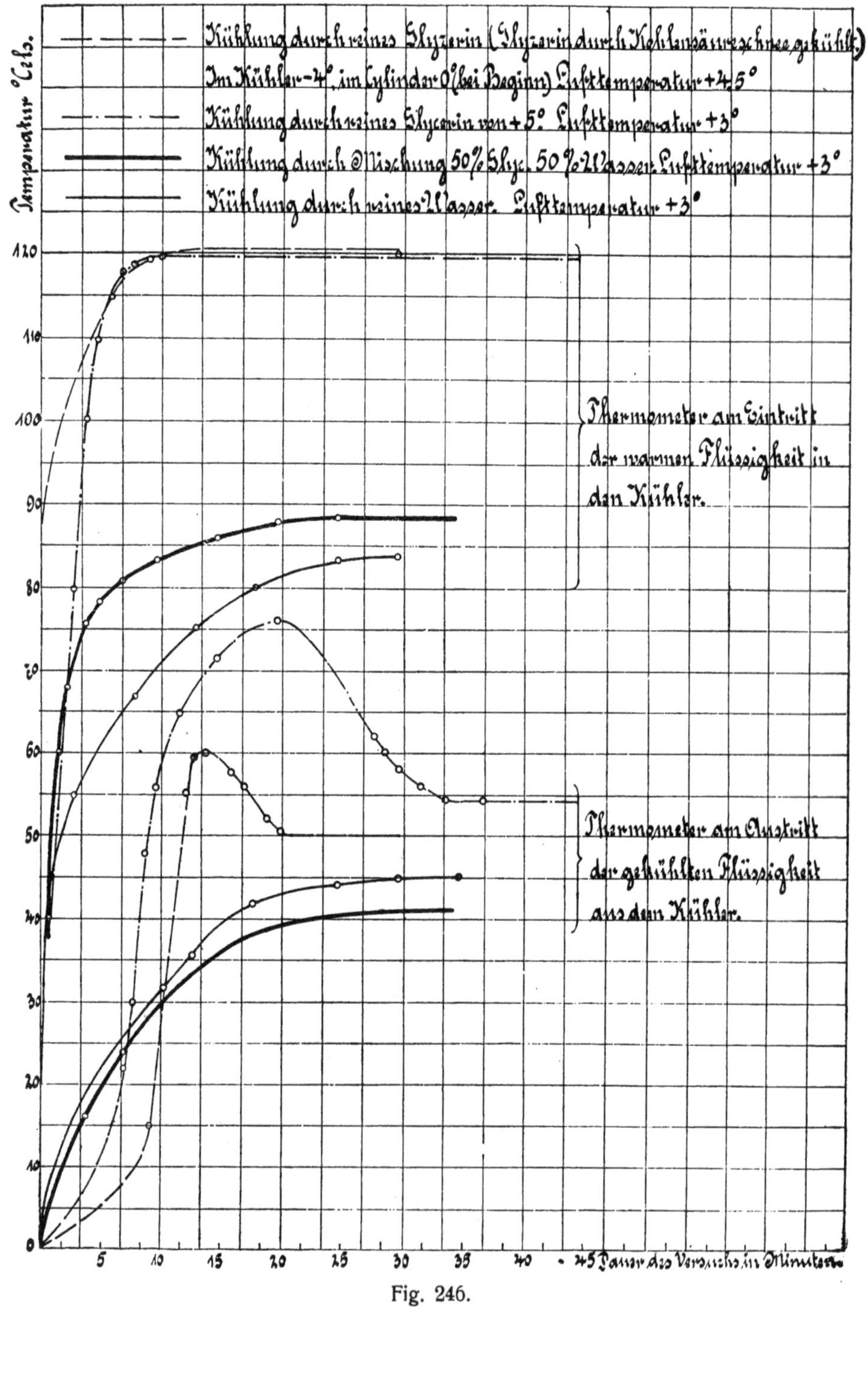
Kühlung durch reines Glyzerin (Glyzerin durch Kohlensäureschnee gekühlt)
Im Kühler −4°, im Cylinder 0° (bei Beginn) Lufttemperatur +4,5°
Kühlung durch reines Glycerin von +5°. Lufttemperatur +3°
Kühlung durch Mischung 50% Glyz. 50% Wasser. Lufttemperatur +3°
Kühlung durch reines Wasser. Lufttemperatur +3°
Temperatur °Cels.
120
110
100
90
80
70
60
50
40
30
20
10
0
Thermometer am Eintritt der warmen Flüssigkeit in den Kühler.
Thermometer am Austritt der gekühlten Flüssigkeit aus dem Kühler.
5
10
15
20
25
30
35
40
45 Dauer des Versuchs in Minuten

Fig. 246.

in den Kühler und den Motor gefüllt war, zeigte das Thermometer, zwischen die Zylinderwandungen geschoben, 0° im Kühler —4° an. Die Austrittstemperatur zeigte ein ähnliches Verhalten, jedoch ein rascheres Ansteigen. Nach 10 Minuten war die Höchsttemperatur von 120° erreicht und blieb dann konstant. Die Eintritts-Temperatur stieg noch etwas langsamer als beim ersten Versuch und zwar nach 8 Minuten auf 15°, dann sehr schnell in weiteren 5 Minuten bis 60°. Nach 20 Minuten des Versuchs hatte sie den konstanten Wert von 50° wieder erreicht. Die Zirkulation begann nach etwa 9 Minuten.

Aus den Versuchen geht hervor, daß bei einer sehr niedrigen Außentemperatur eine Thermosyphon-Kühlung mit reinem Glyzerin als Kühlflüssigkeit ungeeignet erscheint. Dagegen steht der Verwendung von einer 50%igen Glyzerin- mit Wasser-Mischung nach den Versuchen nichts entgegen. Bei Verwendung einer Pumpe dürfte auch gegen eine Kühlung mit reinem Glyzerin nichts einzuwenden sein.

Als eine sehr brauchbare Lösung, welche viel für Flugzeugmotoren verwendet wird, hat sich eine Mischung von 1 l Wasser, 150 g Glyzerin und 100 g Spiritus gezeigt, ferner von 1 l Wasser, 200 g Glyzerin (von einem spez. Gew. von 1,25) und 150 g doppeltkohlensaurem Natron (nach Robert Eyb). Es muß darauf Sorgfalt gelegt werden, daß säurefreies Glyzerin zur Verwendung gelangt.

C. Behandlung der Kühlanlage.

Das Kühlwasser durchläuft an manchen Stellen der Kühlanlage verhältnismäßig enge Querschnitte, z. B. flachgedrückte Wasserrohre, Lamellen oder verhältnismäßig enge Durchgänge zwischen horizontalen Lufrtöhren. Es ist daher nötig, daß nur reines durch ein Filter eingegossenes Kühlwasser benützt wird, um Verstopfungen zu vermeiden. Das Kühlwasser muß aus diesem Grunde durch das unter dem Einfüllverschluß eines jeden Kühlers angebrachte Sieb eingefüllt werden. Es muß ferner darauf geachtet werden, daß der Kühlwasserraum des Zylinders von Formsand sorgsam gereinigt wird. Ferner müssen in diesem Raum etwaige Gußnähte beseitigt werden, welche den Wasserkreislauf beeinträchtigen und die notwendige Wärmeabfuhr an einzelnen Teilen des Zylinders verringern könnten. Zu diesem Zweck findet man bei verschiedenen Konstruktionen, bei denen der Kühlwassermantel mit den

Zylindern aus einem Stück gegossen ist, besondere Reinigungsöffnungen. Gewöhnlich werden zur Reinigung und Prüfung die Kernlöcher verwendet, deren Durchmesser nicht zu knapp zu wählen ist.

Auch während der warmen Jahreszeit ist es ratsam, alle Monate sämtliches Kühlwasser einmal abzulassen und durch frisches zu ersetzen.

Als Kühlmittel wird gewöhnlich Regenwasser empfohlen, um Niederschläge im Zylinder und im Kühler zu vermeiden.

Wenn infolge irgend eines Umstandes ein größerer Wasserverlust eingetreten ist, so daß der Wasserraum des Motors kein Kühlwasser mehr enthält, so muß man beim Einfüllen von frischem Wasser, falls die Zylinder noch heiß sind, vorsichtig sein, da ein plötzliches Einfüllen kalten Wassers ein Springen der Zylinder verursachen kann. Man läßt daher den Motor sich vorher abkühlen oder füllt falls möglich angewärmets Wasser ein.

Es muß dafür Sorge getragen werden, daß die Kühlanlage stets ganz mit Wasser gefüllt ist, da anderenfalls bei Thermosyphonkühlung der Kreislauf ins Stocken kommen kann.

Ein größerer Wasserverlust tritt für gewöhnlich nur durch Kochen des Kühlwassers ein, was durch Dampfaustritt erkenntlich wird. Der Motor läßt dann an Leistung nach und zeigt ein leises Klopfen. Eine derartige Überhitzung des Kühlers kann besonders bei Bergfahrten durch unsachgemäßes Fahren, zu hohe Drehzahl des Motors bei kleinen Gängen und zu große Spätzündung hervorgerufen werden. In diesem Falle muß dann natürlich das Wasser schnellstens ergänzt werden.

Von Zeit zu Zeit, namentlich nach Fahrten auf schmutzigen Landstraßen, muß man sich davon überzeugen, daß die Luftkanäle des Kühlers nicht von Schmutz verstopft sind, da dies die Kühlfähigkeit erheblich beeinträchtigt.

Es ist selbstverständlich, daß die ganze Kühlanlage und namentlich die Rohr- und Schlauchverbindungen von Zeit zu Zeit auf ihre Dichtigkeit hin untersucht werden müssen.

Wie bereits weiter oben erwähnt, muß bei zu erwartendem Frost vor einer längeren Betriebspause sämtliches Kühlwasser abgelassen werden, sofern keine Mischung von sehr niedrigem Gefrierpunkt als Kühlmittel verwendet wird.

Bei Kraftwagenmotoren hilft man sich nach einer längeren Betriebspause bei Frost gewöhnlich dadurch, um den Kreislauf des Schmieröls rasch einzuleiten, indem man einen halben Liter heißes Öl in den Ölsumpf gießt und den Motor einige Male durchdreht. Bei Flugmotoren dagegen ist eine sorgfältige Entleerung der Ölbehälter und des Kurbelgehäuses vor zu erwartendem Frost ratsam. Bei Flugzeugen müssen auch Ölleitungen und Öltank vor Kälte gut geschützt verlegt und isoliert werden, um ein Eindicken des Schmieröls zu vermeiden. Das Isolieren der Leitung läßt sich durch Umwickeln derselben mit Papierschnur bewerkstelligen. Um die Haltbarkeit der Umwicklung zu erhöhen, wird dieselbe mit Stoff bandagiert und mit Zellon bestrichen.

Starke Abkühlungen treten beim Flugzeuge gewöhnlich nur beim Gleitfluge auf. Um in letzterem Falle das Einfrieren des Kühlers und das Stocken des Schmieröls zu vermeiden, drückt man das Flugzeug bei abgedrosseltem Motor bereits in größerer Entfernung vom Landungsplatz herab, so daß der Motor bis nahezu zur Landung noch eine gewisse Leistung hergeben muß. Bei längeren Gleitflügen muß eine Erwärmung durch wiederholtes Gasgeben stattfinden.

Sind Kühlwasserrohre eingefroren, so dürfen dieselben nicht, wie dies verschiedentlich getan wird, mit Hilfe einer Lötlampe aufgetaut werden, da hierdurch einerseits durch zu starke Erhitzung leicht Beschädigungen hervorgerufen werden und andererein Brand entstehen kann, da sich bei Kälte übergelaufener Brennstoff sehr lange hält. Es ist empfehlenswert, hierzu heißes Wasser zu verwenden oder einen Dampfentwickler.

Wird stark kalkhaltiges Wasser zur Kühlung verwendet, so treten besonders an stark erhitzten Stellen des Motors Kesselsteinbildungen auf, welche schwer zu beseitigen sind. Ein derartiger Kesselsteinansatz am Zylinder verhindert eine gute Wärmeabfuhr und beeinträchtigt im Kühler die Wärmeabgabe an die Luft. Zur Entfernung des Kesselsteins wird ein Durchspülen mit einer Mischung von 10 l Wasser und $^1/_4$ l Schwefelsäure empfohlen. Eine gute Reinigung der Kühlwasserräume von Fettansatz erzielt man durch eine Lösung von 10 l Wasser und 1 kg Soda. Verschiedentlich wird auch angeraten, die Kühlwasserräume zwecks Reinigung mit Petroleum zu durchspülen.

Bei Aufstellung der Vorschriften für die Wartung der Kühlung wird man namentlich bei den komplizierteren Kühlanlagen an Flugzeugen gut tun, der Bedienungsmannschaft durch eingehende Beschreibung und Erläuterung des Zwecks der Anlage und ihrer Einzelheiten das Auffinden und Beheben von etwaigen Störungen zu erleichtern.

www.ingramcontent.com/pod-product-compliance
Lightning Source LLC
LaVergne TN
LVHW060625300926
849162LV00008B/1714